国家出版基金资助项目
中国城市建设技术文库
丛书主编 鲍家声

Planning and Design of High-density Urban Space Environment
for Land Reclamation in Macao

澳门填海造地高密度城市空间环境规划设计

陈天 周龙 岳奇 刘君男 著

华中科技大学出版社
http://press.hust.edu.cn
中国·武汉

图书在版编目（CIP）数据

澳门填海造地高密度城市空间环境规划设计 / 陈天 等著.—武汉：华中科技大学出版社，2024.7
（中国城市建设技术文库）
ISBN 978-7-5772-0246-4

Ⅰ.①澳… Ⅱ.①陈… Ⅲ.①填海造地－研究－澳门②城市空间－环境规划－研究－澳门
Ⅳ.①TU982.265.9

中国国家版本馆CIP数据核字（2023）第250391号

审图号：GS（2024）4923号

澳门填海造地高密度城市空间环境规划设计　　　　陈天　周龙　岳奇　刘君男　著
AOMEN TIANHAI ZAODI GAOMIDU CHENGSHI KONGJIAN HUANJING GUIHUA SHEJI

出版发行：华中科技大学出版社（中国·武汉）	电话：（027）81321913	
地　　址：武汉市东湖新技术开发区华工科技园	邮编：430223	

策划编辑：张淑梅	封面设计：王　娜
责任编辑：张淑梅	责任监印：朱　玢

印　　刷：武汉科源印刷设计有限公司
开　　本：710 mm×1000 mm　1/16
印　　张：19.25
字　　数：322千字
版　　次：2024年7月第1版　第1次印刷
定　　价：138.00元

投稿邮箱：zhangsm@hustp.com
本书若有印装质量问题，请向出版社营销中心调换
全国免费服务热线：400-6679-118 竭诚为您服务

"中国城市建设技术文库"
丛书编委会

作者简介

陈　天　天津大学英才教授，博士生导师，一级注册建筑师，天津市规划设计大师，天津大学建筑学院城市空间与城市设计研究所所长，城市设计学科学术带头人，天津大学"天津市旧城区改造生态化技术工程中心"副主任。担任教育部高等学校城乡规划专业教学指导分委员会副主任、教育部高等学校建筑类专业教学指导委员会委员、自然资源部空间发展与城市设计技术创新中心技术委员会委员、中国城市规划学会第六届理事会常务理事、中国建筑学会城市设计分会常务理事、中国城市科学研究会韧性城市专业委员会常务理事、中国城市规划学会城市设计分委会委员、中国城市规划学会乡村规划与建设分会委员等，还是澳门城市大学创新设计学院客座教授，日本庆应义塾大学城市信息学部研究室客座研究员。长期从事城市规划、城市设计等领域的教学与科研工作，在生态城市规划、生态城市设计、住区规划理论研究与实践创作等领域取得丰硕的学术成果。主持或参与国家级、省部级科研课题20余项，主编教育部"十三五"建筑类"城市设计"重点教材，出版专著、译著及教材12部，在国内外重要期刊发表论文100余篇，主持建筑与规划设计实践项目80余项，曾获2003年度天津市科技进步奖二等奖、2009年度全国优秀村镇规划设计一等奖、2020年度中国城市规划学会优秀科技工作者奖、2009年天津市优秀村镇规划设计一等奖、2020年中国华夏建设科技奖二等奖等重要奖项，并获天津市政府授予的"教书育人"教学楷模先进称号。

周　龙　澳门城市大学研究生院副院长，城市规划与设计专业副教授。博士毕业于美国俄克拉荷马大学规划、设计与构造专业，从事跨域计算性科学辅助城市规划与设计研究，增强城市规划与设计方案的合理性与长周期绩效表现，为城市亟待解决的问题提供决策支持。作为项目负责人主持多项国家自然科学基金与澳门科学技术发展基金资助研究项目，并将研究成果以国际高水平期刊论文与英文学术成果专著的形式发表。

岳　奇　博士，国家海洋技术中心海洋资源保护利用研究院副院长，研究员，全国海洋领域优秀科技青年，自然资源部科技创新人才，全国海域使用论证专家，入选天津市"131"创新型人才培养工程第一层次人选。主要从事海洋管理、海洋空间规划及海洋资源保护利用研究。近年来主持国家自然科学基金等在内的省部级以上项目20余项，发表论文40余篇，出版专著近10部，多次获得省部级科技成果奖。

刘君男　天津大学建筑学院城乡规划系博士研究生。主要研究方向为生态城市规划、韧性城市规划理论与方法、城市设计理论与方法等，并在相关领域发表多篇期刊论文与会议论文。参与多项国家自然科学基金、"十三五"国家重点研发计划等国家级科研课题项目。参与的多项城市设计实践项目获天津市优秀城乡规划设计奖。

致　　谢

澳门是典型的填海造地高密度城市。截至 2021 年，经过长期的填海造地历程，澳门土地面积自有记录的 1912 年的 11.6 km² 增长到约 33.0 km²。澳门还是世界上人口密集的地区之一，人口密度超过每平方千米 2 万人。澳门回归祖国后，人口以年均近 4% 的幅度快速增长，其总量已接近 70 万人，人口和资本急剧向土地资源有限的城市聚集，形成今天澳门大规模填海造地和高密度建设的发展应对模式。然而在取得社会经济效益的同时，因填海造地高密度城市建设强度常超过了海岸环境承载能力，澳门出现了区域生态环境破坏、海洋灾害频发和城市环境品质下降等亟待解决的环境问题。为此，本研究团队立足于澳门填海造地高密度的城市特征，重点针对生态安全、城市防灾、空间环境品质等核心问题开展了一系列研究工作，并将核心研究成果结集成本书，以期为相关领域学者提供填海造地高密度城市规划设计理论与方法借鉴，也为澳门规划管理与建设部门制定城市发展战略及开展城市建设活动提供依据。此外，书中的大量澳门调研影像及空间特征描述也可为不同领域的读者提供认识澳门城市空间的途径。

本专著凝结了研究团队的大量心血与努力。在此，要特别感谢天津市城市规划设计研究总院有限公司赵树明主任、刘健工程师编写了人工堤岸规划设计等章节并给予了指导；感谢天津大学建筑学院张赫教授、侯鑫副教授在填海造地理论、澳门城市空间影像等方面给予的数据支持与指导；感谢国家海洋技术中心李学峰、胡恒、董月娥三位研究员编写了澳门海域生态系统评估与优化等章节并给予了指导；最后，还要特别感谢天津大学建筑学院汪梦媛、郝妍、马文婧、高钰轩、卢韵竹、闫彧、左明皓、李蕴婷、王艳，以及澳门城市大学创新设计学院陈紫怡、黄瑞、林晔、成佳霖、熊晓妍等多位同学在专著编写过程中提供的大力支持。

本研究由国家自然科学基金国际（地区）合作与交流项目（52061160366）"澳门填海造地高密度城市空间环境评价与优化研究"以及澳门科学技术发展基金（0039/2020/AFJ）"澳门填海造地高密度城市空间环境评价与优化研究"共同支持。

1.国家自然科学基金国际（地区）合作与交流项目（52061160366）：澳门填海造地高密度城市空间环境评价与优化研究

2.澳门科学技术发展基金（0039/2020/AFJ）：澳门填海造地高密度城市空间环境评价与优化研究

序

　　陈天教授等人的著作《澳门填海造地高密度城市空间环境规划设计》以我国典型的填海造地高密度城市澳门为例，结合全球气候变化挑战，从高密度城市发展、填海造地工程、生态城市设计、韧性规划及城市环境品质空间营造等多方面展开并深入探讨，为我们提供了一个全面、深入和系统的研究视角。此专著通过对澳门填海造地高密度城市空间环境的现状分析，较全面地研究了生态系统服务、防灾韧性体系、城市街区环境品质等方面的问题。在生态城市设计方面，提出了生态系统服务优化的澳门城市规划设计策略，该策略可以提升澳门陆域与海域生态系统服务功能，实现可持续的城市发展。在韧性规划方面，书中结合澳门高密度城区洪涝与台风灾害韧性评估与优化提升策略，保障城市应对极端气候带来的挑战。在城市环境品质空间营造方面，提出了以微气候、声环境及公共健康为核心的城市街区环境品质优化策略，以提升居民的生活水平和生活舒适度。

　　陈天教授是城乡规划领域的专家，在过去的多年中一直致力于城市设计及其理论、生态城市设计理论与方法、城市形态学等方面的研究，具有丰富的实践经验和深厚的理论造诣。本专著是其众多研究成果的总结，对于推动相关领域的学术研究和实践应用都具有重要的作用。

　　《澳门填海造地高密度城市空间环境规划设计》一书的研究成果不仅有助于理解高密度城市空间与生态、防灾韧性及环境品质优化等方面的关系，还为解决此类问题提供了一套具体可行的方法和策略。此外，本专著的理论框架和研究方法在一定程度上填补了高密度城市空间规划领域的研究空白，具有较高的借鉴价值。对于相关行业人员，特别是对于规划师、建筑师和政策制定者等，本专著具有较高的学术价值和实践意义。期待此专著能引发更多的研究和探讨，为高密度城市空间规划领域的发展和创新积蓄更多的智慧和力量。

2023年7月18日

（段进，中国科学院院士，东南大学建筑学院教授、副院长）

目　录

填海造地高密度城市空间

1.1 填海造地高密度城市的发展挑战

1.1.1 填海造地运动

在全球范围内，人口密度高的海岸带地区的发展大多面临着"空间赤字"问题，填海造地已成为滨海地区解决土地短缺问题的共同方式。岛屿国家如日本、韩国、新加坡等和非岛屿国家如荷兰、德国、美国等均在城市发展史上有大规模填海造地活动。

澳门是一座典型的填海造地发展型城市。在 19 世纪 60 年代大开发与扩展的背景下，澳门开启了填海造地时代。1912 年，随着澳门人口的激增，澳门填海进入大规模扩张期，主要用于拓展城市建设用地。1975 年澳门成立城市规划办公室，构建了规划建设行政体系，并逐渐形成规划编制和实施体系，明确提出要重点加强填海建设和基础设施建设。1999 年澳门回归祖国后，随着经济的繁荣和人口的快速增长，填海工程继续开展。2009 年 11 月国务院正式批复同意澳门特区政府填海造地约 361.65 ha 以建设澳门新城区，标志着澳门新一轮的填海造地与城市建设大规模展开。至 2021 年，经过长期的填海造地活动，澳门土地面积自有记录的 1912 年的 11.6 km^2 约增长到 33.0 km^2。

然而，填海造地运动在为城市提供大量新增土地的同时也引发了多种生态环境问题。由于传统的城市建设缺乏对生态环境的充分考虑，城市围填海工程及高密度的城市建设往往引发一系列生态问题。有研究指出，围填海工程将加剧近岸水环境污染，造成潮滩湿地的面积减损与生态功能下降，进而引起近海岸地区海洋水文条件、地质地貌等条件改变，水生生物栖息地破坏、生物多样性减少和海岸带地区生产力下降，威胁滨海地区的可持续发展。因此，亟须探讨基于生态可持续发展理念的填海造地空间规划方法。

1.1.2 高密度城市发展

过去多年，迫于土地资源紧缺和经济发展的双重压力，我国许多城市尤其是大城市中心区进行了高密度建设。这种高密度的开发通过加大空间供给保障了城市的相对低成本和城市新经济的发展，但也带来了一系列问题，如大城市绿色开放空间紧缺、生态与公共安全风险增加、城市管理难度增大等。

澳门人口密集。回归祖国后，澳门人口以年均近4%的幅度快速增长，其总量已接近70万人，人口和资本急剧向土地资源有限的城市聚集，形成当前澳门大规模填海造地和高密度建设的发展模式。然而在取得社会经济效益的同时，高密度城市引发的城市微气候问题、城市空间环境品质问题、公共卫生安全问题等也成为制约围填海城市可持续发展的主要阻力，包括地区微气候失衡，高温、热岛、雨岛效应增强，地表下垫面通风受阻，高层建筑密布导致在强风环境下风啸加剧等，亟待探索解决途径。

1.1.3 全球气候变化挑战

澳门地处珠江入海口西岸，地理环境和气候条件特殊，是我国东南部热带气旋（台风）、风暴潮、暴雨等气象灾害高发地区。由于填海地势偏低，地下管网设置标准偏低，内涝收集与管理能力不足，澳门很难应对季风季节的台风与洪涝灾害的冲击。同时，针对各类灾害的城市防灾应急系统相对缺乏，灾前防范预警、灾时庇护疏散及灾后抢险救助等尚不完善。2017年的台风"天鸽"及2018年的热带气旋"山竹"均对澳门城市与社会经济产生较大影响。

除了上述短时期城市开发所面对的问题，在较长周期里，全球气候变化使得围填海城市也面临着海平面上涨所引起的海洋、气象灾害风险加剧的危机，以及城市物质空间系统、社会管理系统不完善等诸多挑战。主动的防灾减灾研究已经在世界范围内引起各国政府和研究机构的高度重视。本书从灾害韧性脆弱区识别、韧性空间设计、灾害应急管理等方面构建完善的防灾减灾韧性体系，将为全球气候变化背景下澳门特区严峻的自然灾害与滨海安全问题提供理论支撑与技术引导。

1.2 填海造地高密度城市的规划与研究诉求

为应对澳门城市发展的需求与挑战，本书以填海造地高密度城市作为主要研究对象，在总结国内外经验和实地调研分析的基础上，针对此类城市空间中存在的生态安全、城市防灾、街区环境品质等核心问题，以生态科学、环境科学、海洋科学、气候科学、城市规划设计与管理等学科为基础，以生态系统服务理论、防灾韧性理论、城市微气候理论等为支撑，借助包括大数据、3S 技术、物理环境模拟、灾害情景模拟等先进技术手段，对填海造地高密度城市空间环境进行综合评价，研究城市空间特征与生态系统服务评价关联机制，探索城市防灾空间韧性体系构建与街区环境品质提升方法，并提出相应的优化策略，为以澳门为代表的填海造地高密度城市人居环境规划设计与管理提供理论参考、方法指引、技术指标和应用示范。

在我国城镇建设进入生态化、品质化转型的关键期，以及城市建设与生态资源环境之间的矛盾日趋激化的背景下，传统的城市空间规划理论及方法体系已经不能适应当今以绿色、低碳、韧性和可持续为导向的城市建设要求。本书将从填海造地高密度城市空间的生态系统服务评价理论与方法、防灾韧性理论与方法及空间环境品质提升理论与方法三方面深入开展研究，系统构建澳门填海造地高密度城市空间规划的理论与方法体系，进而完善澳门城市空间规划理论的研究内容，填补澳门填海造地高密度空间规划的理论空白。同时，对于我国其他高密度且易受气候变化影响的同类地区来说，本研究也具有启发和借鉴意义。

2009 年澳门特区政府开展"澳门总体城市设计"等研究。该研究提出了改善城市生态环境、建立特色公共空间、优化历史人文景观、确立魅力城市形态四项策略。在此基础上，随着澳门填海造地高密度地区的发展环境更为复杂，现阶段规划应在生态、防灾、城市环境品质等方面展开深层次、多维度的研究。因此，本研究以填海造地高密度城市空间环境的评价与优化为核心内容，以澳门为实证研究案例，提出实效性较强的填海造地高密度城市空间规划设计方法，可为澳门特区编制相关规划体系和标准提供依据。

2009 年澳门新城区建设获得批复以来，澳门填海造地区域的开发建设活动逐步开展。降低建设活动可能带来的不利生态环境影响、提高填海造地区域整体空间的防灾韧性及空间环境品质，是评估审核相关开发建设项目的关键。本研究从生态、防灾、环境品质三方面分别构建生态系统服务评价体系、防灾韧性评价体系、街区环境品质评价体系，可为澳门填海造地高密度地区相关开发建设项目的评估和验收提供指标参考。

1.3 填海造地高密度城市的规划与研究核心

本书以探索填海造地高密度城市空间环境评价方法与优化策略为核心研究内容，从生态系统服务评价与空间关联机制、防灾减灾管理理论与技术和街区环境品质提升方法三个角度深入开展研究，并针对澳门这一典型高密度填海造地城市进行实证研究。具体研究内容包括：澳门城市生态系统服务价值提升研究、澳门城市防灾韧性体系构建研究、澳门城市街区环境品质优化提升研究。研究内容框架如图 1-1 所示。

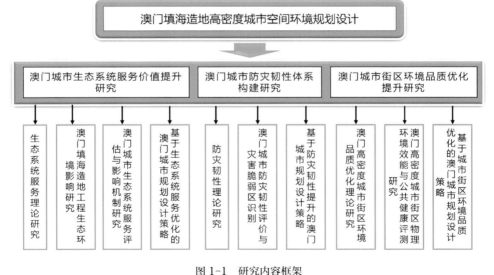

图 1-1 研究内容框架

（图片来源：笔者自绘）

1.3.1　澳门城市生态系统服务价值提升研究

本研究从概念与演进、评价方法、城市空间与生态系统服务耦合机制等方面系统梳理了生态系统服务既有研究内容，作为本研究的理论依据。基于澳门陆海生态系统特征及海洋生态系统对城市空间环境的影响，从生态供给服务、生态调节服务、生态支持服务和生态文化服务四个方面构建填海造地高密度城市生态系统服务综合评价模型。分析填海造地高密度城市空间形态演变过程及特征，选取其中与生态系统服务相关的关键影响因子，研究其对填海造地高密度城市生态系统服务的影响机制。并通过选取国内外典型填海造地工程案例，探究海岸带形式在填海历程中的变化趋势与规律，以及填海造地工程对滨海地形地貌、湿地景观、近岸海域生态环境、生态功能的塑造成效，以此为依据提出人工堤岸生态化建设范式。最后，从生态系统服务价值优化视角提出澳门城市规划设计策略。

1.3.2　澳门城市防灾韧性体系构建研究

本研究重点对城市洪涝与风灾韧性的理论基础进行归纳总结，并对当前城市防灾减灾信息系统与应急管理系统现状进行研判。对填海造地高密度城市空间肌理进行定量分析与类型归纳，并通过灾害环境模型模拟，计算不同等级灾害影响程度，确定各类灾害安全脆弱区域空间范围与发展规律，进行案例分析和风险评估，研究空间特点与安全脆弱区域分布的耦合关系，建立防灾韧性城市空间设计理论。最后，提出澳门应对洪涝与台风灾害的空间规划设计策略。

1.3.3　澳门城市街区环境品质优化提升研究

街区环境品质受多要素影响，本研究重点从微气候、声环境和公共健康三个层面探索街区环境品质优化策略。首先，梳理了国内外街区微气候、声环境、公共健康研究理论基础。其次，针对澳门面临的海风、海雾与日照共同影响下的湿热气候与噪声污染等突出问题，通过人群对微气候与声环境的舒适度感知程度确定物理环境舒适度指标范围；以街区为城市空间的研究单元，采用实地测量与物理环境模拟结合的方法识别影响物理环境与舒适度的空间形态因子，探索不同街区空间类型及其形态因子对空间舒适度的影响机制；在对本地社会经济因素与建成环境模式综合考量的前提下，对澳门城市街区典型案例空间舒适度进行评价，并构建优化物理环境效能、提升空间舒适度的规划理论与技术方法体系。同时，基于街区健康性评价指标体系，定量评估澳门高密度城市街区健康性。最后，从微气候、声环境与公共健康三个方面提出澳门城市街区环境品质优化设计策略。

本章参考文献

[1] 张赫，陈天，周韵. 国外典型填海造地区域建设规模驱动因素的历史回顾性定量研究 [J]. 城市发展研究，2015，22（7）：45-51.

[2] 袁壮兵. 澳门城市空间形态演变及其影响因素分析 [J]. 城市规划，2011，35（9）：26-32.

[3] 温长恩. 澳门的填海造地与经济开发 [J]. 地域研究与开发，1987（2）：34-39.

[4] 许峰，陈天. 海陆风对填海区路网规划设计的影响研究——以天津东疆港为例 [J]. 天津大学学报（社会科学版），2015，17（6）：518-522.

[5] 郑德高，董淑敏，林辰辉. 大城市"中密度"建设的必要性及管控策略 [J]. 国际城市规划，2021，36（4）：1-9.

[6] 陈天，贾梦圆，臧鑫宇. 滨海城市用海规划策略研究——以天津滨海新区为例 [J]. 天津大学学报（社会科学版），2015，17（5）：391-398.

[7] LI K H，ZHOU L. The influence of urban flooding on residents' daily travel: a case study of Macau with proposed ameliorative strategies[J]. Water，2019，11（9）.

[8] 马振邦，李超骅，曾辉. 快速城市化地区小流域降雨径流污染特征 [J]. 水土保持学报，2011，25（3）：1-6.

[9] 尹文涛. 基于水生态安全影响的沿海低地城市岸线利用规划研究——以天津滨海新区为例 [D]. 天津：天津大学，2016.

2

生态系统服务研究概况

2.1 生态系统服务评价

2.1.1 生态系统服务概念及分类

1. 生态系统服务的概念及演进历程

人类历史上，生态系统一直是人类赖以生存的摇篮。虽然生态系统服务功能的研究在 21 世纪才开始引起学术界的重视，但人类早在公元前就意识到生态系统对人类的重要作用。经过长期的发展，人类逐渐意识到生态系统及其服务功能的重要性。

生态系统服务的相关研究始于西方国家，英国生态学家 Tansley 首次提出了生态系统的概念。此后，以生态系统为基础的生态学研究逐渐形成了科学的体系，并且从注重生态系统结构研究逐渐向生态系统功能的研究方向发展。"关键环境问题研究小组"（SCEP）1970 年联合国大学发表的《人类对全球环境的影响报告》（*Man's Impact on the Global Environment*）首次提出"环境服务"（environmental services）概念，并列举了包括害虫控制、土壤形成、环境净化、气候调节等环境服务功能。其后，Holdren、Ehrlich 等进行了全球生态系统服务功能的相关研究，指出生物多样性的丧失影响着生态系统的服务功能。

20 世纪 80 年代，Ehrlich 在前人基础上整理并重新定义了这一概念——生态系统服务（ecosystem services），该术语逐渐得到许多学者的认可和广泛使用。1997 年，美国环境学家 Daily 发布了著作《自然服务社会对自然生态系统的依赖》（*Nature's Service: Societal Dependence on Natural Ecosystems*），是生态系统服务研究进程中的重要里程碑，该著作对生态系统服务进行阐释，内容包括生态系统服务的概念、分类、价值等，并通过案例研究阐释了人类社会对生态系统的依赖，概述了识别、评估、监控并最终维护生态系统服务的策略。同年，Costanza 等将生态系统服务定义为：人类通过直接或间接的手段从生态系统功能中获得的好处。"千年生态系统评估"（millennium ecosystem assessment，MEA）对生态系统服务的定义是：人类从生态系统中获得的收益。作为中国最早研究生态系统服务的一批学者，欧阳志云等将生态系统服务定义为：生态系统与人类之间的关系——人类生存所需要的自然环境条件和效用是由生态过程形成和维持的。

生态系统服务的定义因科研团队不同、研究对象不同而有所差异。一般定义为：人类直接或间接从生态系统中获得的利益。本书将根据该定义评估生态系统服务。

2. 生态系统服务的分类

生态系统为人类提供多样的服务，其分类体系在不同学者的研究中也有不同的体现。目前国内外有多种分类方法：Daily 等将生态系统服务分为 13 类；Costanza 等将其分为 17 类；MEA 将生态系统服务分为 4 类一级分类服务和 20 类二级分类服务，一级分类服务包括供给服务、调节服务、支持服务和文化服务，目前这种分类方式使用广泛。谢高地等综合国内外学者的研究成果，基于人类需求提出了生态系统服务的分类方式。生态系统服务主要分类体系见表 2-1。

表 2-1　生态系统服务主要分类体系一览表

Costanza 等	MEA		谢高地等	
一级分类	一级分类	二级分类	一级分类	二级分类
大气调节	供给服务	粮食	物质需求	生活资料
气候调节		淡水		生产资料
干扰调节		薪柴	安全需求	大气安全
水调节		纤维		水安全
水源供应		生物化学物质		土壤安全
侵蚀控制和泥沙淤积		遗传资源		生物安全
土壤形成	调节服务	气候调节	精神需求	美学景观
养分循环		控制疾病		文化艺术
废物处理		调节水资源		知识意识
授粉		净化水源		
生物控制	支持服务	土壤形成		
提供避难所		养分循环		
食物生产		初级生产		
原材料	文化服务	精神与宗教		
基因库		消遣旅游		
娱乐		美学		
文化		激励		
		教育		
		地方感		
		文化遗产		

表格来源：作者自绘。

2.1.2 生态系统服务评价方法

一般情况下，生态系统服务评价基于生态学、经济学和社会学的研究，可直观反映生态系统服务价值，在国内外的相关研究中均有广泛的应用和体现。由于不同的生态系统服务有不同的量化方法，为统一其量纲，欧阳志云、谢高地等学者综合国外研究，对生态系统服务价值进行评估，推进了生态系统服务的价值量化。随着科研理论的发展和工具的进步，许多学者提出了生态系统服务的物质评估方法。本节将对生态系统服务的价值量化和物质量化两个方面进行简要的介绍。

1. 生态系统服务价值量化

目前，生态系统服务价值量化方法可分为价值当量法和市场价值转化法两类。

（1）价值当量法

价值当量法是一种基于单位面积价值当量因子的评价方法。它依赖于构建各种服务价值的等值价值，然后根据不同生态系统的分布区域进行评估。Costanza 等总结了学术研究中的价值等价量表。将生态系统服务分为大气调节、气候调节、干扰调节、水调节、水源供应等 17 种生态系统服务。Costanza 等针对每种生态系统的 17 项服务分别进行评估并给出价值当量。我国学者谢高地根据我国国情，通过三轮专家打分，在 Costanza 科研成果的基础上进行修正，得出中国单位面积生态系统服务价值当量表。

目前，在计算不同地区的单位面积值时，可以通过将粮食产量 / 归一化植被指数（NDVI）/ 植被净初级生产力（NPP）与全球或全国平均水平相比较来进行等效修正。价值当量法是较为直观的生态系统服务价值量化方法，其数据需求较少，使用难度较小，适用范围较广。因为其量纲全部统一，可以对不同子服务之间的评价结果进行横向比较和求和，对相关研究区域和全球尺度的生态系统服务价值评估有重要意义。

（2）市场价值转化法

基于市场价值转化的方法主要通过建立单一服务功能与当地生态环境变量之间的生产方程来模拟小区域的生态系统服务功能，然后采用直接市场价值法、机会成本法、影子价值法和其他价值转化的方法。这种方法需要大量的数据，计算过程比较复杂，但计算结果比较准确。

2. 生态系统服务物质量化

生态系统服务的物质评价方法通常依据生态系统过程或生态系统功能，能够相对客观地反映生态系统服务的形成机制，有利于研究生态系统服务的过程和特征，对生态系统进行动态分析和可视化处理。目前，生态系统服务物质量化方法大致可以分为能值法和模型法两类。

（1）能值法

能值是直接或间接投资于产品或服务过程的可用能源总量。在实际应用中，能值用来表示流动或储存的能量中所包含的另一种能量的量，即生产过程中消耗的总能量，通常以一个单位所包含的太阳能值来衡量。能值 = 能量 × 能值转换率。能值法能够定量分析各生态系统之间、生态系统与人类社会的价值及相互关系，在生态系统服务评估中具有重要地位。

（2）模型法

模型法主要是通过已有的理论和研究基础构建评价模型，用于定量评价各种生态系统服务功能，并进行可视化分析和表达。其具有代表性的模型为 InVEST 模型、ARIES 模型和 SolVES 模型。a. InVEST 模型由于可以较好地反映生态系统服务的空间异质性，且具有未来情景预测的功能，因而得到了较为广泛的应用。InVEST 模型描绘了"供应、服务和价值"，将生产功能和提供给人们的福利联系了起来。它将生态系统服务分为支持性生态系统服务和最终生态系统服务。支持性生态系统服务不能直接给人们带来好处，而最终生态系统服务可以给人们带来直接好处。b. ARIES 模型能通过"源""汇"和"使用者"三个要素，动态描述生态系统服务中的"流"，反映了生态系统中能量的流动。c. SolVES 模型主要侧重于对美学、娱乐和休闲等文化服务功能的评估。

此外，不同科研团队还开发了许多其他模型用以评估生态系统服务。如 MIMES 模型可用于动态模拟生态系统服务功能；Envision 模型可以用于评价碳汇、木材产量、作物授粉、养分管理等景观指标；InFOREST 模型可用于评估碳、流域养分、生物多样性等；另有用于自然资源管理决策和生态系统服务功能评价的 EcoMetrix、EcoAIM、ESValue 等一系列付费模型。

不同模型的普适性均有所不同，如 ARIES 和 SolVES 模型目前全球模型尚未构建完成。依托于专业公司开发的 EcoMetrix、EcoAIM、ASValue 等一系列模型主要应用于美国，其普适性一般。目前，从开发程度、成熟度、普适性等方面评估，InVEST 模型是以上模型中可操作性最强的，并且适用于全球范围。

2.2 城市空间与生态系统服务耦合机制

2.2.1 城市土地利用对生态系统服务的影响

2005 年发布的 EMA 评估报告指出：在过去的五十年，土地利用变化是引起生态系统类型改变和景观格局转变的关键因子，是生态系统服务变化的直接驱动力。其集中表现为土地利用方式、空间分布对生态系统服务水平、经济价值量的链式影响。在自然和社会因素共同作用下，全球土地利用变化的范围及强度不断增大，土地利用变化与生态系统、全球气候变化、生物多样性及人类活动之间的关系迅速引起全球关注，并成为研究热点。

Kremen 等开创了"土地利用—景观结构—移动代理—授粉服务"的概念框架，基于生物传粉过程辨析了用地方式对生态系统服务水平的间接作用；Polasky 等借助 InVEST 模型，量化了美国明尼苏达州用地变化与生态供给服务、物种栖息及土地所有者的回报关系，发现农业的大规模扩张为利益主体带来收入的同时，也冲击着地区的碳储存、水质与鸟类栖息地，使社会净效益下降。自市场价值转化法出现后，国内外研究更多从宏观层面审视土地利用转型下的生态系统服务价值时空演变，通过衔接土地生态系统规模与单位面积服务价值，评估全球、国家、城市群、城市等历史土地动态对生态系统服务经济价值的影响。随着对相关问题的深入研究，学者们在多情景设定和模拟的基础上，测算并洞察未来土地生态系统的可能性变化，如 Kubiszewski 等探索了政策改革、转型模式下的 2050 年亚太地区生态系统服务价值变动特征，识别出事关人类福祉的美好情景；Morshed 等耦合了地理空间监测数据、马尔可夫和人工神经网络方法，预测了孟加拉国杰索尔市土地利用构成、转换趋势及其生态价值响应，厘清了建成区蚕食植被、水体、农用地的过程，为土地利用战略的制定提供参考。

2.2.2 城市绿色空间与生态系统服务价值的关系

1. 城市绿色空间的生态系统服务功能

近年来随着相关研究的推进，人们发现研究绿色空间与生态系统服务有助于分析人的生存活动和生态系统之间的内在关联，因此对生态系统服务的研究较多地应用于绿色空间的规划与设计领域。

城市绿色空间的生态系统服务功能体现在其优化生态环境、为居民提供游憩娱乐场所及健康文化价值并能提供一定的物质资源的能力。城市绿色空间构成了复杂的城市生态网络骨骼，能够为人类社会提供各类服务产出，具有美化城市风貌、打造具有特色的城市形象的作用。依据相关研究可将其划分为两种功能类型：生态服务功能和社会文化服务功能。其中生态服务功能包含净化大气、阻滞尘土、降低噪声、调节微气候、促进土壤营养循环、涵养水源、减灾防灾、维持物种多样性等；社会文化服务功能包含提供优美的城市景观、休闲文化和教育功能，维护居民身心健康等。

2. 城市绿色空间对生态系统服务的影响研究

国外学者在城市绿色空间对生态系统服务的影响研究方面，主要关注绿色空间改善城市气候环境、保护物种多样性和提供社会文化及休闲娱乐几个方面。

在改善城市气候环境方面，Taha 等指出美国加利福尼亚州的绿色空间在白天和夜晚的降温效果有所不同；Avissar 发现城市绿色空间能够影响当地的小气候，如温度、湿度、雨量等；Gómez 等通过其研究发现，城市绿色空间可以通过其中植被的生物作用提升城市人居环境的舒适度。在保护物种多样性方面，Hermy 等探究了城市和郊野公园的景观斑块形状，以及景观廊道的丰富性与物种多样性的关联；Mörtberg 等基于对濒危名录鸟类的研究，指出绿色廊道对于维持物种多样性的重要性。在提供社会文化及休闲娱乐方面，Erkip 研究了公园的休闲服务功能，指出了城市居民个人收入水平和离公园的距离会对城市公园和娱乐设施的使用状况产生影响；Tyrvainen 研究了芬兰东部约恩苏城市森林的娱乐休闲价值，并指出了林地对提升周边环境品质和房产价值起到重要的作用，该研究方法为绿色空间的保护和土地利用等提供决策依据。

我国学者关于城市绿色空间对生态系统服务的影响研究侧重于绿色空间异质性对生态系统服务价值的影响、城市绿色空间生态服务功能及效益的评估等方面。

在绿色空间异质性对生态系统服务价值的影响方面，谢高地等以青藏高原的六种土地利用类型为依托，基于单位面积服务价值表评估了青藏高原的生态系统服务价值，奠定了我国学界基于土地利用类型评估生态系统服务价值的理论基础；孙强等构建了基于各类型土地面积数据的绿色空间生态效益评估体系，对北京市通州新城的生态系统服务价值进行了评估，并指出通州绿色空间的生态系统服务功能通过废物处理、水源涵养、土壤保护等方面来体现；岑晓腾以杭州湾南岸区域为例，定量计算与评估研究景观格局指数及生态系统服务价值，提出二者存在非线性的复杂动态关联。在绿色空间生态服务功能及效益的评估方面，张庆费等对上海绿地植被进行了研究，指出绿地群落具有明显的降噪效果；王蕾等通过分析长春市的绿地景观与地表温度的关系，研究城市绿地的植被覆盖对城市热环境的影响，并指出绿地面积与该块绿地的最低温度负相关性较大，公园绿地、常绿树和落叶树能起到更好的城市降温作用；陈康林从格局与功能两方面对广州市绿色空间展开研究，指出绿色空间斑块面积越大，其降温和增湿效果越好，且草地类型滞尘波动变化较为敏感；李锋等构建了基于六大绿色空间指标的扬州市生态服务功能评估体系，并提出了具体的规划策略和规划模拟预测。

研究表明，城市绿色空间的生态系统服务价值的高低，受到绿色空间数量、空间格局、分布特征和管理水平的影响，而生态系统服务价值的适宜研究尺度是景观尺度，景观尺度的生态系统服务研究能更好地揭示生态系统功能和服务之间的关联，帮助解决生态系统服务形成与维持等难题，能够优化城市的景观管理与景观规划，并提升其生态系统服务价值。因此，从景观层面出发对城市绿色空间的景观格局进行分析，研究其对生态系统服务价值的具体影响机制，对于保护城市生态环境、提升生态系统服务效能和对绿色空间的规划管理水平、优化城市绿色空间景观格局，都有重要的现实意义和指导价值。

现有对绿色空间生态系统服务功能的研究多侧重于对城市绿色空间生态服务功能及效益的评估，以及绿色空间土地利用数据与生态系统服务价值的关系等方面，但绿色空间的格局特征对生态系统服务的关系及影响机制相关研究有所不足，且尚缺乏从绿色空间景观格局视角出发的城市生态系统服务价值提升的研究，因此本研究要通过构建城市绿色空间景观格局-生态系统服务价值影响机制综合研究框架来弥补该领域的研究不足。

本章参考文献

[1] 汪梦媛. 基于 InVEST 模型的澳门生态系统服务评价及其影响因素研究 [D]. 天津：天津大学，2022.

[2] 马文婧. 绿色空间景观格局视角下澳门生态系统服务价值提升研究 [D]. 天津：天津大学，2022.

[3] 谢高地，鲁春霞，成升魁. 全球生态系统服务价值评估研究进展 [J]. 资源科学，2001, 23（6）：5-9.

[4] COSTANZA R, GROOT R, BRAAT L, et al. Twenty years of ecosystem services: how far have we come and how far do we still need to go?[J]. Ecosystem Services, 2017（28）: 1-16.

[5] 张彪，谢高地，肖玉，等. 基于人类需求的生态系统服务分类 [J]. 中国人口·资源与环境，2010, 20（6）：64-67.

[6] 倪维秋. 生态系统服务评估方法研究进展 [J]. 农村经济与科技，2017, 28（23）：51-53.

[7] 谢高地，张彩霞，张昌顺，等. 中国生态系统服务的价值 [J]. 资源科学，2015, 37（9）：1740-1746.

[8] SHARP R, CHAPLIN-KRAMER R, WOOD S, et al. InVEST User's Guide[BE/OL]. https://storage.googleapis.com/invest-users-guides/InVEST%203.2.0%20User's%20Guide_Chinese%20Version_20171008.pdf.

[9] 李敏. 基于 InVEST 模型的生态系统服务功能评价研究——以北京延庆为例 [D]. 北京：北京林业大学，2016.

[10] POLASKY S, NELSON E, PENNINGTON D, et al. The impact of land-use change on ecosystem services, biodiversity and returns to landowners: a case study in the State of Minnesota[J]. Environmental & Resource Economics, 2011, 48（2）: 219-242.

[11]KUBISZEWSKI I, ANDERSON S, COSTANZA R, et al. The future of ecosystem services in Asia and the pacific[J]. Asia & the Pacific Policy Studies, 2016, 3（3）: 389-404.

[12]MORSHED S R, FATTAH M A, HAQUE M N, et al. Future ecosystem service value modeling with land cover dynamics by using machine learning based Artificial Neural Network model for Jashore city, Bangladesh[J]. Physics and Chemistry of the Earth, 2022（126）.

[13] 王蕾，张树文，姚允龙. 绿地景观对城市热环境的影响——以长春市建成区为例 [J]. 地理研究，2014, 33（11）：2095-2104.

[14] 陈康林. 广州城市绿色空间格局及服务功能研究 [D]. 广州：广州大学，2017.

3

防灾韧性体系研究概况

3.1 城市洪涝与风灾韧性研究

3.1.1 极端天气导致城市洪涝脆弱性

1. 暴雨天气导致城市内涝

城市暴雨内涝是一种人工与自然因素综合作用下的城市灾害。全球气候变化以及快速发展的城镇化致使极端气候事件增加，在城市热岛效应、凝聚核作用和阻碍作用的影响下，城市暴雨呈现增多且趋强的态势。城市的大规模扩张致使原本具有自然蓄水调洪错峰功能的地表景观被人为破坏，改变了雨水在城市地表的产汇流机制，可渗水地面的减少也进一步导致降雨情景下城市中内涝积水的发生。目前城市内涝相关的研究涵盖内涝成因、影响机制、预警与评估、防控方法等。

在内涝成因相关的研究中，有些学者通过收集一段时间内的降雨内涝资料，采用统计学方法，研究城市内涝的成因，以及内涝发生点与城市建成环境之间的相关性，探讨城市内涝发生的影响因素。还有些学者从城市发展的角度，对城市排水系统标准、暴雨强度公式、城市排水系统管理等方面进行综合研究与量化分析，以探讨城市内涝的成因与影响因素之间的作用机制，并提出相应的改善措施。

在内涝发生的影响机制研究中，Bruwier 等对 2000 个合成的城市形式计算了随时间变化的存储量、流出量和平均水深。对地表积水和城市形态变量之间关系的统计分析表明，洪水的严重程度主要与建筑密度相关。Lin 等采用皮尔逊相关分析研究高度城市化的城市中易涝点的密集程度和不同的潜在驱动因素之间的线性关系，再根据两个基于随机森林的模型来量化各种建筑指标的重要性。结果表明，建筑物的密度、建筑物的拥挤程度和建筑物的覆盖率对暴雨洪水的发生产生了相当大的影响。梅超等以 50 年一遇和 100 年一遇的暴雨数据构建城市与街道内涝淹没数值模型，叠加车速衰减结果，获取不同设计暴雨情景下的路网运行状态。结果表明，城市内涝对道路交通服务水平有显著的不良影响，且影响程度与内涝发生的时段有重要关系。吴健生等对 5 个景观指数和多个内涝影响因子进行相关分析和多元回归分析，探讨城市景观格局对内涝的发生及形成有着重要的影响。

在城市内涝预警与评估的研究中，Chen 等利用地形资料、城市地图、地下管道和土地覆盖类型建立了城市洪水预报模型，再根据 DPSIR 模型的多指标模糊评价预警方法和模糊综合评价法，进行洪水风险预警评价和风险分级。燕文昌等利用 SWMM 构建东营市暴雨洪水模型，对两场台风暴雨期间的洪涝过程进行模拟再现，评估河道行洪调蓄能力和管网排水能力。还有学者根据暴雨内涝的致灾因子进行分类，利用 SWMM 模型模拟台风和非台风暴雨情景下的城市内涝的特征及其差异。采用熵权法进行城市内涝宏观尺度评价，采用水文水动力模拟进行中观尺度评价，采用灾损曲线的方法进行微观尺度评价。

目前，有关城市降雨内涝的相关研究通常以建模的方式进行，且更加关注极端暴雨天气情况下的城市地表积水情况，从宏观层面评价内涝积水对城市生活的影响。尽管在城市水文建模方面已经取得了诸多成果，但仍有许多研究都强调了对已建城市水文系统的监测存在缺陷。部分学者认为城市水文系统构建是一项劳动密集型项目，高额的人工和时间成本会导致实验结果不稳定，并推迟城市可持续发展的进程。此外，治理城市内涝、弥合技术和社会知识差距以实现最佳规划结果和设计，缺乏经济框架来核算和分担社会参与者的成本、风险和利益是目前城市水文研究中公认的挑战。可以看到，在进行城市内涝研究时，除了地表水文情况，"相关事件"的研究已经开始引起学者关注。

2. 风暴潮导致城市内涝

在全球气候变化和高速城市化进程的影响下，全球大气环流与城市下垫面发生改变，致使台风、暴雨、高温等极端天气事件频发，滨海城市海岸遭受风暴潮、内涝等灾害影响。CRED（centre for research on the epidemiology of disasters）2016 年研究数据显示，全球范围内气候变化引发的自然灾害造成了 665 亿美元的经济损失。中国遭受的经济损失总额位列第二，达到了 136 亿美元，而洪涝是近 10 年来影响人数最多的自然灾害类型，其强度与发生频率呈增长的趋势。

澳门作为珠江三角洲河口地区国际城市的代表，依靠便利的地理优势及丰富的资源，人口及经济得到不断积累。但灾害来临时，澳门在防灾减灾方面存在的一些不足和问题便暴露出来。首先，防灾减灾制度体系需要进一步完善，虽然现有的制度对于灾害的预防和应变已有基本的制度框架，但应对灾害的紧急措施分散于各法规中，缺乏协调性。其次，灾害监测预警预报等技术不完善，风暴潮预报和预防措施警告不足问题尤为突出，灾害预警资讯发布缺乏时效性，没有形成具有针对性分区域、分人群的预警信息服务，缺乏对城市居民生活影响的细化分析。最后，重要排涝基础设施需要进一步完善，虽然澳门特区政府提出了多种治水规划，包括建造海边排水渠的止回阀门、雨水泵房、活动式挡潮闸，但单纯依靠工程技术手段而忽视生态和雨水资源利用，不利于提升城市综合环境效益。

在内涝防灾建设方面，我国防灾研究起步较晚，初期主要集中在雨水利用，近年来逐渐由控制技术转向雨洪利用及污染控制，2013年国务院印发《关于加强城市基础设施建设的意见》。该意见提出应建设下沉式绿地及城市湿地公园，提升城市绿地汇聚雨水、蓄洪排涝、补充地下水、净化生态等功能。深圳光明新区、北京市顺义住宅区、上海世博会等发达地区率先启动了低影响开发（LID）技术建设试点。2014年，住房和城乡建设部颁布了《海绵城市建设技术指南——低影响开发雨水系统构建（试行）》，从规划、设计、工程建设、维护管理给出了指南，为我国海绵城市构建做了指引。国内学者对低影响开发基础理论的研究集中在宏观层面，上海交通大学车生泉教授对低影响开发和绿色基础设施进行系统分析，并借鉴国外的实践案例，提出了适合我国的海绵城市发展策略，推动生态城市建设。仇保兴指出城市是雨洪及水体污染的主要源头，需要通过区域、城市、小区、建筑四个层次的低影响开发并结合智慧技术，建立科学合理的海绵城市建设系统。关于微观尺度的低影响开发技术研究，北京建筑大学李俊奇教授对屋顶花园、雨水渗透和储蓄系统进行总结分析，为削减雨水径流、美化城市景观提出了宝贵的建议。北京建筑大学车伍教授探讨了下沉式绿地设计参数、竖向设计、景观效果设计，以实现绿地消纳雨水、减少雨水外排、促进水资源循环利用的生态效益。

一些国家在快速的城市发展进程中更早遭遇过内涝灾害，因此防灾研究起步较早，已由工程措施转向非工程措施并配合数字技术进行灾害防控。20世纪70年代，美国提出了最佳管理措施系统（best management practices，BMPs），用于农村保护水环境免受农业生产活动造成的污染。在此基础上，美国乔治王子县（Prince George's County）、西雅图（Seattle）和波特兰市（Portland）在20世纪90年代共同提出低影响开发的理念，通过分散的、小规模的源头控制技术降低地表径流和污染，减少开发行为对城市水文循环的影响。20 世纪末，美国可持续发展委员会提出绿色基础设施理论（green infrastructure, GI），由网络中心、廊道组成的自然与人工结合的绿色空间网络，强调土地发展与环境保护并重，降低城市对灰色基础设施的依赖。除了美国，世界其他国家也形成了相应的城市雨洪管理系统，得到了实践验证。例如，英国的可持续城市排水系统（sustainable urban drainage system, SUSD），通过源头和场地控制防止径流产生及污染排放。澳大利亚的水敏城市设计（water sensitive urban design, WSUD），在城市发展中保护自然系统，将雨水管理融入景观中以减少径流，同时保证水体质量，实现水的自然循环。同时新西兰也在美国低影响开发理念的影响下，形成低影响城市设计与开发（low impact urban design and development, LIUDD），提高城市管网排水容量，增加雨水滞留设施，形成完整的综合可持续系统。

3.1.2 极端天气导致城市风灾脆弱性

1. 台风灾害导致城市脆弱性

台风作为极严重的自然灾害之一，具有频率高、突发性强、影响范围广、灾害烈度高等特点，常导致市民的生命及财产安全受到威胁。台风灾害不仅伴有大风暴雨，还容易导致泥石流、山体滑坡等次生灾害的发生。此外，它还可以摧毁登陆地区的大片建筑物或工程设施，中断通信与输电线路，毁坏农作物或经济作物，造成严重的灾难。根据风暴、降雨和洪水的频率表明，对其进行全面和准确的预测是不现实的。但是，如果采取有效的灾害应对策略，就可以避免或减少台风造成的巨大损失。准确及时的台风预报可以最大限度地减少灾害损失，也可以及时调整抗旱防汛等措施，从而保证工农业生产的正常进行。

随着全球经济的迅速发展，台风灾害造成的损失正在大幅度增加。从德国保险公司所统计的经济损失资料可以看出，地球上每年由台风灾害带来的经济损失正在逐步上升，这对于各个国家或地区来说并不是一件好事。据统计，1982—2006 年，平均每年登陆中国的台风会造成 472 人死亡及 41 亿美元的直接经济损失。而 2004—2015 年，台风造成的人员伤亡和直接经济损失分别占中国所有气象灾害影响的 50.2% 和 18.3%。与之前的台风相比，近年来登陆中国的数次超强台风造成的损失更大，造成的后果也更严重。随着沿海地区的人口逐步增长，台风造成的破坏也波及了更多的人。因此有学者认为，未来在我国沿海地区，特别是粤港澳大湾区，台风灾害所造成的影响将会不断增大，也许会成为我国沿海地区社会经济发展的一大制约因素。

2. 城市风灾韧性相关研究

在台风、热带气旋灾害研究中，其特征及危险性分析是关键问题。目前已有较多学者对台风灾害的特征进行研究，主要以数据统计评估分析及计算机模拟为研究方向。数据统计评估分析的相关学者，例如 Ronald L. Iman（2002）对佛罗里达州的热带气旋进行灾害评估，以中心气压、最大风圈、速度、外围气压等一系列数据为指针进行敏感性分析及不确定性分析，使用兰金涡旋飓风风场模型和替代损失函数为佛罗里达州飓风损失预测方法委员会（FCHLPM）进行了演示、不确定性和敏感性分析，这些分析将共同证明，输入变量的敏感性和不确定性分析的相对重要性不一定是相同的，而相对排名取决于风暴的强度。这些分析可以进一步作为模型和模型比较的基础，同时量化模型的一些关键方面。Zandbergen P A（2009）基于台风数量及暴露程度的资料来分析美国大陆各地区受热带风暴和飓风的分布状况及影响程度，并使用两种方法来确定暴露程度：a. 累计袭击次数，当风暴路径穿过一个地区时发生一次袭击；b. 累计暴露系数，它描述了该地区暴露于热带风暴、飓风和强烈飓风的程度。由此构建了一个解释模型来描述记录的暴露模式，其中包括该地区到海岸的距离、纬度、经度、大小和形状。同时，使用多元线性回归证实，暴风雨条件下暴露的大部分空间变异性可以用这些简单的参数来解释。牛海燕（2011）等根据 1990—2007 年的台风灾情资料选取死亡人口、倒损房屋、农业受灾面积及直接经济损失四个因子作为评价台风灾害损失的评估指标，构建了台风灾情评估模型，同时对沿海地区台风灾害损失与致灾因子的关系进行分析评价，结果显示除个别区域外，多数沿海地区在遭遇台风时的损失呈现出下降的趋势。其中江浙地区及海南省的降幅低于10%。在浙江省、福建省和广东省三个省份，台风灾害产生的损失较大。在上海市南部地区发生了许多强烈和破坏性的台风和降雨以及灾难。殷洁（2013）使用台风灾情数据、台风强度数据、台风灾害承灾体资料（包括人口、耕地面积和房屋数据）来分析台风强度等级与损失之间的关系。采用气象网站降水数据作为提取台风影响范围的辅助数据来构建台风灾害损失标准对承载脆弱性进行不同强度等级的评估，并提出防灾减灾策略与建议。王庆（2021）等针对"山竹"台风期间的实测风浪数据进行南海大范围台风风浪数值模拟，对四种常用 Holland B 参数计算公式的各个模拟值进行验证，并对其进行对比分析。对文献资料整理后发现，目前较多的台风灾害研究单元停留在国家、省、市等宏观层面，鲜少有学者采用网格为研究单元进行微观层面的研究。

3.2　防灾减灾信息系统与应急管理

3.2.1　城市防灾减灾宏观规划研究

我国从城市层面关注防灾研究始于 20 世纪 90 年代，国务院于 1998 年发布《中华人民共和国减灾规划（1998—2010 年）》，它是在总结我国减灾工作经验的基础上，针对经济和社会发展制定的第一部国家减灾规划，为各城市减灾规划工作提供了依据和指引。2000 年，我国成立中国国际减灾委员会负责研究制定国家减灾政策，2005 年将其更名为国家减灾委员会，以指导开展地方工作，推动国际交流合作。2011 年，住房和城乡建设部发布了《城乡建设防灾减灾"十二五"规划》，该规划涵盖了市政公用设施防灾、城乡改造、灾后恢复重建等内容，进一步完善防灾减灾规划指引。

国内学者也逐渐重视城市防灾减灾宏观规划，史培军教授（2005）基于我国自然灾害数据库和灾害风险理论，以城市灾害脆弱水平为分类标准将城市分为高、较高、中、较低、低五个风险水平。同济大学戴慎志教授（2011）从规划编制出发分析城市综合防灾规划的范畴与类型，指出国家尚未形成统一的多灾种城市综合防灾规范，应加强对各类防灾规划对策的整合，并制定一套完整的城市综合防灾规划编制体系，同时通过科学合理的技术手段和防灾措施，达到提升城市防灾减灾能力、减少损失的目的。何明等通过阐述城市安全规划的本质，确定防灾抗灾应是城市安全规划的核心问题之一，并探索城市风险预测的安全决策、城市安全规划的内容及规划实施细则等。

一些国家已基本完成从单项灾种转向城市综合防灾规划的过程，具有完备的城市防灾规划体系。美国国会多次修正《斯塔福德减灾与紧急援助法案》（简称 The Stafford Act），允许美国联邦紧急措施署（FEMA）制定灾前减灾计划和实施风险评估，改进减灾管理，并把减灾规划体系分为州和地方减灾规划，有益于提高紧急服务效率，保护各地方的环境及财产。日本政府以 1961 年《灾害对策基本法》作为日本防灾管理的指导性法则，该法则由基本法、灾害的预防、灾害应急预案及灾后重建对策四个方面构成，为日本防灾工作提供了依据。此外还通过设立中央防灾会议作为灾害管理核心，负责制定和实施日本防灾的基本计划。英国更注重风险评估与城市规划控制手段配合应急机制、预警体系，对于重大灾害应急主要依据《伦敦区域指挥和控制协议》并于 1973 年成立伦敦紧急服务小组（LESLP），LESLP 将灾害事件分为反应、整理、恢复、正常四个阶段，指导各应急服务部门实施防灾工作。澳大利亚虽然灾害多发，但通过构建国家层面的防灾减灾法律体系、防灾减灾规划制度，以及州、区域、地区三级的管理模式，从三个方面有效应对各种自然灾害的威胁。国家层面以律政部为防灾减灾工作的最高行政管理机构，负责出台相应的法案；澳大利亚联邦政府负责灾前灾后的规划工作指导，并给予相应的支持；各州通过划分区域使得地方政府与州政府联系紧密，加强各政府合作以应对灾害。

城市是一个以人为本的复杂空间系统，其中社会、经济、资源、环境、灾害等因素相互作用、相互依存和相互制约。随着城市建设和城市化的迅速发展，人为因素、自然因素和两者叠加造成的灾害的频率和规模迅速升高和增大，城市的可持续发展受到严重威胁，城市的公共安全面临前所未有的挑战。越来越多的人意识到韧性城市规划的重要性。

生态学教授霍林（C. S. Holling）在 1973 年将"韧性"思想用到系统生态学以描述生态系统中变量保持平衡的稳定状态，随后韧性理论扩展到灾害管理领域；20 世纪 90 年代以来，学界对韧性的研究从自然生态学延伸至人类生态学。为应对城市危机和提高城市灾害应对能力，国内外提出了韧性城市的概念及相关的理论和方法，规划者引用生态学的弹性概念作为韧性城市的基础。在文献中，主要使用三种方法来界定城市韧性，分别为工程韧性、生态韧性和适应性韧性。工程韧性强调通过增强物理基础设施的抵抗力和鲁棒性来最大限度地降低灾难程度的能力。基于对韧性的这种解释，在很大程度上可以预测和预防破坏和灾难。生态韧性则需要一种更具动态性和灵活性的方法，认识到城市韧性建设中稳健性特征的不足。它促进在系统设计中建立安全裕度，以吸收初始冲击，保持功能，并将总体损失降至最低。在恢复过程中，生态系统可能进入新的平衡状态。然而，该系统的基本结构和功能保持不变。从"适应性韧性"概念可以认识到系统的复杂性和动态性，有助于将城市系统的恢复力描述和理解为复杂而动态的社会生态系统。

受适应性、恢复力概念的启发，本研究将总结澳门台风的主要路径及季节性分异规律。同时根据总结出的澳门台风主要特征对澳门进行台风数值模拟，了解澳门地区台风灾害风环境情况。基于"暴露—敏感—适应"构建澳门脆弱区评价模型对澳门城市范围进行网格划分评估，进而得出澳门台风灾害发生时的脆弱区域。同时，使用主成分分析法，揭示对澳门台风脆弱区影响较大的因素，为今后澳门发生极端灾害天气的防范及适应提供理论指导及优化对策。

3.2.2 基于数字化技术的防灾减灾研究

随着计算机模拟技术的发展，国内学者在城市防灾减灾研究方面也取得了丰硕的理论与实践成果。北京市水利科学研究所王海潮工程师（2011）以暴雨洪水管理模型（storm water management model，SWMM）为基础，选取北京香山地区为模拟区域，应用地理信息系统（GIS）与遥感（RS）技术对城市暴雨洪水模型的关键参数进行分析，为防灾规划提供技术支持。北京大学俞孔坚教授（2013）基于 GIS 的水文和空间分析技术，对北京市雨洪和地质灾害等进行了系统分析，提出城镇空间发展规划和新增城镇土地利用空间布局的优化战略设计方案，并借助低影响开发雨洪管理理念，探讨了应用低影响开发技术缓解城市水环境危机，促进城市可持续发展。曹罗丹（2015）通过对浙江省的遥感、地理、经济等数据进行 GIS 空间分析探讨城市内涝灾害暴露性、脆弱性、防灾减灾能力等，从而构建内涝灾害风险评估模型，对制订浙江省防灾减灾对策具有重要意义。北京大学吴健生教授（2017）以内涝频发的深圳为研究区域，运用 SPSS 数据分析软件对内涝点数据、景观破碎指数、最大斑块面积比例等进行相关分析和多元逐步回归分析，探讨了优化景观格局对内涝的影响，为内涝治理和景观规划提供了参考。复旦大学王祥荣教授（2018）基于上海市历史数据与 GIS 空间分析，提出了不透水面积、人口分布、中心城区的数字高程模型（DEM）等因素显著影响暴雨内涝的发生，为解决城市内涝策略提供了良好的方向。

西方国家对内涝灾害防控的研究建立在数字化、技术化、信息化的基础之上，关注灾害的风险评估和损失评估，构建城市灾害预防体系、灾害预警。美国致力于分析灾害的预警和实时观测，提升防灾工程技术能力，在 1963 年成立数字智能灾害研究中心，针对灾害或突发事件的应急方案进行研究，随后美国联邦紧急措施署以形成全美范围的损失评估标准为目的，通过基于计算机系统平台的"HAZUS"地理信息系统软件测算由地震及其次生灾害造成的直接和间接社会与经济损失，并致力于将此软件拓展应用到洪灾、风灾的损失评估测算中。1965 年，W. L. Garnison 首次提出 GIS，此后美国、英国、澳大利亚、加拿大等国家在以 GIS 技术探讨地质环境灾害的研究上做出了重要贡献，率先将 GIS 产业化。20 世纪 80 年代，GIS 逐渐从资料管理、绘图输出发展为 DEM 的使用、灾害模型的拓展分析。日本已经将数字技术推广到了自然和人为灾害的模型模拟研究中，探讨雪灾、水风灾等灾害的发生缘由、发展过程及防灾救灾决策分析，如 Katayama 利用 GIS 模拟地震对都市居住区的影响，提出了区域特性的地震破坏估算方法。

本章参考文献

[1] GARGIULO C, BATTARRA R, TREMITERRA M R. Coastal areas and climate change: a decision support tool for implementing adaptation measures [J]. Land Use Policy, 2020, 91. https: //doi. org/10.1016/j.landusepol.2019.104413.

[2] LE COZANNET G, NICHOLLS R J, HINKEL J, et al. Sea Level change and coastal climate services: the way forward [J]. Journal of Marine Science and Engineering, 2017, 5（4）: 49.

[3] BERGESON C B. Where can the water go? A characterization of urban infiltration capacities through measurement, modeling, and community observation [D]. Raleigh: North Carolina State University, 2021.

[4] PAQUIER A, MIGNOT E, BAZIN P-H. From hydraulic modelling to urban flood risk [J]. Procedia Engineering, 2015, 115: 37-44.

[5] MIGNOT E, LI X, DEWALS B. Experimental modelling of urban flooding: a review [J]. Journal of Hydrology, 2019, 568: 334-342.

[6] 于会彬, 宋永会, 常昕, 等. 中国城市化进程中的可持续城市水环境系统方案 [J]. Engineering, 2018（2）: 59-67.

[7] APEL H, MARTÍNEZ TREPAT O, HUNG N N, et al. Combined fluvial and pluvial urban flood hazard analysis: concept development and application to Can Tho city, Mekong Delta, Vietnam [J]. Natural Hazards and Earth System Sciences, 2016, 16（4）: 941-961.

[8] BRUWIER M, ARCHAMBEAU P, ERPICUM S, et al. Shallow-water models with anisotropic porosity and merging for flood modelling on Cartesian grids [J]. Journal of Hydrology, 2017, 554: 693-709.

[9] GHOSTINE R, HOTEIT I, VAZQUEZ J, et al. Comparison between a coupled 1D-2D model and a fully 2D model for supercritical flow simulation in crossroads [J]. Journal of Hydraulic Research, 2015, 53（2）: 274-281.

[10] PARK J, SEAGER T P, RAO P S C, et al. Integrating risk and resilience approaches to catastrophe management in engineering systems: perspective [J]. Risk Analysis, 2013, 33（3）: 356-367.

[11] BERNARDINI G, POSTACCHINI M, QUAGLIARINI E, et al. A preliminary combined simulation tool for the risk assessment of pedestrians' flood induced evacuation [J]. Environmental Modelling & Software, 2017, 96: 14-29.

[12] BAZIN P-H, NAKAGAWA H, KAWAIKE K, et al. Modeling flow exchanges between a street and an underground drainage pipe during urban floods [J]. Journal of Hydraulic Engineering, 2014, 140（10）. DOI: 10.1061/（ASCE）HY.1943-7900.0000917.

[13] 张建云, 李云, 王小军. 我国水生态文明建设中几个问题的再思考 [J]. 中国水利, 2016（19）: 8-11.

[14] 焦胜, 胡曦, 韩宗伟. 多尺度下城市内涝影响因素量化评估研究——以长沙市内五区为例 [J]. 生态经济, 2020, 36（5）: 222-229.

[15] 石小芳, 赵明洁, 杨青青, 等. 基于降雨情景模拟的城市社区尺度暴雨内涝研究 [J]. 水利水运工程学报, 2021（1）: 26-35.

[16] 田子阳, 褚俊英, 林永寿, 等. 西宁市多尺度城市内涝风险评价技术 [J/OL]. 水资源保护, https://kns.cnki.net/kcms/detail/32.1356.TV.20211101.1357.002.html.

[17] IMADA Y, SHIOGAMA H, TAKAHASHI C, et al. Climate change increased the likelihood of the 2016 heat extremes in Asia [J]. Bulletin of the American Meteorological Society, 2018, 99（1）: S97-S101.

[18] 袁媛. 基于城市内涝防治的海绵城市建设研究 [D]. 北京: 北京林业大学, 2016.

[19] DONATO F D, MICHELOZZI P. Climate change, extreme weather events and health effects [M]// Goffredo S, Dubinsky Z. The Mediterranean Sea. Its history and present challenges. Dordrecht, Heidelberg, New York, London: Springer, 2014: 617-624.

[20] SENA A, CORVALAN C, EBI K. Climate change, extreme weather and climate events, and health impacts[M]// Freedman B. Global Environmental Change（Handbook of Global Environmental Pollution）. Dordrecht, Heidelberg, New York, London: Springer, 2014: 605-613.

[21] 董加斌, 黄新晴. 台风"莫兰蒂"登陆前后引起的浙江沿海地区强降水过程分析 [J]. 应用海洋学学报, 2019, 38（2）: 198-205.

[22] 雷小途. 中国台风联防与科研协作及其对中国台风学科发展的作用综述 [J]. 气象学报, 2021, 79（3）: 531-540.

[23] 卢莹, 赵海坤, 赵丹, 等. 1984—2017 年影响中国热带气旋灾害的时空特征分析 [J]. 海洋学报（中文版）, 2021, 43（6）: 45-61.

[24] 李博, 冯俏彬, 戚克维. 基于改进的神经网络模型预测气象灾害经济损失——以广东省台风灾害为例 [J]. 重庆理工大学学报（自然科学版）, 2021, 35（4）: 247-253.

[25] 叶桂平, 孟静文. 澳门特区建设安全韧性城市路径研究 [J]. 中国应急管理科学, 2020（12）: 30-36.

[26] KIN-SUN C, ZHENG Z-X, GONG R-L. A study on crisis management of typhoon Hato in Macau [J]. Journalism, 2018, 8（1）: 1-12.

[27] 郑康慧，尚志海，梁其胜，等. 近 20 年登陆湛江市的热带气旋致灾力和危险度分析 [J]. 防灾科技学院学报，2021，23（2）: 62-69.

[28] 曾坚，王峤，臧鑫宇. 高密度城市中心区的立体化应急防灾系统构建 [C] // 中国城市规划学会. 城市时代，协同规划——2013 中国城市规划年会论文集（05- 工程防灾规划）. 中国城市规划学会，2013: 12.

[29] 宗珂，翟国方. 以韧性城市规划助力防灾减灾救灾 [J]. 防灾博览，2022 （1）: 40-43.

4

高密度城市街区环境品质
研究概况

4.1 微气候

4.1.1 滨海高密度城市微气候特征

（1）海岸带微气候

海岸带微气候是以海岸带这一特定环境为前提，其热量和水分由于下垫面的组成和特点不同而产生收支差异，从而在近地面小范围内形成的与人类行为活动和个人感知有密切关系的特殊气候系统。与其他气候系统相比，它具有以下特点：a. 海岸带范围内包含海洋、陆地和大气三种环境，海岸带范围内的微气候具有海、陆、大气三种气候的复合特征。由于构造组成不同，海洋和陆地两种下垫面在热平衡方面具有明显差异。海岸带位于两种下垫面的交界处，是热量流动和物质循环的急剧过渡带。b. 海岸带微气候具有空间尺度小的特点。海岸带微气候属于中小尺度的气候范围，具有空间范围小、生命周期短、动力要素梯度大、影响要素复杂等特征。c. 海岸带微气候具有与人类活动密切相关的特点。一方面，人类活动对海岸带下垫面造成了较大程度的改变，如填海造地、围垦、建立人工港口、修建堤坝等人工建设行为；另一方面，海岸带微气候的变化也给人们的行为活动和人体感知带来影响。

（2）热岛效应

随着城镇化的快速发展，人口数量激增和土地资源紧缺成为滨海城市发展过程中不可忽视的重点矛盾。填海造地和高密度建设模式也成为滨海城市应对人口增长和用地资源短缺的重要手段。由此，热岛效应在滨海高密度城市中尤为突出。城市热岛的形成有三个主要原因。一是城市硬质下垫面和建筑墙体的影响。沥青、混凝土等材料反射率低、热容量小，在相同条件下会吸收更多的太阳辐射热量，其表面温度高于绿地、水体等软质下垫面。二是空气污染。二氧化碳等温室气体弥漫在城市上空，会阻碍城市热量散发，形成城市温室效应。三是人工造热。空调机、供暖设备、工厂等人工热源的不断出现，加剧了城市热岛效应。

（3）雨岛效应

城市雨岛效应是城市降雨概率较乡村地区偏高的现象。城市雨岛效应形成的原因主要有以下三点：一是城市由于热岛效应，易产生热力对流使空气层结构不稳定，从而对流性降水增多；二是城市中高低参差的建筑物易产生机械湍流，对降水产生阻碍作用，使城市中的降水量增大，降水时间延长；三是城市中凝结核较多，工厂排放及汽车尾气中的气体均可以形成凝结核，提高降水概率。滨海高密度城市一般采用用地功能单一且高强度的开发模式，城市下垫面不断硬化，空调机等人工热源散热持续增加，热空气极易在城市上空堆积，加之汽车尾气与工厂废气中的气体形成的凝结核增多，城市降水随之增多，且易形成强降雨，城市雨岛效应加剧。另外，城市内市政基础设施系统薄弱，防灾应急系统欠缺，易造成城市内涝等灾害性事件发生。

（4）干岛效应与高楼峡谷风

城市干岛效应是指城市内空气湿度低于周边地区的现象。城市干岛效应形成的原因主要有两个方面。一是城市下垫面的硬质化。城市下垫面多为沥青、混凝土等透水率低的硬质材料，很难截流和储存雨水，致使城市下垫面干燥。二是城市内绿地率较低，而土壤中水分的蒸发作用与植物蒸腾作用可有效提升空气湿度，城市由此与周围形成"干岛"隔离。

高楼峡谷风是在高层建筑的影响下，风向、风速和风力改变而形成峡谷风的现象。当街道与风向垂直时，沿街高层建筑会对风产生较强的阻碍作用，降低街道通风效率。根据兰兹伯格的研究，城市年平均风速低于周围乡村地区 20%~30%，最大阵风风速低于周围乡村地区 10%~20%，而静风频率高于周围乡村地区 5%~20%。而在高密度城市街区，一方面由于建筑密度过高，严重阻碍空气流通，静风现象更加明显。但另一方面，高密度高层建筑群也易形成强风区。由于高层建筑会使建筑上方的强风向下移动，故易形成高楼峡谷风，使高层建筑周围的风速大于其他区域，形成强风区。同时，由于高层建筑对风向的改变作用，高低不齐的建筑群体容易因摩擦效应产生升降气流、涡流和绕流等，形成更为复杂的风场，在城市安全与舒适方面造成负面影响。

（5）澳门气候特征

澳门的年平均气温约为 22.4 ℃，平均气温的年变化较小。其中每年一月平均气温最低，每年七月平均气温最高。气温平均日较差位于 4.6~6 ℃范围内且随季节变化较小。澳门降雨量较为充足，平均年降水量为 1986.4 mm，是华南沿海地区降水较多的城市之一。另外，其夏季与秋季又易受台风和热带气旋的影响，故澳门降水量较多，雨量十分充沛。澳门属于典型的季风气候，其春季风向以偏东风为主，夏季主要为西南风，秋季以东风为主，冬季主要为偏北风。澳门的平均风速为 3.2~3.8 m/s。由于澳门三面临海，其相对湿度与绝对湿度均较高。其中，春夏季相对湿度为 84%~87%，秋冬季相对湿度为 70%~74%。

4.1.2 城市空间与微气候耦合机制

为了将微气候视角下的舒适度与城市规划视角下的空间环境品质建立联系，分析城市空间与微气候的耦合机制，本书分别从学科理论和既有评价体系两个方面筛选影响因子。

1. 基于学科理论研究的影响因子识别

（1）微气候理论研究

在室外微气候舒适度的影响因子研究过程中，热环境参数的影响是研究的重点。本书主要研究空气温度、相对湿度、水平平均风速和平均辐射温度四个主要的热环境参数。温度是对热环境舒适度影响最为直接的要素，通常选取距离地面 1.5 m 高度处的空气温度作为衡量指标。湿度是表示空气中水蒸气含量的气象参数，主要包括绝对湿度和相对湿度两个方面。人体能够感知湿度的大小，过小的湿度在冬季会使人感到干燥，过大的湿度在夏季会使人有闷热感。风环境中人行高度处风速是影响舒适度的直接要素，国内外相关学者就不同风速等级和风频与人体舒适度之间的关系展开了研究。本研究选取水平平均风速作为影响因子。太阳辐射是空气中热量的主要来源，直接影响空气湿度与温度等热参数的变化。太阳辐射主要通过人的皮肤感知和视觉感知来影响人体舒适度，并通过直接辐射或建筑物等反射的方式作用于人体。太阳辐射在为空间环境提供阳光和热量的同时，也会对人体造成一定的辐射危害。本研究选取平均辐射温度作为影响因子。

（2）城市设计理论研究

空间尺度和开发强度方面主要选取三个主要影响因子。一是街道宽度，应以街道通行需求为出发点，根据其道路功能和等级合理设计其宽度。二是建筑密度，过高的建筑密度会引发热岛效应和通风困难，污染物难以扩散等问题，以及安全隐患和城市风貌失调问题。而过低的建筑密度会降低公共空间的活力和舒适度，使城市出现强烈的三维特征，影响城市空间品质。三是建筑高度，其是展示城市风貌的重要表现手法，也是控制城市整体空间形态的重要手段。建筑高度控制分为城市整体高度控制和单体建筑高度控制两个方面，内容包括城市天际线、眺望景观等。

视觉景观与界面方面主要选取三个因子。一是街道高宽比，街道高宽比是指临街遮阳建筑高度与街道宽度之比。这一指标对于城市街道的空间均衡性和围合性至关重要。适宜的街道高宽比能够保证街道空间的舒适性和功能性。二是街道界面与面宽比。建筑界面主要分为底层和上层界面，其中底层界面与行人的空间感知联系较为紧密。建筑底层界面的设计应注重界面的通透性、韵律性，考虑室内室外空间之间的联系。街道面宽比也是芦原义信提出的空间形态的设计指标，用以表示建筑界面面宽与街道宽度间的相互关系。根据其研究，当建筑界面面宽比街道宽度小的建筑反复出现时，街道空间会富有朝气。三是界面密度与贴线率。界面密度是指街道一侧建筑面宽的投影总和与该段街道的长度之比。其计算公式为：

$$De = \sum_{m=1}^{m} K_m / L$$

式中：K_m表示第m段沿街建筑的投影面宽；L表示街道总长度。界面密度是表示建筑界面是否连续的重要指标，建筑界面的连续性是构成街道空间的重要因素。贴线率也是表示建筑界面是否连续的重要指标，它是街道两侧紧贴建筑红线的建筑界面面宽与所有建筑界面面宽的比值。在城市公共空间设计中，街道、广场的空间的整体性与连续性可通过贴线率指标进行控制。

空间使用与设施配套是影响空间舒适度的重要因素。在公共空间的规划设计中，休憩空间体系的设计应以行人的生理疲劳曲线为基础，并针对不同年龄人群分类进行。同时，公共设施也是构成街区环境的重要元素，是街区空间构成的重要物质要素。公共设施客观地反映了其所在街区环境的物质环境完善度和精神文化内涵。

（3）空间形态与微气候耦合研究

与微气候关联性较大的空间形态指标主要包括天空开阔度、建筑密度、空间肌理与建筑组合形式等。天空开阔度（SVF）指表面上给定一点的可见天空与天空半球之间的比率。天空开阔度过低会导致街区中的人感到压抑，并且其数值与区域热环境存在直接关系。地域气候条件对建筑密度的分布具有一定的影响，同时建筑密度的高低也会影响该地区微气候的变化。从建筑组合形式来看，内向围合式高密度的建筑布局可有效阻挡夏季热风与冬季寒风，行列式低密度的建筑布局则有利于通风，在湿热地区的夏季可有效降低空气温度。街区空间肌理与建筑组合形式与微气候环境紧密相关且相互影响，并对空间舒适度产生重要的影响。Mohammad Taleghani 等将建筑组合形式分为三类：分散点式布局（南北向与东西向）、连续行列式布局（南北向与东西向）和庭院围合式布局。其中，分散点式布局使开敞空间接收了长时间的太阳辐射，导致其舒适度低，而庭院围合式布局的开敞空间有更为舒适的室外环境。

2. 基于既有评价体系的影响因子识别

（1）微气候视角下舒适度相关评价体系的影响因子识别

微气候视角下舒适度评价体系主要包括热环境舒适度评价和风环境舒适度评价两大类。

热环境舒适度评价主要采用经验模型和热平衡模型。首先被提出的是基于空气温度、相对湿度、水平平均风速和平均辐射温度等热参数构建的经验模型，如湿球黑球温度指数（wet bulb globe temperature，WBGT）、不舒适指数（the discomfort index，DI）、温湿指数（temperature humidity index，THI）、表面温度（apparent temperature，AT）。这种经验模型以热安全为出发点，没有综合考虑微气候视角下舒适度中的人体热平衡参数。基于此，相关专家学者提出了热平衡模型，主要有室外标准有效温度、生理等效温度（PET）及通用热气候指数（UTCI）等。

风环境舒适度评价指标类型丰富。一是强风区面积比，即强风区面积与地块总面积的比值。本书选取强风区面积比这一指标来衡量与评价城市风环境舒适度，以为城市规划与街区环境设计提供一定的指导性建议。根据研究，5 m/s 的风速会影响行人的正常行为活动。因此本书将风速大于 5 m/s 的区域定义为强风区。二是静风区面积比，即静风区面积与地块总面积的比值。风速过小不仅会影响城市通风，降低人体舒适度，而且会降低城市空气质量，危害人体健康。研究表明，一定区域内若风速小于 1 m/s，会使人感觉不舒适，也不利于空气热量与污染物的排放。因此本书将风速小于 1 m/s 的区域定义为静风区。三是风速离散度。在城市形态的影响之下，同一街区内的不同具体位置之间风速大小也存在一定的差异。在对风环境的评价中应充分考虑同一地块内风速的不同，应用风速离散度指标。风速离散度是以统计学为基础，采用风速标准差来计算的，用以表示特定区域内风速的分布情况与离散程度。在风环境舒适度评价中，以风速离散度降低为导向。四是水平平均风速。在风环境评价过程中，应考虑该区域内的平均风速，即水平平均风速。水平平均风速是某一区域范围内各点位风速的平均值，是一个描述该范围内整体风速情况的指标。本书选取的适宜风速范围为 1~3.5 m/s，在该范围内，水平平均风速越大，风环境舒适度越高。

（2）城市规划视角下空间环境品质的影响因子识别

城市规划视角下空间环境品质的影响因子主要包括城市公共空间品质与活力因子（如绿化率、噪声污染、空间可达性等）、景观品质与活力因子（如日照条件、通风环境、空间尺度等）、郊野公园游憩空间景观品质因子（如趣味特征、游憩资源、环境舒适度等）、滨海旅游公园景观活力因子（如安全性、可达性等）、人居环境因子（如住宅环境、社区绿化、服务应急能力等）、步行舒适度因子（如通行顺畅度、设施舒适度等）等。

4.1.3 微气候视角下空间舒适度评价体系与评价方法

1. 指标选择

本研究基于微气候及城市规划相关理论、既有评价体系总结和典型地块实测模拟分析，筛选出与空间舒适度相关的微气候环境评价指标和空间环境品质评价指标。对于与微气候环境相关的指标，考虑热环境与风环境两个方面。对于与空间环境品质相关的指标，选取空间尺度与密度、空间界面与景观、设施与空间使用性三个方面的影响因子。经过文献阅读与统计分析，补充选取与本书研究相关的建筑高度等描述空间尺度与密度的指标参数、街道面宽比等描述空间界面与景观的指标参数和休憩空间间隔距离等描述设施与空间使用性的指标参数。微气候视角下空间舒适度评价体系见表4-1。

表 4-1　微气候视角下空间舒适度评价体系

目标层	准则层	要素层	指标层
微气候视角下空间舒适度评价体系（A）	微气候环境（B1）	热环境舒适度（C11）	空气温度（D111）
			相对湿度（D112）
			水平平均风速（D113）
			平均辐射温度（D114）
		风环境舒适度（C12）	水平平均风速（D121）
			强风区面积比（D122）
			静风区面积比（D123）
			风速离散度（D124）
	空间环境品质（B2）	空间尺度与密度（C21）	建筑高度（D211）
			建筑密度（D212）
			容积率（D213）
			人行道宽度（D214）
		空间界面与景观（C22）	街道面宽比（D221）
			贴线率（D222）
			天空开阔度（D223）
			街道高宽比（D224）
			绿地率（D225）
			街道坡度（D226）
			街区风貌协调性（D227）
		设施与空间使用性（C23）	休憩空间间隔距离（D231）
			座椅设施数量（D232）
			公共卫生间间隔距离（D233）

资料来源：研究团队成员自绘（郝妍，2021）。

注：表格中的两处水平平均风速没有区别，只是分别影响热环境舒适度（C11）和风环境舒适度（C12）。表 4-2，表 4-3 中水平平均风速同。

2. 指标权重确定

　　根据各因素间的相互关系，将模型划分为目标层、准则层、要素层和指标层四个主要层级。将空间舒适度评价体系的各层级指标重要性判断矩阵以调查问卷的形式发放给相关专家，运用专家打分法进行评价。本次问卷共发放 20 份，收回有效问卷 17 份，将问卷结果依次输入 yaahp 分析软件，运用层次分析法计算各层级指标的相对权重与绝对权重。通过整合和归一化计算，得到指标的相对权重和绝对权重，见表 4-2。

表 4-2 微气候视角下空间舒适度评价体系指标权重表

第一层级		第二层级			第三层级			
准则层	权重	要素层	权重		指标层	权重		排序
			相对	绝对		相对	绝对	
微气候视角下空间舒适度评价体系（A）	微气候环境（B1） 0.6726	热环境舒适度（C11）	0.644	0.4332	空气温度（D111）	0.1843	0.0798	4
					相对湿度（D112）	0.3972	0.1721	1
					水平平均风速（D113）	0.2683	0.1162	2
					平均辐射温度（D114）	0.1502	0.0651	6
		风环境舒适度（C12）	0.356	0.2395	水平平均风速（D121）	0.3423	0.082	3
					强风区面积比（D122）	0.142	0.034	12
					静风区面积比（D123）	0.3325	0.0796	5
					风速离散度（D124）	0.1832	0.0439	9
	空间环境品质（B2） 0.3274	空间尺度与密度（C21）	0.317	0.1037	建筑高度（D211）	0.0809	0.0084	20
					建筑密度（D212）	0.4059	0.0421	10
					容积率（D213）	0.2004	0.0208	14
					人行道宽度（D214）	0.3128	0.0324	13
		空间界面与景观（C22）	0.21	0.0686	街道面宽比（D221）	0.0744	0.0051	21
					贴线率（D222）	0.134	0.0092	17
					天空开阔度（D223）	0.1316	0.009	18
					街道高宽比（D224）	0.2302	0.0158	16
					绿地率（D225）	0.2515	0.0173	15
					街道坡度（D226）	0.0524	0.0036	22
					街区风貌协调性（D227）	0.1259	0.0086	19
		设施与空间使用性（C23）	0.473	0.1549	休憩空间间隔距离（D231）	0.3634	0.0563	8
					座椅设施数量（D232）	0.3946	0.0611	7
					公共卫生间间隔距离（D233）	0.242	0.0375	11

资料来源：研究团队成员自绘（郝妍，2021）。因采用四舍五入法，个别数值存在微小差别。

由于空间舒适度评价体系的指标数值之间存在明显差异且各数值量纲不同，故须对各指标数值进行统一去量纲处理。本书选取赋值评价法进行评价指标的标准化处理，即将各指标按一定的标准进行赋值处理。对空间舒适度评价体系各项指标运用赋值评价法进行统一去量纲处理后得到评价标准表，即表 4-3。

表 4-3 微气候视角下空间舒适度评价指标评价标准表

要素层	指标层	指标分级与阈值					备注
		5	4	3	2	1	—
热环境舒适度	空气温度(T_a)(℃)	$20 \leqslant T_a <25$	$25 \leqslant T_a <30$	$30 \leqslant T_a <35$	$35 \leqslant T_a <40$	$T_a \geqslant 40$	—
	相对湿度(RH)(%)	$50 \leqslant RH<60$	$35 \leqslant RH<50$	$60 \leqslant RH<85$	$0 \leqslant RH<35$	$RH \geqslant 85$	—
	水平平均风速(WS)(m/s)	$1.0 \leqslant WS<2.1$	$0 \leqslant WS<1.0$ $2.1 \leqslant WS<3.4$	$3.4 \leqslant WS<5.0$	$5.0 \leqslant WS<6.7$	$6.7 \leqslant WS<8.6$	参考Beaufort风力等级
	平均辐射温度(T_{mrt})(℃)	$20 \leqslant T_{mrt}<25$	$25 \leqslant T_{mrt}<30$	$30 \leqslant T_{mrt}<35$	$35 \leqslant T_{mrt}<40$	$T_{mrt} \geqslant 40$	—
风环境舒适度	水平平均风速(WS)(m/s)	$1.0 \leqslant WS<2.1$	$0 \leqslant WS<1.0$ $2.1 \leqslant WS<3.4$	$3.4 \leqslant WS<5.0$	$5.0 \leqslant WS<6.7$	$6.7 \leqslant WS<8.6$	参考Beaufort风力等级
	强风区面积比(SWR)(%)	$0 \leqslant SWR<10$	$10 \leqslant SWR<20$	$20 \leqslant SWR<40$	$40 \leqslant SWR<60$	$SWR \geqslant 60$	
	静风区面积比(QWR)(%)	$0 \leqslant QWR<10$	$10 \leqslant QWR<20$	$20 \leqslant QWR<40$	$40 \leqslant QWR<60$	$QWR \geqslant 60$	
	风速离散度(WD)(m/s)	$0 \leqslant WD<0.2$	$0.2 \leqslant WD<0.4$	$0.4 \leqslant WD<0.6$	$0.6 \leqslant WD<1$	$WD \geqslant 1$	数值越小,对城市通风越有利
空间尺度与密度	建筑高度(BH)(m)	$0 \leqslant BH<18$	$18 \leqslant BH<36$	$36 \leqslant BH<54$	$54 \leqslant BH<72$	$BH \geqslant 72$	—
	建筑密度(BD)(%)	$30 \leqslant BD<40$	$20 \leqslant BD<30$ $40 \leqslant BD<50$	$10 \leqslant BD<20$ $50 \leqslant BD<60$	$BD<10$ $60 \leqslant BD<70$	$BD \geqslant 70$	
	容积率(FAR)	$0 \leqslant FAR<1$	$1 \leqslant FAR<2$	$2 \leqslant FAR<4$	$4 \leqslant FAR<6$	$FAR \geqslant 6$	
	人行道宽度(SW)(m)	$3 \leqslant SW<6$	$2 \leqslant SW<3$ $SW \leqslant SW<6$	$1 \leqslant SW<2$	$0 \sim 1$	无人行道	
空间界面与景观	街道面宽比(W/D)	$W/D<1$	$1 \leqslant W/D<2$	$W/D \geqslant 2$	W/D 远远大于2	W/D 远远小于1	
	贴线率(BLC)(%)	$BLC \geqslant 70$	$60 \leqslant BLC<70$	$40 \leqslant BLC<60$	$30 \leqslant BLC<40$	$BLC<30$	
	天空开阔度(SVF)	$0.8 \leqslant SVF<1$	$0.6 \leqslant SVF<0.8$	$0.4 \leqslant SVF<0.6$	$0.2 \leqslant SVF<0.4$	$0 \leqslant SVF<0.2$	
	街道高宽比(D/H)	$D/H<1$	$1 \leqslant D/H<2$	$D/H>2$	D/H 大于2	D/H 远远小于1	
	绿地率(GAR)(%)	$GAR \geqslant 40$	$30 \leqslant GAR<40$	$20 \leqslant GAR<30$	$10 \leqslant GAR<20$	$0 \leqslant GAR<10$	
	街道坡度(SG)(%)	$0 \leqslant SG<3$	$3 \leqslant SG<6$	$6 \leqslant SG<10$	$10 \leqslant SG<20$	$SG \geqslant 20$	
	街区风貌协调性(SSH)	非常协调	协调	比较协调	不太协调	不协调	
设施与空间使用性	休憩空间间隔距离(OSD)(m)	$50 \leqslant OSD<100$	$100 \leqslant OSD<200$	$200 \leqslant OSD<400$	$400 \leqslant OSD<800$	$OSD \geqslant 800$	
	座椅设施数量(SN)	非常充足	充足	比较充足	不太充足	不充足	
	公共卫生间间隔距离(TD)(m)	$TD<400$	$400 \leqslant TD<600$	$600 \leqslant TD<800$	$800 \leqslant TD<1000$	$TD \geqslant 1000$	

说明:①平均辐射温度的指标数据赋值标准中的数据为平均辐射温度与空气温度的差值,即 $\Delta T_{mrt}=T_{mrt}-T_a$
②当广场等公共空间无人行道宽度、街道面宽比、贴线率等指标数据时,按中间值 3 分取值处理。
资料来源:研究团队成员自绘(郝妍,2021)。

参考国内外各种指数的分级方法并结合实际情况，本研究将空间舒适度得分划分为 4 个等级，以此反映街区内空间舒适需求得到满足的程度，由此得出表 4-4。

表 4-4　微气候视角下空间舒适度等级划分标准

分值	$C \geqslant 4.5$	$4.0 \leqslant C < 4.5$	$3.0 \leqslant C < 4.0$	$C < 3.0$
等级	Ⅰ级（优）	Ⅱ级（良）	Ⅲ级（中）	Ⅳ级（差）

资料来源：研究团队成员自绘（郝妍，2021）。

依据已确定的各层级和各指标权重，以及对各指标的赋分分值，建立微气候视角下的空间舒适度评价模型：

$$C = \sum_{i=1}^{n} a_i r_i$$

式中：C 为空间舒适度评价指数；a_i 为评价指标的权重；r_i 为评价指标的分值。

4.2　声环境

4.2.1　高密度城市声环境特征

城市噪声问题是现代高密度城市发展所面临的城市环境问题之一。《2020 年中国环境噪声污染防治报告》显示，2019 年全国噪声举报占比为 38.1%，位居各污染要素第 2 位。从澳门特别行政区环境保护局统计的 2017—2019 年城市环境投诉个案数，可看出有一多半投诉是噪声投诉，见表 4-5。随着城市的高密度发展，未来城市声环境问题势必会对城市居民产生更大影响，如何改善高密度城市噪声污染状况、优化城市声环境、满足城市居民对健康与美好城市空间环境质量的要求，是目前高密度城市建设发展的关键问题。

表 4-5　2017—2019 年环境投诉个案统计　　　　　　　　（单位：宗）

	2017 年	2018 年	2019 年
总个案	1976	2038	2056
噪声	1304	1368	1353
空气污染	562	510	572
环境卫生	22	55	63
其他	88	105	68

资料来源：澳门特别行政区环境保护局。

4.2.2　高密度城市空间与声环境耦合研究

1. 高密度城市空间与声音耦合关系

改善城市声环境质量，对营造良好的人居空间环境质量起到至关重要的作用。目前从整个城市层面的城市空间形态角度对城市声环境进行探讨的相关研究较少，处于起步阶段。城市空间形态与声环境关系复杂，从城市空间形态的多个维度探讨城市声环境状况十分必要，从城市空间形态中的城市土地覆盖、城市用地功能、城市开发建设强度、城市建筑空间组合四个方面对城市声环境的影响进行研究，丰富城市空间形态与声环境的研究维度，为提高城市建设质量提供参考意见。澳门的噪声污染已经对澳门居民产生了严重的影响，改善澳门城市声环境现状，满足澳门居民追求更高生活空间环境质量的要求，符合澳门总体规划中建设宜居城市的愿景以及打造"世界旅游休闲中心"的目标；澳门城市建成环境复杂，总结出对澳门声环境产生重要影响的城市空间形态要素，可为澳门地区的城市更新、澳门填海新区的未来规划建设做出相应指导，即从优化澳门城市声环境角度丰富澳门城市建设和城市规划与设计内涵。

2. 噪声地图的绘制与运用

在城市规划和环境监管中，制作和利用噪声地图已成为常见的噪声管理方法。这些地图的起源可以追溯到 20 世纪初的欧洲，特别是随着 2002 年欧盟《环境噪声指令》（environmental noise directive，简称 END）的实施，噪声地图的制作和应用开始普及。它们通过不同的颜色显示不同的噪声水平，为居民、城市规划者和政策制定者提供了一个了解噪声污染的直观工具。英国以其基于交通噪声的全国地图为先驱，而西班牙的首都马德里利用 4395 个噪声监测点创建了详尽的噪声分布图；日本、俄罗斯、中国等国也相继开展噪声地图的编制，广州编制了内环路交通噪声地图、北京绘制了第一张 12.7 km² 城市噪声地图。GIS 技术由于其对数据的精确表达和管理以及工作效率的提升而在噪声地图编制中扮演了核心角色。土耳其、中国等国基于 ArcGIS 平台通过空间插值方法绘制噪声地图并进行噪声影响评估与研究。传统的二维噪声地图在表达复杂城市景观的三维噪声特征时显示出局限性，这推动了如法国巴黎、中国香港等地基于三维技术的噪声地图的发展。这些三维地图能更精细地展示高层建筑中的噪声分布。整体而言，噪声地图是一个至关重要的工具，使我们能更好地量化、理解和减少城市噪声污染的影响。

3. 不同空间尺度下的城市声环境探讨

街道布局、建筑密度和土地利用等城市形态对声波的传播特性及由此产生的声学环境有着直接影响，这一点已经得到了学术界的广泛认同。近年来，随着城市化的发展，城市声景的研究范围不断扩大，并采用了越来越多元和细腻的视角。城市建成环境与声环境关系的不同研究领域研究现状见表 4-6。

表 4-6　城市建成环境与声环境关系的不同研究领域研究现状

研究尺度	指标维度	指标类别	具体指标	研究方法
宏观、中观	二维指标	平面空间形态	建筑密度、容积率、道路网密度、道路交叉口个数、景观格局指数	莫兰指数冷热点分析；皮尔逊相关系数；最小二乘法；空间误差模型；空间滞后模型；地理加权回归模型；土地利用回归模型；随机森林模型
宏观、中观	二维指标	空间功能类型	土地利用性质；功能设施 POI	皮尔逊相关系数；最小二乘法
中观、微观	三维指标	街道几何形态	街道高宽比；街道断面围合比；街道平面围合度；建筑界面高度；街道空间开口个数	Cadna/A 仿真模拟；soundplan 仿真模拟
微观	三维指标	建筑几何形态	建筑单体几何形状；建筑立面孔隙度；建筑立面构建形式	Cadna/A 仿真模拟；soundplan 仿真模拟

资料来源：研究团队成员自绘。

与声学环境相关的城市形态因素可以分为四大类。

第一类涉及建筑的外观，特别是它们的几何形态、立面形状和表面材料。例如，H. Hossam El Dien 等证明了阳台深度和栏杆形式显著影响立面噪声水平。Elena Badino 等得出结论，完全吸声的立面可以将噪声水平降低多达 9.5 dB。

第二类是街道几何形态。现有研究表明，城市街道的空间参数在影响噪声水平方面起着重要作用。街道的宽度显著影响声音在城市峡谷中的传播，较宽的街道有助于声音的扩散，而较窄的街道可能促进多次反射，从而加剧噪声污染。此外，立面的高度影响声音反射的路径，更高的立面可能增强街道中的"峡谷效应"，导致噪声水平的升高。街道高宽比（H/W）是评估街道声学特性的一个关键指标，高宽比越大，可能意味着更多的声音反射和回声，这在一定程度上可以加剧噪声污染。例如，广场和公园等开放空间在吸收和扩散声音方面发挥积极作用，可降低周围区域的噪声水平。开放空间的配置在城市声学规划中至关重要。

第三类城市形态因素——建筑、绿地和道路布局在调节城市噪声中起着关键作用。研究指出，较高的建筑密度可能会将声音集中在较小的区域内，增加与人口和活动密度相关的噪声水平，从而影响声环境。建筑面积指数（总建筑楼层面积与地

$$y=X\beta+\varepsilon$$

式中：y 为因变量；X 为不含截距项的解释变量矩阵；β 是斜率的定量；ε 为随机误差项。

然而传统的最小二乘法回归模型无法很好地处理空间数据，因此引入空间回归模型，即空间滞后模型（SLM）与空间误差模型（SEM），其公式分别为：

$$y=\rho Wy+X\beta+\varepsilon$$

式中：ρ 为空间自相关参数；Wy 为空间权重矩阵。

$$y=X\beta+\gamma W\varepsilon+\delta$$

式中：γ 为空间自相关参数；$W\varepsilon$ 为空间权重矩阵；δ 为误差项。

如果在空间依赖性检验中发现 LMLAG 比 LMERR 在统计上更加显著，且 R-LMLAG 显著而 R-LMERR 不显著，则可以判定采用空间滞后模型较为合适，即采用 SLM 进行空间回归。如果 LMERR 比 LMLAG 在统计上更加显著，且 R-LMERR 显著而 R-LMLAG 不显著，则可以判断空间误差模型是最为合适的模型，即采用 SEM 进行空间回归。

4.3 公共健康

4.3.1 高密度街区对人居健康的影响研究

目前，国内对高密度街区与公共健康的直接关系研究还相对较少，相关研究多集中于高密度街区形态带来的环境影响。

陈威总结了城市高密度建设可能带来的城市人居问题，指出城市高密度街区将造成交通拥挤、设施使用冲突、心理焦虑、视线受阻、通风日照不足、绿地面积减少、开放空间缺失等问题，从而影响居民的身心健康。良好的通风条件是改善街区空气质量、提高街区健康性、减少污染物滞留的有效方式之一。同时有效的街区通风也能有效缓解城市区域高温问题。郑颖生、史源等首次运用流体力学的模型对高密度街区的通风条件进行模拟并提出高密度街区的通风优化方案。袁磊等基于流体力学模型分析了高密度街区的交通污染物滞留情况，分析指出高层高密度街区由于通风不顺畅容易产生污染物沉淀，但是低层高密度街区情况相对较好，所以高层高密度街区可以采用降低高层立面延续性或者降低层数的方式改善街区通风条件。徐振等研究发现，街区高密度建设所产生的热岛效应及空气不流通等阻碍了开敞空间的群体活动，基于健康影响评价方法，选取南京高密度街区中城市广场区域进行微气候研究，并提出关于高密度地区开敞空间的微气候优化调整策略，例如以调整广场及周边建筑高宽比、提高植物比例，以及调整广场铺装等方式进行微气候的调节。布莱恩·劳森研究发现，高密度的城市空间将给街区的营造带来困难，尤其是在公共区域的设计上，既要有充分的设施及场地，又要保证其私密性。程玉萍等分析了高密度街区的特点后发现，高密度街区可能出现设施分布不足、环境承载力较差的问题，且会因为过于拥挤而产生交通混乱，从而导致意外的发生。另外，过于拥挤的人群会导致群体心理健康状态受到影响。

高密度的城市空间在某些程度上也会给街区带来积极影响。彼得·纽曼（Peter Newman）的研究表明，由于高密度集中建设的城市模式，资源与设施也会相应集中，从而减少资源消耗与环境影响，从侧面可以降低机动交通使用频率。南希·洪佩尔

（Nancy Humpel）等在对高密度街区功能分布进行调研时，提出高密度街区在合理的功能分布下，将更有利于人群的社交和活动，对社区健康有促进效果。

综上，高密度街区对公共健康的影响是多元多方向的，一方面高密度的街区可能阻隔污染物扩散、造成交通拥堵，以及给人群带来心理上的负面影响；但另一方面高密度街区又在功能的便捷和多元上提供了有益于健康的帮助。因此对高密度街区形态及功能分配的优化将在最大限度上消解高密度建设的负面影响，对街区健康优化有帮助。

4.3.2 公共健康评价体系与评价方法

1. 公共健康导向的高密度街区健康度评价指标

在城市健康程度的评估方面，对现有常用评价体系进行整合与筛选，以形成街区适用的评价体系并进行评价。对于不同街区的健康优化的方向都可以街区公共健康的现状数据与发展趋势为基础进行分析，从区域居民的疾病数据入手对居民健康现状及未来发展做出分析判断，然后进行街区影响因子的发掘和分析。评价体系分为两个部分——群体公共健康评价及公共健康导向的街区评价。根据居民疾病数据进行群体健康水平评价，分析影响城市居民健康的部分因素，并筛选出城市建设中对城市居民健康的影响路径，进一步在提升公共健康水平的方向下，以高密度和澳门半岛地域特征为限制因素，探究城市规划层面的影响因子并确定相关评价指标。

在高密度街区健康影响因子指标方面，由于高密度条件会导致开敞空间面积减少（同时挤压生态空间及活动空间）、街区通风不畅，以及街区受噪声影响大，即高密度条件对街区健康度的负面影响重点集中于"开敞空间面积、街区通风条件、街区建筑间距"三个方向，因此在评价高密度街区健康程度时，需要适当提高与这三个方向相关的评价指标的权重。高密度街区健康影响因子的具体指标、内涵、取值范围及判定方式见表4-7。

表 4-7 高密度街区健康影响因子的具体指标、内涵、取值范围及判定方式

具体指标	内涵	取值范围	判定方式	编号
运动休闲设施可达性	可为居民提供健身、娱乐休闲服务的器材、设施及其附属场地便捷可达	底层街区内可达，二层及以上可达性降低	街区内可达则赋值1，不可达赋值0，二层及以上可达赋值0.5	1
卫生设施可达性	为居民提供卫生医疗服务（如药品、简单医疗救治）的场所便捷可达	街区内可达，二层以上可达性降低	街区内可达则赋值1，不可达赋值0，二层及以上可达赋值0.5	2
人均卫生设施拥有率	区域内平均每人拥有为居民提供医疗卫生服务设施的数量（单位：个）	每万人3.34个	达到每万人3.34个及以上赋值1，未达到赋值0	3
户外活动场地可达性	面积大于400㎡的户外空间，为居民提供休闲活动的广场、运动场地等便捷可达	底层街区内可达，二层及以上可达性降低	街区内可达则赋值1，不可达赋值0，二层及以上可达赋值0.5	4
吸烟区及污染防护措施	区域内为吸烟者提供的集中场地及周围的废气阻隔或过滤措施	街区内有吸烟区及污染防护措施	街区内有吸烟区及有效防护措施赋值1，无措施赋值0，若区域禁烟赋值1	5
自然生态场地可达性	区域内有生态功能（如绿化、水体等）的区域便捷可达	底层街区内可达，二层及以上可达性降低	街区内可达则赋值1，不可达赋值0，二层及以上可达赋值0.5	6
城市街道绿视率	人在区域内街道上行进时，人们眼睛所看到的物体中绿色植物所占的比例	25%~50%	大于等于25%赋值1，小于25%赋值0	7
城市风道密度	区域中提供空气流动、缓解热岛效应和提升人体舒适度，可以引入新鲜空气的通道面积占区域总面积的百分比	二级以上风道密度25%以上	风道密度大于25%赋值1，小于等于25%赋值0	8
城市景观营造	区域内街区空间的景观美化设计	街道整洁，有景观设计	景观营造美观宜人赋值1，景观失序赋值0	9
开敞活动空间位置及面积	区域内在建筑实体之外存在的开敞空间可以满足人活动交流集散的场地位置及面积	街区内总面积大于1 ha	总面积大于1 ha赋值1，小于等于1 ha赋值0	10

（续表）

具体指标	内涵	取值范围	判定方式	编号
空气质量指数	反映空气污染程度，依据空气中污染物浓度的高低来判断	0~50，空气质量状况优，无污染；50~100，空气质量良，极少污染；101~150轻微污染，对公共健康有轻微影响；150以上，空气质量影响公共健康	空气质量小于100赋值1，100~150赋值0.5，大于150赋值0	11
街区降噪措施	特指街区减少道路交通带来的噪声的措施	有无街道降噪措施	有降噪措施赋值1，无降噪措施赋值0	12
公园绿地面积	区域中向公众开放的、以游憩为主要功能，有一定的游憩设施和服务设施，同时兼有生态维护、环境美化、减灾避难等综合作用的绿化用地的面积	人均大于10 m²	人均大于10 m²赋值1，人均小于等于10 m²赋值0	13
绿化覆盖率	街区中的乔木、灌木、草坪等所有植被的垂直投影面积占街区总面积的百分比	绿化覆盖率大于等于30%	绿化覆盖率大于等于30%赋值1，小于30%赋值0	14
人均公共绿地面积	区域内每人占有公共绿地的面积	25%以上	大于等于25%赋值1，小于25%赋值0	15
居住人口密度	区域内单位土地面积上的人口数量（人/km²）	大于2000人/km²小于3000人/km²或大于3000人/km²	小于3000人/km²赋值1，大于等于3000人/km²赋值0	16
区域建筑密度	区域建筑物的基底面积总和与占用地面积的比例（%）	小于35%密度正常；大于35%小于40%密度较高；大于40%小于45%密度高	小于等于40%赋值1，大于40%赋值0	17

资料来源：研究团队成员自绘（卢韵竹，2022）。

除高密度街区特点限制的影响因子外，其他影响因子指标将依据现有标准划定范围并进行评价赋值见表4-8。对于可达性指标，本书街区选取范围为500 m×500 m，恰好符合5分钟生活圈尺度范围，即居民步行5分钟左右可达，因此可达性指标在选取范围内可达即可。措施类指标在取值和判定时有相关措施且满足规范相关指标即可。规范类指标均参考国家相关规范中的指标进行取值。

表 4-8　其他影响因子的具体指标、内涵、取值范围及判定方式

具体指标	内涵	取值范围	判定方式	编号
超级市场可达性	较为综合，提供多种类型商品满足日常生活需要的市场便捷可达	街区内可达	街区内可达则赋值1，不可达赋值0	18
特殊活动场所可达性	为特定人群提供的活动场所，如儿童游园、老年人活动中心的便捷可达	街区内可达	街区内可达则赋值1，不可达赋值0	19
医疗服务站可达性	医疗门诊、社区医疗站等提供诊疗服务的各种等级的医院或社区门诊便捷可达	街区内可达	街区内可达则赋值1，不可达赋值0	20
极端气候应对措施	应对极端气候（包括干旱、洪涝、高温热浪和低温冷害等）的措施	街区内有应对干旱、洪涝、高温热浪和低温冷害等主要灾害的防御及恢复措施，如排水系统、防高温措施等	街区内有相关措施赋值1，无措施赋值0	21
适残适老设施普及	方便老人及残疾人使用的设施在街区内方便到达与使用	有适残适老设施并且方便使用	街区内有设施并可用赋值1，无措施赋值0	22
气候监测与预警设施	监测气候变化，预警极端天气的设施与公示平台	街区内可知（公示设施或移动终端通知）	街区内居民可知赋值1，街区内无设施或居民不可知赋值0	23
公共交通可达性	公共交通站点区域内便捷可达	街区内可达	街区内公共交通形式有三种及以上赋值为1，有两种赋值0.5，没有或只有一种赋值0	24
公共交通服务范围	公共交通系统覆盖全面	区域内有多种公共交通类型，覆盖较为全面	街区内可达则赋值1，不可达赋值0	25
慢行系统规划程度	街区以步行、自行车等慢速出行方式为主的道路交通设计	区域内慢行系统建设的程度	慢行系统覆盖程度较高赋值1，有慢行系统建设赋值0.5，无慢行系统建设赋值0	26
工业污染源与生活区距离	有工业污染的工业区与城市生活区的距离	距街区1000 m以上且不处于上风向	距街区1000 m以上且不处于上风向赋值1，不同时满足条件赋值0	27
社区主要禁烟区报警、监测、图像采集功能	社区在禁烟区有提醒标识及吸烟报警措施	有相关设施	有相关设施赋值1，无相关设施赋值0	28

具体指标	内涵	取值范围	判定方式	编号
生活饮用水水质达标率	抽检饮用水水质符合《生活饮用水卫生标准》（GB 5749—2022）	符合《生活饮用水卫生标准》（GB 5749—2022）	符合标准赋值1，不符合标准赋值0	29
非饮用水标识	对不是饮用水的水体，如景观水、生活用水的水体有明显提示标识	有明显提示标识	有明显提示标识赋值1，没有明显标识的赋值0	30
非饮用水消毒	对不是饮用水的水体，如景观水、生活用水的水体进行定期消毒	对非饮用水进行消毒	对非饮用水进行消毒赋值1，未消毒赋值0	31
排水系统正常运转不积水	排水系统在雨天甚至洪涝天气时可以正常排水	排水系统在雨天甚至洪涝天气时可以正常排水	排水系统在雨天甚至洪涝天气时可以正常排水赋值1，有积水内涝情况赋值0	32
街区内垃圾收集、转运系统	街区对街区内垃圾的收集与转运系统有效运转，处理日常垃圾	街区内垃圾收集、转运系统有且正常运转	街区内垃圾收集、转运系统有且正常运转赋值1，无相关系统赋值0	33
合理规划噪声分区，符合国家标准	噪声分区规划符合《声环境功能区划分技术规范》（GB/T 15190—2014）	按照噪声分区规划符合《声环境功能区划分技术规范》（GB/T 15190—2014）划分噪声功能分区	噪声分区规划符合《声环境功能区划分技术规范》（GB/T 15190—2014）标准赋值1，不符合赋值0	34
街区噪声监测公示设施	对街区内噪声进行监测并进行公示	有街区噪声监测公示设施	有街区噪声监测公示设施赋值1，无设施赋值0	35

资料来源：研究团队成员自绘（卢韵竹，2022）。

　　筛选后的高密度街区健康性判定指标有35个，而指标的重要程度有所差别，因此指标的后期排序及分级将通过城市规划体系与公共卫生体系两个系统的有关专家进行重要性评价，并针对特定区域的特殊情况再对体系进行最终指标排序及分级整合，形成针对地域的适宜性评价指标体系。例如在本书中，以澳门为例进行澳门高密度街区的健康性评价，后期评价时将根据澳门区域的特殊气候进行指标重要性的二次调整。

2. 基于澳门高密度街区特点的评价体系协调

以上评价要素较为普适，鉴于本书主要评价对象为澳门高密度街区，因此针对澳门本地的特性以及居民健康水平反馈进行上述评价指标的筛选及权重分析。

（1）澳门高密度街区现状健康评价指标参考

澳门高密度街区主要集中在澳门半岛，在人口分布上，澳门总体人口基本集中于澳门半岛，半岛总体人口密度偏高。在居民健康的维护上，特区政府出台诸多政策以提升公民公共健康水平。因此，对公共健康导向下的澳门高密度街区健康度的评价可以从自然条件、城市建设现状、现有健康提升政策及反馈等方面对评价体系指标进行筛选。

在城市建设方面，澳门已有对于城市健康的整体评估体系，即"健康城市"的评价指导体系。在 2004 年澳门正式接轨世界卫生组织健康城市计划，在其区域健康评判标准上也采用世界卫生组织的健康城市评判标准方向。澳门在健康城市评价时采取不同系统分别调研再整合的方式，将健康城市评价与实施工作分为 6 个不同的

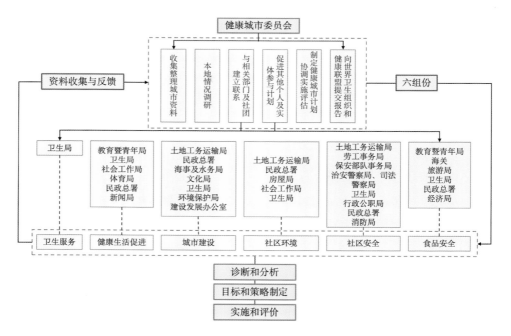

图 4-1 澳门健康城市评价与实施工作流程

（图片来源：研究团队成员根据澳门特别行政区政府健康城市委员会 2018 工作报告及 2019 工作计划整理自绘（卢韵竹，2022））

部分，由各自相关部门调查分析汇报反馈实施。澳门健康城市评价与实施工作流程如图 4-1 所示。

根据《澳门城市健康状况分析报告 2020》可知，在健康城市的评价指标选取上，澳门从人群健康、城市基础设施、环境质量、家居与生活环境、社区活动、生活方式与预防行为、医疗卫生与社会福利、教育与文化、就业产业与劳工现状、地方经济和人口统计十一个大类进行城市的各项健康指标评估。因澳门特区官方网站暂未公布健康城市评价指标体系，笔者基于评估报告总结了澳门健康城市评价的一、二类指标体系，见表 4-9。

其中，城市规划相关因子或城市规划可影响因子包括交通事故、防洪排涝、运输通信、水利电力、大气环境、水资源、废弃物、环境噪声、环境质量监测、房屋可居住面积、社会房屋、经济房屋、木屋清拆、旧区重整、城市规划委员会、都市更新、绿化与公园、康体设施共 18 项，如图 4-2 所示。根据对 18 项指标的分析与重分类，城市规划可能影响的因子也可划分为道路交通、基础设施、建筑与城市更新、自然生态、城市管理、环境与污染共 6 个方面。根据指标的分类，以及对报告中具体评价分析内容的整理，在澳门健康城市的指标体系内，城市规划相关影响因子共16 项。

表 4-9　澳门健康城市评价一、二类指标体系

一类指标	二类指标	一类指标	二类指标
人群健康	人口死亡率	生活方式与预防行为	滥用药物
	主要死亡原因		吸烟状况
	传染病发病率		青少年行为
	交通事故		身体伤害行为
	失火情况		饮食及肥胖
	犯罪事件		社区卫生保健
城市基础设施	现代化建设	医疗卫生与社会福利	医疗卫生状况
	防洪排涝		公共卫生工作
	运输通信		长者服务
	水利电力		家庭社区以及儿童服务
环境质量	大气环境		康复服务
	水资源		防治赌毒服务
	废弃物		社会保障基金
	环境噪声		社会保障制度
	环境质量监测	教育与文化	教育制度
家居与生活环境	房屋可居住面积		非高等教育情况
	社会房屋		回归教育
	经济房屋		特殊教育
	楼宇管理及维修		职业技术教育
	木屋清拆		高等教育
	旧区重整		成人教育
	城市规划委员会		健康生活教育
	都市更新		澳门文化
	绿化与公园	就业产业与劳工现状	劳动及人口参与率
	社区卫生环境		就业人口
	食物卫生管理状况		失业率及就业不足情况
社区活动	市民意见		外地雇员
	康体设施		职业培训
	公民教育推广活动		职业安全
	健康教育推广活动		监测与预防
	建立社区机制计划	地方经济	经济状况
	学校健康促进		旅游博彩业
	无烟方案		公共财政
	推广健康生活方式		家庭收入支出
	其他社区活动	人口统计	人口结构
			人口变化
			人口老化
			人口移动

资料来源：研究团队成员根据澳门健康状况分析报告总结（卢韵竹，2022）。

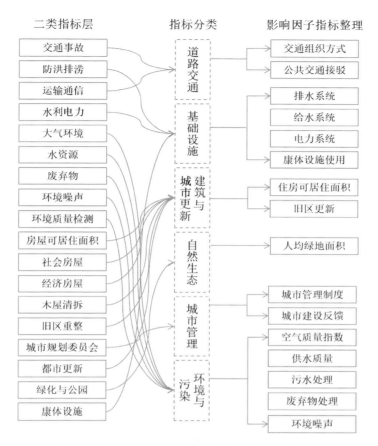

图 4-2　基于健康城市的城市规划层面公共健康影响因子

（图片来源：研究团队成员自绘，其中影响因子层根据澳门健康状况分析报告中具体分析内容整理

（卢韵竹，2022））

（2）澳门地区公共健康影响因子指标总结与调整

　　基于上述关于澳门城市规划层面的针对性分析，本土化分析后的影响因子见表 4-10，其中在分析后重要性降低的指标暂时列为二级指标。

表 4-10　本土化分析后的影响因子

指标分级	一类指标	二类指标
一级影响因子	公共服务	超级市场可达性
		极端气候应对措施
		适残适老设施普及率
		气候监测与预警设施
	开敞空间	户外活动场地可达性
		开敞活动空间位置及面积
	道路交通	道路密度
		公共交通可达性
		公共交通服务范围
		单位面积慢行系统长度
		道路分级
		交通组织方式
	污染控制	空气污染物指标
		空气质量指数
		工业污染源与生活区距离
		吸烟区及污染防护措施
		生活饮用水水质达标率
		城市区域环境噪声
		城市空气重污染天数
		城镇生活污水集中处理率
		工业废水排放达标率
		工业固体废物综合利用率
		生活垃圾无害化处理率
二级影响因子	居住环境	城市热岛指数
		居住人口密度
		区域建筑密度
		城市风道密度
	公共服务	运动休闲设施可达性
		医疗服务站可达性
		卫生设施可达性
		人均卫生设施拥有率
	生态绿化	单位面积绿地公园面积
		自然生态场地可达性
		城市人均公园绿地
		建成区绿化覆盖率
		城市植被指数
		城市街道绿视率
		人均公共绿地面积
	居住环境	城市景观营造

资料来源：研究团队成员自绘（卢韵竹，2022）。

在基于澳门本土分析进行指标的重新筛选后，初步确定 39 个可评价因子。通过专家对城市健康发展要素的理解以及对澳门情况的分析，在 39 个指标中有运动休闲设施可达性、户外活动场地可达性等 16 项指标专家认为是澳门街区健康的重要评价指标；有运动休闲设施可达性、户外活动场地可达性等 14 项指标专家认为对澳门街区健康性有影响；有居住人口密度、超级市场可达性、气候监测与预警设施等 4 项指标被认为对澳门街区健康性评价无影响或影响较小。统筹考虑上文分析结果和专家建议，最终得出澳门高密度街区健康性的评价指标共 7 类 17 项。筛选后的最终评价体系基本符合宏观总结指标，其评价内容均包含在初步关于高密度街区健康性评价的指标体系中，因此在具体指标含义与评价方式的选取上，可以继续沿用上文总结。

综上所述，在公共健康导向下的澳门高密度街区评价体系分为两级，即在指标内容方面，空气质量指数、极端气候应对措施、公共交通可达性、慢行系统长度、合理规划噪声分区符合国家标准、吸烟区及污染防护措施六项指标在评价体系中较为重要，在对街区进行评价时需要重点关注此六项指标，评价结果将根据指标分级进行分析。评价体系指标总结与分类见表 4-11。

表 4-11　评价体系指标总结与分类

指标分级	指标内容	所属类别
一级指标	空气质量指数	空气污染
	极端气候应对措施	气候应对
	公共交通可达性	交通布局
	慢行系统长度	
	合理规划噪声分区符合国家标准	环境噪声
	吸烟区及污染防护措施	空气污染
二级指标	自然生态场地可达性	开敞空间与生态
	开敞活动空间位置及面积	
	公园绿地面积	
	街区降噪措施	环境噪声
	医疗服务站点可达性	公共服务
	适残适老设施普及	
	街区主要禁烟区警报功能	空气污染
	生活饮用水水质达标率	市政设施
	排水系统正常运转不积水	
	街区内垃圾收集转运系统	
	街区噪声监测公示设施	环境噪声

资料来源：研究团队成员自绘（卢韵竹，2022）。

（3）澳门高密度街区评价体系框架

以澳门作为案例分析所得的澳门高密度街区健康性评价体系框架如图4-3所示。

该评价体系从医疗卫生领域健康水平评价体系构建入手，并通过疾病预防与规划作用的衔接媒介探究城市规划层面对公共健康的有效影响因子。在针对澳门高密度街区进行评价时，结合当地环境、资源、政策、居民反馈等特点进行指标的协调，并在协调后形成针对性的高密度街区评价体系。本章最终所得的针对澳门高密度街区的评价体系包括7类17项指标。

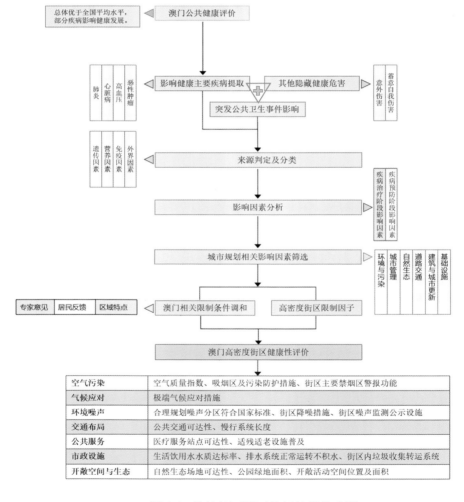

图 4-3　澳门高密度街区健康性评价体系框架
（图片来源：研究团队成员自绘（卢韵竹，2022））

本章参考文献

[1] 郝妍 . 微气候视角下滨海高密度城市空间舒适度评价与优化研究 ——以澳门历史城区为例 [D]. 天津: 天津大学, 2021.

[2] 卢韵竹 . 公共健康导向下的高密度街区健康度评价——以澳门街区为例 [D]. 天津: 天津大学, 2022.

[3] 郑开雄 . 应对气候变化的滨海城市空间结构适应模式研究——以厦门为例 [D]. 天津: 天津大学, 2018.

[4] 柏春 . 城市气候设计——城市空间形态气候合理性实现的途径 [M]. 北京: 中国建筑工业出版社, 2009.

[5] 李国杰 . 基于热舒适度的哈尔滨步行街行道树优选研究 [D]. 哈尔滨: 哈尔滨工业大学, 2015.

[6] 陈宇青 . 结合气候的设计思路 ——生物气候建筑设计方法研究 [D]. 武汉: 华中科技大学, 2005.

[7] 方智果 . 基于近人空间尺度适宜性的城市设计研究 [D]. 天津: 天津大学, 2013.

[8] 芦原义信 . 街道的美学 [M]. 尹培桐 , 译 . 天津: 百花文艺出版社 , 2006.

[9] 雅各布斯 . 伟大的街道 [M]. 王又佳, 金秋野, 译 . 北京: 中国建筑工业出版社, 2009.

[10] 徐思淑 , 周文华 . 城市设计导论 [M]. 北京: 中国建筑工业出版社 , 1991.

[11] LINDBERG F. Modelling the urban climate using a local governmental geo-database [J]. Meteorologica Application, 2007, 14（3）: 263-273.

[12] TALEGHANI M, KLEEREKOPER L, TENPIERIK M, et al. Outdoor thermal comfort within five different urban forms in the Netherlands [J]. Building and Environment, 2015, 83: 65-78.

[13] SIMIU E, SCANLAN R H. Wind Effects on Structures: An Introduction to Windengineering [M]. New York: A Wiley-Interscience Publication, 1978: 35-38.

[14] 刘岳坤, 朱竹墨 . 基于微气候舒适度的城市住区景观品质评价——以冬冷夏热地区为研究区域 [J]. 沈阳建筑大学学报（社会科学版）, 2018, 20（6）: 547-553.

[15] 卢薪升 . 北京郊野公园游憩空间景观品质评价及优化策略研究 [D]. 北京: 北方工业大学, 2020.

[16] 渠水静 . 滨海旅游公园景观活力评价研究及应用——以胶东半岛城市为例 [D]. 青岛: 青岛理工大学, 2020.

[17] BRUSE M, SKINNER C J. Rooftop greening and local climate: a case study in Melbourne[C]. International conference on Urban Climatology & International Congress of Biomereorology, Sydney, 1999.

[18] 郭炼镠, 汤晓敏. 城市双修背景下社区道路步行舒适度评价研究——以上海曹杨新村为例 [J]. 中国园林, 2020, 36（5）: 70-75.

[19] 杨小山, 赵立华, BRUSE M, 等. 城市微气候模拟数据在建筑能耗计算中的应用 [J]. 太阳能学报, 2015, 36（6）: 1344-1351.

[20] SÁNCHEZ G M E, VAN RENTERGHEM T, THOMAS P, et al. The effect of street canyon design on traffic noise exposure along roads [J]. Building and Environment, 2016, 97: 96-110.

[21] 吴鹄鹏. 街道空间形态与界面对声环境的影响研究 [D]. 哈尔滨: 哈尔滨工业大学, 2018.

[22] 杨青. 声环境优化视角下的城市高层高密度住区设计方法研究 [D]. 天津: 天津大学, 2017.

[23] TOBLER W R. A computer movie simulating urban growth in the Detroit Region [J]. Economic Geography, 2016, 46（S1）: 234-240.

[24] 余洋, 蒋雨芊, 李磊. 城市公共空间的健康途径: 健康街道的内涵、要素与框架 [J]. 中国园林, 2021, 37（3）: 20-25.

[25] 武占云, 单菁菁, 马樱娉. 健康城市的理论内涵、评价体系与促进策略研究 [J]. 江淮论坛, 2020（6）: 47-57.

[26] MCKEOWN T. The role of medicine: dream, mirage, or memesis [J]. Princeton, NJ: Princeton University Press, 1979.

[27] 田莉, 李经纬, 欧阳伟. 公共健康视角下的城市规划与人因工程学 [J]. 世界建筑, 2021(3): 58-61.

[28] 李志明, 张艺. 城市规划与公共健康: 历史、理论与实践 [J]. 规划师, 2015, 31（6）: 5-11, 26.

[29] 程明梅, 杨朦子. 城镇化对中国居民健康状况的影响——基于省级面板数据的实证分析 [J]. 中国人口·资源与环境, 2015, 25（7）: 89-96.

[30] DADVAND P, DE NAZELLE A, FIGUERAS F, et al. Green space, health inequality and pregnancy [J]. Environment International, 2012, 40: 110-115.

[31] CAMBRA K, MARTÍNEZ–RUEDA T, ALONSO–FUSTEL E, et al. Mortality in small geographical areas and proximity to air polluting industries in the Basque Country（Spain）[J]. Occupational & Environmental Medicine, 2011, 68（2）: 140-147.

[32] 王耀武，孙宇，戴冬晖.基于社会生态模型的国外城镇居民体力活动研究综述 [J]. 现代城市研究，2020（4）：27-35.

[33] 法国 AIA 建筑工程联合设计集团基金会，华夏幸福未来 城市研究院.健康城市：走向有益健康的城市规划 [M]. 北京：中国建筑工业出版社，2019.

[34] 魏贺.以健康街道方法塑造健康城市——大伦敦健康街道政策的启示 [J]. 城市交通，2021，19（1）：1-10，132.

[35] 王嘉琪，夏冰.健康城市导向的街区尺度导控——"小街区"模式的适用性分析 [J]. 城市建筑，2021，18（11）：7-12.

[36] 曾鹏，李明晓.基于健康城市导向下的城市空间设计策略思考 [C]// 中国城市规划.学会 活力城乡 美好人居——2019 中国城市规划年会论文集（07- 城市设计）.北京：中国建筑工业出版，2019.

[37] 杨俊宴，史北祥，史宜，等.高密度城市的多尺度空间防疫体系建构思考 [J]. 城市规划，2020，44（3）：17-24.

[38] 冯旅帆，彭颖，金春林.健康发展力评价指标体系构建 [J]. 中国卫生资源，2021，24（2）：139-142.

[39] 雷诚，李锦，丁邹洲."双效健康城市"理念下既有公共空间环境更新设计探讨——以金鸡湖环湖绿道为例 [J]. 西部人居环境学刊，2020，35（3）：1-9.

[40] 华钰洁，胡一河，陆艳，等.国外健康支持性环境实践进展与启示 [J]. 中国慢性病预防与控制，2021，29（5）：331-335.

[41] 姜玉培，甄峰，孙鸿鹄.基于街区尺度的城市健康资源空间分布特征——以南京中心城区为例 [J]. 经济地理，2018，38（1）：85-94.

[42] 李奕.健康导向下的城市步行系统规划及其应用研究 [D]. 重庆：重庆大学，2016.

[43] 陈威.高密度城市设计中的健康策略及重要研究问题 [J]. 西部人居环境学刊，2018，33（4）：60-66.

[44] 郑颖生，史源，任超，等.改善高密度城市区域通风的城市形态优化策略研究——以香港新界大埔墟为例 [J]. 国际城市规划.2016，31（5）：68-75.

[45] 袁磊，宛杨，何成.基于 CFD 模拟的高密度街区交通污染物分布 [J]. 深圳大学学报（理工版），2019，36（3）：274-280.

[46] 徐振，徐秋霞.高密度街区城市广场微气候评价及优化策略——以南京莱迪广场为例 [J]. 中国名城，2020（5）：40-45.

[47] 张雨洋，刘宁睿，龙瀛.健康居住小区评价体系构建探析——基于城市规划与公共健康的结合视角 [J]. 风景园林，2020，27（11）：96-103.

[48] 吴恩融 . 高密度城市设计：实现社会与环境的可持续发展 [M]. 叶齐茂，倪晓晖，译 . 北京：中国建筑工业出版社，2014.

[49] HUMPEL N, OWEN N, IVERSON D, et al. Perceived environment attributes, residential location, and walking for particular purposes [J]. Environment & Planning B Planning & Design, 2013, 40（4）: 617-29.

[50] WEBSTER P, SANDERSON D. Healthy cities indicators—a suitable instrument to measure health [J]. Journal of Urban Health, 2013, 90: 52-61.

[51] 夏联华 . 健康城市评价指标体系研究 [D]. 重庆：重庆大学，2019.

[52] 王秀峰，张毓辉 . 用好健康影响评估这件"利器"[J]. 中国卫生，2017（7）：66-67.

[53] 王兰，罗斯 . 健康城市规划与评估：兴起与趋势 [J]. 国际城市规划，2016，31（4）：1-3.

[54] 丁国胜，黄叶琨，曾可晶 . 健康影响评估及其在城市规划中的应用探讨——以旧金山市东部邻里社区为例 [J]. 国际城市规划，2019，34（3）：109-117.

[55] 刘正莹，杨东峰 . 为健康而规划：环境健康的复杂性挑战与规划应对 [J]. 城市规划学刊，2016（2）：104-110.

[56] 周永卫，张之红 . 基于最大贴近度的城镇化水平可拓评价 [J]. 统计与决策，2015（1）：58-62.

5

澳门填海造地高密度
城市空间现状

5.1 澳门填海造地与土地利用演变

填海造地是一项从海洋中创造土地资源的传统活动。在过去的几十年里，填海作为一种常见的重要方式应用在沿海城市，在全世界范围内为生产生活提供陆地空间，促进经济发展。

同时，作为人类对海洋的主要干预之一，填海过程对海洋环境造成了破坏，带来了长期的严重问题，如生物多样性和生态系统服务的丧失、水动力紊乱、水质下降、海岸线消失。土地开垦和环境保护之间的平衡需要被更多地关注、研究、计划和管理。

随着城市化进程的加快和土地需求的增加，沿海城市通常会有几十年到几百年的填海造地战略和计划。然而，以往的文献研究大多集中在从工程角度对单一和孤立的填海项目进行环境影响评估，忽略了其与综合城市系统的结合，以及对沿海环境的累积影响。此外，以往的研究都是以短时间内某一土地利用方式的初始地貌空间指标来监测与填海造地相关的海岸环境影响。在快速而漫长的城市化和填海造地过程中，以往的研究很少探讨复杂的空间指标和各种土地利用的时空变化及其对海岸环境质量的影响。

本研究以澳门为实证探索案例，我们通过对遥感数据的图像解读，量化了填海模式的复杂空间矩阵和各种土地利用方式，研究结果揭示了空间矩阵和土地利用的重要性，并为决策者提供了以更环保的方式进行填海造地的长期规划和设计的建议。

5.1.1 澳门填海造地的历史

澳门位于珠江三角洲的西侧，沿海的地域优势使得澳门成为 16、17 世纪具有重要位置的海上贸易中转站。随着第一次工业革命的到来，以蒸汽机为主要动力的"火船"逐步代替了传统的船只进行海上贸易，但澳门由于受珠江河口的影响，其两旁的伶仃洋河口和磨刀门河口所带来的河道淤泥造成了澳门附近的海域易出现河泥淤塞的情况，使得吃水深度较深的"火船"难以停泊在往日的港口上。因此，澳门频繁的船只贸易来往逐渐减少，其贸易中转站的地位也逐渐被隔岸的香港与内地开放的通商口岸取代。

1864 年，葡萄牙海军部的海外工务部为了解决这一问题，初步制定了《港口改善计划》，并开始了从莲茎至妈阁庙一带的清淤填滩内港工程[1]。这次环境优化也标志着澳门填海工程的尝试。1919 年，澳门实施新的填海工程，包括了青洲岛与台山的连接、黑沙环的跑马场等一系列填海，这也标志着澳门进入了大规模围填海的时期，同时也加速推动了澳门城市空间形态与土地功能的改变。之后，外港新填海区开发、黑沙环填海开发、南湾湖工程及路氹填海等计划在澳门的新城区开发阶段也陆续进行。例如：在 2006 年的施政报告中澳门特区政府曾提出设立新城区计划以满足澳门地区未来二十年的发展需求，其中涉及澳门东北侧的新城 A 区、澳门半岛南侧的新城 B 区，以及澳门氹仔北侧的新城 C、D、E 区。为澳门新城区规划的五区当中，A 区的发展定位是公共房屋 + 民生配套 + 城市门户，B 区的发展定位是政法区 + 滨海绿廊 + 旅游设施，C、D、E 区的发展定位是滨海绿廊 + 交通枢纽，新城填海区在空间形态上亦形成了"两廊多核"的结构布局。

在之后的填海进程当中，有关新城 D 区是否继续填海亦引发社会的关注和讨论，讨论的重点在于是否将新城 D 区 58 ha 的填空指标置换给澳门半岛东北侧与新城 A 区之间的海域，从而解决新城 A 区密度大、绿化紧缺的问题。澳门特区政府在听取社会反映的意见后，先保留 D 区填海，新城 A 区与澳门半岛东北侧的水道暂时放弃填海。由此可见，市民对于增加澳门土地资源以解决住屋问题的强烈要求，亦因为澳门固有的土地资源短缺，限制着城市的整体良性发展。所以，填海造地在澳门的现今城市发展中一直是当地民众关心的议题。

随着澳门整个新城区填海计划的获批，各区域填海造地的工作也陆续开展。澳门的新城区 A 区、B 区与 E 区已基本完成堆填，其中 A 区规划用作商住小区、水岸公园、公共社会设施及多元产业用地，是五区当中面积最大的，B 区则规划用于道路基建、休闲旅游、公园绿化等，而 E 区的发展定位主要为交通枢纽。C 区正在填海中，D 区在总体规划咨询总结报告公布后为保留发展。

---

1. 引自：杨雁 . 澳门近代城市规划及建设研究（1845—1999）[D]. 武汉：武汉理工大学，2009: 36.

根据我们能够获得的澳门填海历史数据，见表 5-1，选择 1936—2018 年的填海造地数据，并将其中的 592 个填海项目和约 20 km² 的填海土地作为我们的研究重点。根据 Landsat 遥感影像数据（USGS，2020）对这些开垦地的空间模式进行解读，并推断其土地利用情况。

表 5-1 澳门填海历史数据

年份	填海项目 / 个	填海项目占比 / %	填海土地 / m²	填海土地占比 / %
1936	71	9.92	2 465 277	10.3
1957	53	7.40	1 494 784	6.3
1975	66	9.22	683 574	2.9
1986	61	8.52	1 011 421	4.2
1991	58	8.10	1 594 576	6.7
1996	62	8.66	3 451 865	14.5
1999	60	8.38	2 366 866	9.9
2000	19	2.65	1 770 931	7.4
2001	15	2.09	339 009	1.4
2002	7	0.98	1 143 329	4.8
2003	26	3.63	407 611	1.7
2004	28	3.91	112 725	0.5
2005	19	2.65	797 884	3.3
2006	16	2.23	404 645	1.7
2007	10	1.40	732 528	3.1
2008	12	1.68	25 931	0.1
2009	16	2.23	332 067	1.4
2010	20	2.79	195 166	0.8
2011	35	4.89	189 645	0.8
2012	8	1.12	13 230	0
2013	7	0.98	381 608	1.6
2014	12	1.68	19 970	0
2015	14	1.96	220 293	0.9
2016	5	0.70	39 729	0.2
2017	5	0.70	492 082	2.1
2018	11	1.54	3 189 124	13.4
共计	716	100	23 875 870	100

资料来源：研究团队成员自绘。表中数据太小的，忽略为 0 处理。因采用四舍五入法，个别数值存在微小差别。

我们再通过获取美国地质调查局陆地卫星遥感影像数据，并在 GIS 中生成澳门 1975—2018 年填海造地的空间指标和土地利用的时空转换情况。从澳门 1975—2018 年的填海造地的空间和土地利用的时空变化上看，澳门填海造地通过长时间开垦新土地，使土地面积不断增长，从而使澳门的城市形态发生了很大的变化。

澳门在 19 世纪 80 年代展开了大规模的填海造地工程，填海工程的主要作业区是澳门半岛。20 世纪 70 年代，澳门的填海工程集中在氹仔岛，大、小氹仔岛之间的沉积部分露出海面，加上人工填埋，氹仔岛的面积不断增加。1975 年，此时的澳门地域范围分为澳门半岛、氹仔岛与路环岛三部分。澳门半岛与氹仔岛由 1974 年建成通车的澳氹大桥连接。1986 年，澳门填海工程集中在路环岛西北部和东北部，形成联生发展区（张耀光，2000），土地利用类型为工业区。1987 年，澳门国际机场及附近区域的填海工程开始施工。

1994 年，第二座连通澳门半岛与氹仔岛的大桥——友谊大桥建成。1996 年，澳门国际机场及附近区域的填海项目完成。1975—1996 年，澳门的土地利用类型包括住宅区、商业区、工业区、公共基础设施区、公用设施区、旅游娱乐区、生态保护区和绿地或公共开放区。这一时期澳门整个土地利用面积占比较大的是住宅区与生态保护区。1997 年，路氹城镇的填海计划项目启动，在连接两岛的路氹连贯公路基础上，对氹仔岛与路环岛之间的大片浅滩进行填海造地，将原本独立的两个岛屿连通。1999 年，氹仔岛与路环岛之间开始出现填海工程作业形成的陆地。

2002 年，氹仔岛与路环岛之间区域的填海造地工程已完成大部分，此区域被规划为旅游娱乐区、商业区、生态保护区及公用设施区，旅游娱乐区占大部分。因此，路氹填海区的旅游业与博彩业兴起，此后成为澳门经济的新引擎。同年启动建设连通澳门半岛与氹仔岛的第三座跨海大桥。2004 年，连通澳门半岛与氹仔岛的西湾大桥完工。三岛贯通更好地带动了澳门人口流动，促进了填海新区的发展。填海造地工程缓解了澳门土地资源紧缺、人口容纳能力以及城市和工矿用地不足等问题，改善了澳门的交通状况，形成发达的海陆空运输体系，也致使澳门海岸线不断外移（张耀光，2000）。

直至 2006 年，路氹城镇填海项目完成。与此同时，澳门特区政府推出澳氹新城区填海计划，以满足澳门未来 10 至 20 年的土地需求。在 2006—2018 年遥感可视化地图中，可看出此计划是在澳门半岛南面及东北侧，以及氹仔岛北侧 5 个区域发展新城区。澳门东北侧及澳门半岛南侧为新城 A、B 区，土地利用类型主要为住宅区、商业区和公共基础设施区。氹仔岛北侧为新城 C、D、E 区，新城 C、D 区两区未完成填海。E 区填海完成后，土地利用规划主要为住宅区、商业区与公用设施区。澳氹新城区填海计划产生的土地将不被用于发展博彩业和低密度住宅项目，以打造多元、宜居的滨海城市为目标对其进行规划。至此阶段，整个澳门的土地利用类型中住宅区、旅游娱乐区和生态保护区的面积占比较大。

1975—2018 年，澳门城市陆域总面积经过填海造地工程作业，不断地扩大，土地的空间格局趋向碎片化发展。土地利用空间格局不断演变，土地利用类型也逐渐更加多样化。

研究从景观指标层面选取了四个指数来代表整个城市的空间变化，它们分别为陆域总面积、空间斑块密度、周长面积分形维数和平均斑块形状指数。1975—2018 年，澳门填海陆域总面积呈现持续增长的趋势，年均增长率为 1.8%，同时填海空间的斑块聚集指数呈现持续下降的趋势。空间斑块密度波动很大，特别是在 1975—2000 年。2000 年后，波动不明显。自 1991 年以来，澳门填海区的周长面积分形维数呈现急剧上升的趋势，空间斑块密度也迅速增大。1999 年，周长面积分形维数达到极值 1.35，此后呈现下降趋势。填海空间的平均斑块形状指数从 1975 年开始急剧上升，在 1996 年达到最高点。然后从 2000 年到 2018 年呈现出稳定的趋势。

总体而言，住宅区（RZ）在澳门各类主要功能用地中占比最大，且比例呈下降趋势，1975 年占比为 59.06%，2000 年为 47.03%，2010 年为 42.13%，2018 年为 37.17%。工业区（IZ）在各类主要用地中占比最小，1975 年后占比最高为 9.87%。开放空间（OS）在 2010 年之前一直相对平缓地增长，到 2018 年则大幅增长，2018 年占比为 27.22%。商业区（CZ）的比例相对稳定，2000 年最高为 25.99%，此后略有下降。

5.1.2 澳门土地利用演变

经过 100 多年的发展，澳门通过填海扩大土地面积，以满足快速发展的社会经济和人口的需要。由于填海造地，澳门的空间格局随着时间的推移发生了很大变化。

空间格局，指的是空间分布和配置的类型、大小和形状，是生态学和地理学中探讨城市系统评价的核心概念。对空间形态的精确分析有助于理解城市形态，提高土地利用效率。

总的来说，澳门土地的空间格局呈现出碎片化的趋势，随着1975—2018年填海造地的不断进行，空间斑块的形状也逐渐变得复杂。空间斑块密度指数反映了空间破碎化的转变。空间斑块密度指数的值波动很大，特别是在1975—2000年。2000年后，波动不明显。空间斑块密度的变化趋势表明，随着填海区城市化进程的推进，人工土地之间的连通性增强，斑块的破碎化程度明显下降。1991—2000年，沿海填海的强度持续增加，其增长速度明显提高。在这一时期，澳门通过填海将氹仔岛与路环岛相连。

随着沿海填海区的扩大，新的土地出现并不断增加。填海区的周长面积分形维数描述了整个海岸线的复杂性，也表明了人类活动对空间格局的影响。随着澳门填海区比例的增大，人工海岸线的形状也逐渐变得复杂和不规则。填海区的平均斑块形状指数反映了斑块形状的复杂性。Zhao 和 Liang（2022）的研究表明，随着土地总面积的增加，建设用地对平均斑块形状指数的影响也在增加。由于填海的影响，这一时期，澳门特区的价值也急剧增加。较高的人为干扰强度导致了填海模式的高度复杂性。填海空间的斑块聚集指数反映了填海斑块的聚集程度。通常，紧凑的斑块集群被认为是聚集的。1975—2000年，复垦率急剧上升，土地大面积转化为建筑，导致2000年后斑块聚集指数开始稳定下降。这与以往研究的结论一致，即建设用地的扩大对填海斑块的聚集程度有负面影响。

从20世纪70年代到80年代，由于大量制造工厂从香港迁往澳门，如纺织、电子和玩具加工工厂，澳门的轻工业和劳动密集型工业一直很繁荣。在这一时期，大部分的填海区被用于建设工业区、集装箱港口和配套设施。从20世纪90年代到21世纪初，随着制造业的快速发展，澳门的工业优势逐渐减弱，并失去了国际市场的青睐。随后，旅游和博彩业在氹仔岛和路环岛之间的地区兴起，两岛在这一时期由于填海造地合并成路氹。这时的土地使用类型相对单一，旅游和博彩娱乐是一个特别的发展重点，对城市生产总值的贡献超过80%。从21世纪初至今，更多的公共服务设施、公共基础设施和开放空间被建在新的填海土地上，反映了特区政府所倡导的适度、多样化的经济发展和可持续的宜居城市建设。

与其他城市的填海造地相比，澳门的填海土地用途更加多样化，包括住宅用地、商业用地、工业用地、公共基础设施用地和开放空间用地。土地利用转型是一个复杂而全面的过程，受到国家政策、城市产业发展和地理条件的影响。它反映了澳门的社会和经济发展，也有助于规划者更好地理解填海项目，做出更好的决策和长期计划。

5.2 澳门高密度城市空间

5.2.1 蓝绿空间

1. 澳门蓝绿空间概况

澳门城市开发建设用地与城市蓝绿空间之间的矛盾以及极高的人口密度与有限的土地资源之间的矛盾日益显著。近年来澳门城市建设发展迅猛，生态监管却有所缺失，导致城市蓝绿空间被建设用地侵蚀，转为建筑及道路用地，人均绿地面积也有所下降，城市蓝绿空间面临巨大发展压力，城市生态系统也遭受了一定的损害。同时，澳门的城市蓝绿空间规划不太合理，导致蓝绿空间斑块的破碎化及景观体系割裂现象。在澳门半岛等人们活动较为频繁的居民区，蓝绿空间通常以无规则、小面积的方式存在于高密度的城市建设区域之间，这在加剧城市蓝绿空间格局的破碎化程度的同时，为城市蓝绿空间的整体风貌管控与规划带来困难，不利于澳门蓝绿空间体系的构建。虽然当前澳门对现存的城市公园绿地进行了较为精细化的设计，注重整体形象的空间表现，但澳门现有的景观廊道仍存在连接程度不高、廊道被建设用地割裂等问题。

2. 澳门蓝绿空间分类

参照我国土地资源分类系统，结合澳门土地利用现状，划定澳门蓝绿空间类型。由于澳门的产业结构中无农业产业，所以没有耕地类型；此外，国际《湿地公约》指出湿地也包括各类水体，因而将湿地与水域合并为一类蓝绿空间进行研究，改称水域及湿地。最终将澳门的城市蓝绿空间划分为林地、草地、水域及湿地三类。澳门城市蓝绿空间分类见表 5-2。

表 5-2 澳门城市蓝绿空间分类

蓝绿空间类型	含义
林地	指生长乔木、竹类、灌木的土地,以及沿海生长红树林的土地。包括迹地,不包括居民点内部的绿化林木用地,铁路、公路、征地范围内的林木,以及河流、沟渠的护堤林
草地	指生长草本植物为主的土地,指树林郁闭度小于 0.1,表层为土质,生长草本植物为主的草地
水域及湿地	指陆地水域、湿地、海涂、沟渠、水工建筑物等用地。不包括滞洪区和已垦滩涂中的耕地、园地、林地、居民点、道路等用地

资料来源:笔者参照《土地利用现状分类》(GB/T 21010—2017)和相关研究改绘(马文婧,2022)。

3. 澳门蓝绿空间发展演变

利用 ENVI 5.2 对澳门 2005 年、2010 年、2015 年、2020 年的遥感卫星数据进行土地分类,提取出林地、草地、水域及湿地、建设用地、未利用地五种土地利用类型,并结合实地调研成果和卫星图像资料进行人机交互解译,得到澳门四个年份的土地利用分类数据(图 5-1)。

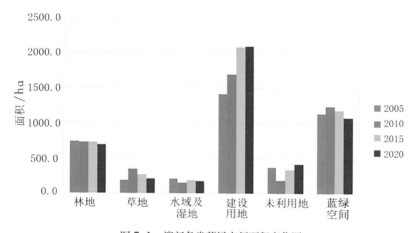

图 5-1 澳门各类蓝绿空间面积变化图
(图片来源:研究团队成员自绘(马文婧,2022))

2005 年,澳门的蓝绿空间总面积为 1137.8 ha,其单一类别面积从高至低排列依次为:林地 742.4 ha,水域及湿地 208.9 ha,草地 186.5 ha。非蓝绿空间中,澳门当年的建设用地面积为 1422.4 ha,未利用地 373.3 ha。综合来看,2005 年澳门的土地利用类型中,建设用地面积约占陆域总面积的 1/2,占据主要的地位,林地为澳门的优势蓝绿空间，约占陆域总面积的 1/4。

2010 年，澳门的蓝绿空间总面积为 1239.3 ha，其单一类别面积从高至低排列依次为：林地 733.6 ha，草地 348.0 ha，水域及湿地 157.7 ha。非蓝绿空间中，澳门当年的建设用地面积为 1692.7 ha，未利用地为 186.7 ha。综合来看，2010 年澳门的土地利用类型中，建设用地约占陆域总面积的 1/2，占据主要的地位，蓝绿空间面积占比上升，为各年最高值，蓝绿空间中的林地依旧为优势蓝绿空间。

2015 年，澳门的蓝绿空间总面积为 1185.5，其单一类别面积大小从高至低排列依次为：林地 730.6 ha，草地 266.7 ha，水域及湿地 188.2 ha。非蓝绿空间中，澳门当年的建设用地面积为 2087.1 ha，未利用地为 337.9 ha。综合来看，2015 年澳门的土地利用类型中，建设用地面积占比进一步上升，仍为主要的土地类型，蓝绿空间面积占比下降，蓝绿空间中的林地依旧为优势蓝绿空间，但其占比有所下降。

2020 年，澳门的蓝绿空间总面积为 1083.7 ha，其单一类别面积大小从高至低排列依次为：林地 694.1 ha，草地 209.5 ha，水域及湿地 180.1 ha。非蓝绿空间中，澳门当年的建设用地面积为 2145.3 ha，未利用地为 416.1 ha。综合来看，2020 年澳门的土地利用类型中，建设用地面积占比与 2015 年持平，仍为主要的土地类型，蓝绿空间面积占比下降，蓝绿空间中的林地依旧为优势蓝绿空间，其占比为陆域总面积的 1/5，与 2015 年基本持平。

2005—2020 年，林地面积逐年下降但下降幅度非常小，可见澳门的城市发展虽然会对原有林地略有侵蚀，但在新的城市建设过程中仍然会有新的林地作为景观绿地被纳入蓝绿空间中，如氹仔中央公园的建成、南湾湖南侧片区绿化的完善、氹仔岛北侧临海无名水塘周边林地的建设等，最终使林地面积在 15 年间略有下降但总体变化较小。

草地面积呈现出于 2010 年明显上升再连续下降的趋势，主要原因在于 2005—2010 年澳门积极推进填海造地的建设，澳门半岛南侧和路氹填海区东侧较 2005 年均新增了面积可观的填海区，而包含路氹填海区前期已填海区域在内的大部分已填未建区域均有草本植被生长，因而原有的大量未利用地转变为草地，此外由于澳门凯撒高尔夫球场的建成，该区域大片未利用地转化为草地，因此 2005—2010 年草地面积大量增加；2010—2020 年，由于空置的填海区逐步进行开发建设，其中的草地也随之被建设用地取代，因而呈现逐年下降的趋势，同时路凼城生态保护区 2015 年其内部植被部分转变为裸地也导致草地面积下降。

水域及湿地面积呈现先下降，后基本稳定的状态，2005—2010 年水域及湿地面积略有下降的主要原因在于石排湾水塘北侧被填为未利用地，南湾湖东北侧也有一处小面积被填区域，导致水域面积下降，2010—2020 年虽然也有部分水域被填为未利用地或建设用地，但同时由于路凼填海区的开发建设，部分区域建设了新的水域填补了其他地区的水域面积损失，如永利皇宫西侧新增加的水域等。

5.2.2　街区

1. 澳门半岛填海街区发展演进

澳门半岛作为澳门的重要组成部分，在澳门发展建设中始终处于重要地位。澳门半岛最初的城市建设主要受到葡萄牙人建城经验的影响，以教堂为中心形成了多个堂区，并设置"直街"连接教堂等重要的公建，再由直街向外分出多条巷道。后来，填海造地成为澳门半岛不断建设与发展的基础，填海街区的城市建设也基本摆脱了葡萄牙传统建城模式的影响。

澳门半岛的填海历程，不同的时间阶段所对应填海区的地理位置及现状建设情况不尽相同。1912 年及之前的填海工程中，澳门半岛基本以西侧（内港附近）为主要填海区，所填海域均为距离原海岸线 250 m 之内的滨海地带，另外还将青洲岛与澳门半岛连接为一个整体。该片区与传统老城区有机融合，基于城市建设角度可以与澳门半岛传统片区划为一体，以其中部的红街市周边街区（图 5-2）为例，该片区密布 6 层左右的居住建筑，沿主街散布少量超高层点式建筑，多数街道较狭窄，功能较复合。

澳门半岛的填海造地工程规模在 1912 年后增长显著，1912—1924 年，澳门半岛西北侧的台山片区、青洲大马路两侧及筷子基片区均实施填海造地工程。该片区现状为居住与少部分的公共服务功能，其中台山片区的居住建筑以板式超高层建筑为主，青洲大马路两侧为略低一些的高层建筑和 6 层左右的公共建筑，筷子基片区则主要为带有裙房的点式高层建筑。整体建设较为现代，疏密有致，但整体街区肌理秩序感较弱。

(a) 建筑间巷道   (b) 主要街道沿街建筑   (c) 组团内部街市

图 5-2　红街市周边街区建设现状

（图片来源：研究团队成员自摄）

随后，澳门半岛陆续完成新一批填海工程。到 1927 年，澳门半岛新填海所得土地主要位于其东北侧的马场片区、黑沙环片区及东南侧的新口岸片区，一小部分位于西侧的内港附近。其中马场片区和新口岸片区的现状城市街区肌理较之前的填海片区相比有着较强的秩序感，组团分明。到 1938 年，澳门半岛主要填海片区为南湾片区。其北侧现状为商业用地，南侧为旅游娱乐用地与居住用地，整体呈现北密南疏的建筑肌理，诸如新葡京酒店、中华广场等大型娱乐、商业建筑与居住建筑相邻使得该片区的城市空间尺度对比起来较为突兀（图 5-3 所示）。

受旅游娱乐产业的带动，澳门的经济在 20 世纪 60 年代快速发展，自此直至 20 世纪末，澳门又陆续开展了多项规模较大的填海工程。在 1986 年及之前几十年，澳门半岛新增的填海造地片区较为分散，主要集中在筷子基周边片区，另外在黑沙环、新口岸等都有一定面积实施填海工程。至 1995 年，规模较大的黑沙环新填海区、外港新填海区、南湾新填海区等填海工程陆续完成。新完成的填海区随后进行大规模建设，按照现代主义规划思想它们被分割为一块块硕大且均匀的街区，这些矗立着现代化高层商业办公建筑和大型住宅建筑的方形均质街区同百年前的半岛老城自然生长出的城市肌理形成了鲜明的对比，澳门半岛 20 世纪末填海区建设现状典例如图 5-4 所示。

综上所述，澳门半岛填海街区的空间发展主要依赖于其城市边界的阶段性扩张，街区空间的形态特征也随着近现代的大规模城市建设呈现阶段性差异。从宏观方位看，澳门半岛的填海造地重心从西侧的内港开始，随之逐步转移到东北侧与东南侧

（a）居住建筑组团内街巷空间　　　　　　　　（b）较大的建筑尺度差异

图 5-3　南湾片区南侧城市街区空间实景

（图片来源：研究团队成员自摄）

（a）新口岸整齐的方形街区　　　　　　　　　（b）黑沙环的大型住宅建筑

图 5-4　澳门半岛 20 世纪末填海区建设现状典例

（图片来源：研究团队成员自摄）

的片区；从中观街区看，澳门半岛的填海造地新城建设尺度随时间推移逐步加大，建设强度也在不断提升，街区空间划分趋于均质；从微观肌理看，沿内港一侧的新建筑均以垂直海岸线为准按规则排布，西北侧台山片区及筷子基片区的肌理秩序感较弱，反之，半岛东部填海片区现状街区肌理规整，呈矩形矩阵状排列。

2. 澳门半岛填海街区空间形态特征

基于澳门半岛填海区的空间发展历程，不难理解澳门半岛填海区内的街区组团肌理呈现"簇拥式"分布的原因。由于各片区的建设年代和历史背景不同，澳门半岛填海区不同片区的街区形态既拥有各自特异性特征，又能够与其他街区完美衔接。为更好地展现街区空间形态，本节所选用的三维模型图像均来自澳门特别行政区地图绘制暨地籍局的"澳门网上地图"网站。

澳门半岛填海街区肌理分布如图5-5所示，本研究根据其街区建成时间、街区尺度及相对位置的差异，将整个澳门半岛填海街区划分为三个片区，分别为贴近关闸的北侧片区，靠近珠海湾仔的西侧片区，以及包括外港、新口岸和南湾在内的南侧片区。其中，北侧片区的街区尺度较小，路网较为密集，街块分布均匀，肌理所

图 5-5　澳门半岛填海街区肌理分布示意图
（图片来源：澳门特别行政区地图绘制暨地籍局）

呈现出的整体感较强；南侧片区的街区尺度有大有小，大尺度街区靠东南分布，小尺度街区靠北分布；西侧片区沿海岸线分布，较为狭长，街区尺度较小，整体感较弱。

在街区朝向方面，虽然整个填海区的建成年代不尽相同，但是整体上只呈现出三种主要的街区空间朝向，这应该是澳门半岛填海街区肌理杂而不乱的主要原因之一。三种街区空间朝向分别是：A- 南北朝向（与经线夹角约为 5°），B- 西北东南朝向（与经线夹角约为 20°），C- 东北西南朝向（与经线夹角约为 40°）。其中，北侧片区中自西向东分布着三种街区空间朝向，西侧筷子基片区呈 B 类朝向，中部关闸附近呈 A 类朝向，东部黑沙环片区呈 C 类朝向。南侧片区中主要分布两类街区空间朝向，分别是 B 类与 C 类。西侧街区的街区空间朝向主要受地形的影响沿海岸线分布，但仍有部分街区呈 C 类朝向。将三个片区两两结合可见，空间朝向相同的街区并不相邻，而是越过老城区遥相呼应。比如北侧片区的筷子基、台山片区的朝向与南侧片区的新口岸的朝向相呼应，北侧片区的黑沙环片区的朝向又与南侧片区的南湾片区相呼应。可以认为，澳门半岛填海区的街区朝向组织是有一定规律性的。

在街区空间组合形式方面，北侧片区的空间组合形式因各街区所处位置的不同而呈现多类空间组合形式。北侧片区鸟瞰示意图如图 5-6 所示。北侧片区为较早的填海区，靠西侧的筷子基街区空间多为裙房 + 点式高层的组合模式，同时也有部分街区的建筑呈现阵列式排布的组合方式。中部偏西的街区则是由多个独立单元同裙房联结而成的组合形式，在该组合形式下，该街区形成了多个大体量的超长建筑组合体。中部偏东的街区则呈现小而密的组合形式，由于街区尺度较小，每个街区都

图 5-6　北侧片区鸟瞰示意图

（图片来源：澳门特别行政区地图绘制暨地籍局官方网站 https://map3d.gis.gov.mo/chs/map.html）

仅由两到三栋点式高层同裙房相结合，此外也有建筑高度较低但建筑密度较高的阵列式排布的组合形式，这与中部偏西的片区形成鲜明对比；不仅如此，该片区的中部有一条东西向的轴线，整体的街区高度呈现轴线向南北两侧由低到高的变化趋势。东部的黑沙环街区则以围合式的空间组合形式为主，但也存在占据100%街区地面空间的街区建筑组合形式。

南侧片区的街区空间组合形式，整体来看，被两条垂直相交的大型通风绿廊分割为四个象限，也呈现根据所处位置的不同而变化多样的特点。南侧片区鸟瞰示意图如图5-7所示。作为南侧片区较早的填海区，靠北侧的新口岸街区路网密度较大，街区尺度较小，主体部分呈现出多个小街区共同构建大街区的特点，其中每个小街区仅能容纳1~2栋点式高层，随着多个小街区的排列组合，对应的点式高层整体上也呈现出方形阵列状的空间组合形式。靠近南侧的沿海片区相较于北侧的填海时间更晚，其整体的街区尺度相对于北侧街区大许多，其主体部分主要由多个大尺度的矩形围合式高层街区组成，该街区的特点是其底部为占据整个街区地面面积的裙房，裙房顶部为人群的主要活动空间，且该活动空间被顶部的高层塔楼两两围合。除此之外，新口岸东西两侧的街区均作为旅游娱乐功能区，靠近南湾的两个街区各由一栋巨型建筑占据，靠近东部海滨的街区则反其道而行，其街区内部空间由体量较大的建筑与一条商业街组合而成。南侧片区靠近南湾的街区为最近填海片区，该片区的建筑形式较为现代、简洁，街区主要由矩形点式高层组合而成，同时各个街区的

图 5-7　南侧片区鸟瞰示意图

（图片来源：澳门特别行政区地图绘制暨地籍局官方网站 https://map3d.gis.gov.mo/chs/map.html）

建筑相互呼应，整体形成了具有围合感的大街区。

西侧片区的街区空间组合形式与澳门老城区融合得较好，多为小体量的多层建筑，范围内仅有两栋大体量高层建筑，较为突兀。西侧片区鸟瞰示意图如图5-8所示。

综合三个片区整体来看，北侧片区与南侧片区的街区尺度、街区风格及街区内部建筑组合形式较为接近；而西侧片区虽然同为填海片区，或因其填海区形态较为狭长难以形成整体风格而更趋同于澳门老城区的建筑组合形式。

图5-8　西侧片区鸟瞰示意图

（图片来源：澳门特别行政区地图绘制暨地籍局官方网站 https://map3d.gis.gov.mo/chs/map.html）

3. 澳门半岛填海街区现状空间形态体系

基于澳门街区空间形态特征，澳门半岛填海区现状空间形态体系如图5-9所示。从整体上看，体系依照空间基础功能将澳门半岛填海街区分为两大空间，即街区内部空间与街区外部空间。街区内部空间主要承载人群的日常生活需要，街区外部空间主要满足的是城市可持续发展所需的生态环境的支撑。其中，街区外部空间根据空间塑造方式的不同分为生态基底空间与生态适应空间。生态基底空间指的是诸如东望洋山等原生自然环境空间，包括山体、公园、海洋、湖泊等；生态适应空间则指人们为了提高城市内部环境质量而建设的生态工程空间，比如城市通风廊道（城市冷巷）、海滨生态公园等。街区内部空间则依据各街区的相关指标分为中高密度街区与低密度街区。其中，低密度街区主要包括公共建筑街区和广场类街区（大型

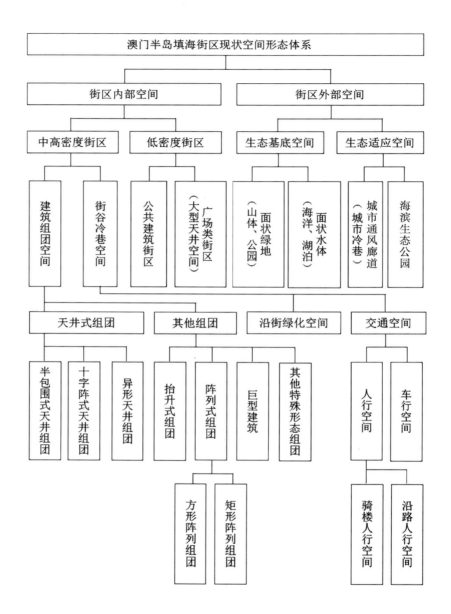

图 5-9　澳门半岛填海街区现状空间形态体系示意图

（图片来源：研究团队成员自绘（高钰轩，2022））

天井空间）；中高密度街区则依据岭南传统建筑的特色空间模式分为建筑组团空间与街谷冷巷空间两部分。中高密度街区可以用这两种空间组合而成。

基于前文对研究区域内各片区的街区空间组合形式的归纳总结，将建筑组团空间进一步细化，将其划分为天井式组团和其他组团两大类。其中，天井式组团根据形成天井空间的不同构建方式分为半包围式天井组团、十字阵式天井组团及异形天井组团。根据各天井组团组合底部裙房的情况，可进一步形成相对应形式的组合天井组团；其他组团则依照前文罗列出的其他较有代表性的典型组团进行设置，分别为抬升式组团、阵列式组团、巨型建筑及其他特殊形态组团四部分。其中阵列式组团，根据构成阵列的建筑平面形态可以进一步细化为方形阵列组团与矩形阵列组团两种空间形态。街谷冷巷空间则指各建筑组团空间之间的街谷空间，主要根据功能细分为沿街绿化空间和交通空间。其中，交通空间又根据交通工具的使用分为人行空间与车行空间，并结合岭南地域特色，将人行空间细化为骑楼人行空间与沿路人行空间。

典型建筑组团空间形态三维示意见表 5-3。

表 5-3　典型建筑组团空间形态三维示意

类型	三维形态示意	类型	三维形态示意
半包围式天井组团		抬升式组团	
十字阵式天井组团		阵列式组团	
异形天井组团		巨型建筑	

图片来源：澳门特别行政区地图绘制暨地籍局官方网站 https://map3d.gis.gov.mo/chs/map.html.

资料来源：研究团队成员自绘（高钰轩，2022）。

本章参考文献

[1] 马文婧. 绿色空间景观格局视角下澳门生态系统服务价值提升研究 [D]. 天津：天津大学，2022.

[2] 张耀光. 澳门海洋空间资源利用研究——澳门的填海造地工程 [J]. 地域研究与开发，2000，19（1）：58-60.

[3] 郑剑艺，李炯，刘堃，等. 基于功能湿地填海模式的澳门内港滨水地区城市更新 [J]. 中国园林，2018，34（7）：91-97.

[4] 卢颂馨. 澳门土地空间开拓问题之必要性和可行性探析 [J]. 岭南学刊，2021（2）：106-113.

[5] 陈俊铭，李超骅. 外港填海新区：澳门滨海空间的城海关系研究 [J]. 北京规划建设，2020（3）：92-96.

[6] 许超，孟楠，阳烨，等. 澳门土地利用变化对陆域生态系统服务价值的影响 [J]. 中国城市林业，2020，18（3）：24-29.

[7] 杨骏，陈志刚，查方勇. 填海造地对澳门旅游环境的影响评价——基于 HRP 分析法 [J]. 湖州师范学院学报，2013，35（6）：75-81.

[8] LAI S, LOKE L H, HILTON M J, et al. The effects of urbanisation on coastal habitats and the potential for ecological engineering: a Singapore case study [J]. Ocean & Coastal Management, 2015, 103: 78-85.

[9] ZHANG Y, CHEN R, WANG Y. Tendency of land reclamation in coastal areas of Shanghai from 1998 to 2015[J]. Land Use Policy, 2020, 91. https://doi.org/10.1016/j.landusepol.2019.104370.

[10] WU G, LI H, LIANG B, et al. Subgrid modeling of salt marsh hydrodynamics with effects of vegetation and vegetation zonation [J]. Earth Surface Processes and Landforms, 2017, 42（12）: 1755-1768.

[11] ZHANG P, SU Y, LIANG S K, et al. Assessment of long-term water quality variation affected by high-intensity land-based inputs and land reclamation in Jiaozhou Bay, China [J]. Ecological Indicators, 2017, 75: 210-219.

[12] DUAN H, ZHANG H, HUANG Q, et al. Characterization and environmental impact analysis of sea land reclamation activities in China [J]. Ocean & Coastal Management, 2016, 130: 128-137.

[13] MIAO D, XUE Z. The current developments and impact of land reclamation control in China [J]. Marine Policy, 2021, 134. https://doi.org/10.1016/j.marpol.2021.104782.

[14] QIAO Y, YIN X, LUO Y. Assessment of the impact of a sea reclamation project in an emerging port city in Tianjin[J]. Journal of Coastal Research, 2020, 104（SI）: 584-592.

[15] HUEY T C, SEOW T W, CHEN G K, et al. The impact of land reclamation project on fisherman of Tanjung Tokong [J]. Research in Management of Technology and Business, 2021, 2（1）: 956-971.

[16] SHI Y, LAU A K H, NG E, et al. A multiscale land use regression approach for estimating intraurban spatial variability of PM 2.5 concentration by integrating multisource datasets [J]. International Journal of Environmental Research and Public Health, 2021, 19（1）: 321.

[17] SALVATI L, ZAMBON I, CHELLI F M, et al. Do spatial patterns of urbanization and land consumption reflect different socioeconomic contexts in Europe? [J]. Science of the Total Environment, 2018, 625: 722-730.

[18] LIU R, WANG M, CHEN W. The influence of urbanization on organic carbon sequestration and cycling in soils of Beijing[J]. Landscape and Urban Planning, 2018, 169: 241-249.

[19] LI H, WANG J, ZHANG J, et al. Analysis of characteristics and driving factors of wetland landscape pattern change in Henan Province from 1980 to 2015[J]. Land, 2021, 10（6）: 564.

[20] ZHAO X Z, LIANG J N. Influence of spatial expansion of central cities in the Yellow River Basin on landscape pattern: a case study of Xi'an [J]. Journal of Northwest University（Natural Science Edition）, 2022（3）: 391-401.

[21] ZHANG M, DAI Z J, BOUMA T J, et al. Tidal-flat reclamation aggravates potential risk from storm impacts [J]. Coastal Engineering, 2021, 166（9）. https: //doi.org/10.1016 j. coastaleng. 2021. 103868.

[22] ZHU G R, XIE Z L, XU H L, et al. Land reclamation pattern and environmental regulation guidelines for port clusters in the Bohai Sea, China [J]. PloS ONE, 2021, 16（11）. https: //doi. org/10.1371/journal.pone.0259516.

[23] AIKEN C M, MULLOY R, DWANE G, et al. Working with nature approaches for the creation of soft intertidal habitats[J]. Frontiers in Ecology and Evolution, 2021, 659. https: //doi. org/10.3389/fevo.2021.682349.

[24] LUO Y, WU J, WANG X, et al. Using stepping-stone theory to evaluate the maintenance of landscape connectivity under China's ecological control line policy [J]. Journal of Cleaner Production, 2021, 296. https: //doi.org/10.1016/j.jclepro.2021.126356.

[25] ZHOU L, SHEN G Q, LI C, et al. Impacts of land covers on stormwater runoff and urban development: a land use and parcel based regression approach [J]. Land Use Policy, 2021, 103. https: //doi.org/10.1016/j.landusepol.2021.105280.

[26] 黄铎, 易芳蓉, 汪思哲, 等. 国土空间规划中蓝绿空间模式与指标体系研究 [J]. 城市规划, 2022, 46（1）: 18-31.

澳门海域生态系统评估与优化策略

6.1 澳门海域生态系统特征

6.1.1 澳门海域海洋环境特征

1. 地形地貌与冲淤环境

在空间分布上，2006 年秋季调查结果显示，澳门东侧海域粒度成分以粉砂含量为主，占到 70% 以上；其次为黏土，约为 20%，粒度较细。2014 年秋季调查结果显示，该区域粒度成分单一，仍以粉砂为主，含量范围 68.0%~85.7%；黏土和砂含量相当，平均为 10%。相比 2006 年，底质有粗化的趋势。澳门水道海域，2006 年秋季调查结果显示砂含量较高，平均占到 50%，且含量由航道中心向两边递减；其次为粉砂，平均占到 30%，含量由中心向两边递增。此种分布是澳门水道水深较大，上游携带的粗颗粒物先在此沉积的结果。2014 年秋季调查结果显示，该区域部分站位粉砂含量达到 85.5%，黏土 8.3%，砂 6.2%，与 2006 年相比，底质细化，与环澳门东侧海域底质细化相对应。内港航道和十字门水道区域，2015 年冬季调查结果显示沉积物以粉砂为主，含量范围 72.2%~77.2%；其次为黏土，含量范围 14.9%~16.9%；砂含量范围 5.9%~12.9%。2014 年秋季十字门水道调查结果显示，粉砂含量为 68.3%，黏土 15.1%，砂 16.6%，与同期其他站位相比，底质较粗。综上可知，澳门海域的底质以粉砂为主，相对于其他海域，澳门水道海底沉积物颗粒较粗，澳门东侧海域沉积物颗粒较细。

人类活动对澳门附近海域地形地貌与冲淤环境影响较为显著。澳门半岛东侧海域，1954—1988 年浅滩以微冲刷为主，冲刷速率小于 0.03 m/a；1988—1994 年该区出现明显淤积，淤积速率为 0.1~0.3 m/a；1994—2005 年，该区呈现由淤转冲的趋势，冲刷速率为 0.03~0.05 m/a。洪湾水道整治工程至 1994 年，澳门水道径、潮流关系发生明显变化，即径流动力加强，潮流动力减弱，导致沿机场跑道东、西侧上溯的涨潮槽道逐年萎缩，氹仔岛以北岸滩不断向东、北扩淤。20 世纪 90 年代中期以后，受澳门水道两侧工程建设影响，澳门水道因宽度缩窄而致水动力加强，澳门水道落潮主流更为集中地沿着现有主槽下泄，而主槽南侧浅滩因过流动力增强，泥沙落淤不易，局部浅滩出现冲刷。未来，在珠江上游水沙来量没有发生大改变的前提下，预测澳门水道局部浅滩的冲刷会逐渐趋于稳定状态。澳门水道不断变窄后，在滩面已达到现有高程状态下，浅滩淤积速率不会明显加大。今后凼仔岛北侧填筑工程的完工，将进一步加大澳门水道主槽区水流流速，这对于维护滩槽稳定具有积极作用。

根据 2015 年澳门及其周边海域水深地形图，澳门西侧与珠海市隔河相望，北侧拱北口岸处有部分与珠海市接壤，澳门北侧河流宽度为 20~60 m；西侧河流宽度为 200~500 m，西侧北段河流为内港航道，西侧南段河流为十字门航道。澳门东侧北段为港珠澳大桥澳门人工岛，东侧其他区域为水域。澳门东侧海域从澳门海岸往东侧外海方向水深逐渐变深，水深变化比较平缓，等深线主要为南北走向。1 m 等深线离澳门岛西侧海岸距离约 800 m；2 m 等深线离澳门岛西侧海岸距离约 2400 m；3 m 等深线离澳门岛西侧海岸距离约 4600 m；4 m 等深线离澳门岛西侧海岸距离 5400 m。凼仔岛南侧水深较浅，大部分在 2 m 以内，从凼仔岛往东南侧的海域，水深值平缓增加，2 m 等深线离凼仔岛南侧海岸距离约 2400 m。

2. 水体温盐分布与层化特征

澳门海域所处地理位置特殊，受南海咸水和来自珠江口与磨刀门的径流共同作用，水文条件复杂多变。在河口咸淡水混合区，水体可出现盐度层化现象。河口层化与混合过程往往对河口中各种物质的通量交换起控制作用，并对水体中营养物质、重金属与生物的分布等产生重要影响。

澳门凼环岛海区 2018 年温盐调查结果显示：近岸海域具有更高的温度，环岛存在温度高于外海区域的暖水带，温度梯度较大；秋季澳门水道的海水混合强烈，主要受洪湾水道下泄径流作用，整体盐度较低。温盐具有典型的垂直结构类型。其中在紧邻开阔水域的东、南海域有明显的上混合层、跃层与底部混合层 3 层结构；在毗邻南海的澳门南部海域为双层结构，跃层梯度小，无明显底部混合层；在主干道、澳门国际机场周边及东南浅滩等近岸水浅的区域为混合型结构。总体来说，澳门水体层化系数低，以强混合和缓混合为主。水体垂向交换条件良好，对海气热传导、泥沙与营养物质通量的屏障作用微弱，利于大气复氧与水体自净。海水平流输运条件对水环境的影响仍有待进一步研究。

3. 水质环境

澳门海域环境较复杂，一方面受珠江磨刀门冲淡水影响，处于咸淡水混合区域，具有河口水特征，另一方面沿岸又有较发达的工农业、港口运输业、水产养殖业及旅游业，使得该海域的环境压力极大，环境污染较为明显，水质要素季节变化明显，夏季受冲淡水影响较大。因此，自 2020 年起，澳门特区政府持续与内地开展水环境污染防治合作，在整个澳门特区管理海域进行水质监测工作，全面强化海域水环境监测网络。2020 年在原有的 11 个沿岸水质监测点基础上新增了 5 个沿岸监测点及 8 个离岸监测点，并优化了监测点的位置，以全面覆盖澳门管理海域，并及时有效地反映澳门海域水质状况。为更好地掌握澳门海域中不同区域的水质状况和污染特征，澳门特区政府选取 24 个监测点，其中沿岸监测点 16 个，离岸监测点 8 个，通过重金属评估指数、非金属评估指数、富营养化指数、叶绿素 a 浓度和总评估指数 5 个指标的分析，简要评估了澳门海域的水体质量。澳门海域水质监测点分布图如图 6-1 所示。

研究表明，2021 年澳门整体海域 24 个监测点的重金属评估指数虽然较 2020 年有所上升，但仍处于较低水平，且远低于标准值。澳门各监测点的水质重金属评估指数如图 6-2 所示。

在非金属评估指数方面，24 个监测点中有 10 个超出标准值，主要集中在沿岸北面及西面的监测点，离岸监测点均没有超出标准值，非金属污染最严重的监测点为内港及筷子基。16 个沿岸监测点的非金属评估指数中，除筷子基、水道、九澳港、西南边界较 2020 年上升较显著，其余监测点的指数值基本与 2020 年保持同一水平。澳门各监测点的水质非金属评估指数如图 6-3 所示。

在富营养化指数方面，24 个监测点水体均有不同程度的富营养化，且富营养化水平较 2020 年有不同程度的升高，其中筷子基监测点处于最高水平，较 2020 年上升超过 3 倍，主要由于有机物、氮、磷等污染负荷增加且水体交换能力较差，导致污染积聚，内港富营养化指数也较 2020 年上升约 40%。澳门各监测点的水质富营养化指数如图 6-4 所示。

在叶绿素 a 浓度方面，2021 年 24 个监测点的叶绿素 a 浓度均较 2020 年有所上升，以筷子基及内港浓度最高，反映了这些地区藻类生长更为活跃，因富营养化指数处在较高水平，若遇上合适的水温水流条件，赤潮风险将加剧。澳门各监测点的叶绿素 a 浓度如图 6-5 所示。2021 年澳门共出现 6 次赤潮，其中黑沙滩出现 2 次，竹湾

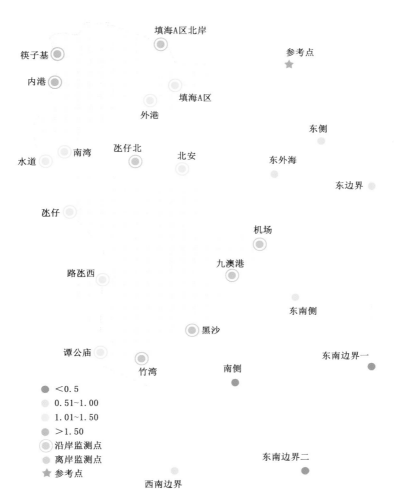

图 6-1　澳门海域水质监测点分布图
（图片来源：澳门特别行政区环境保护局）

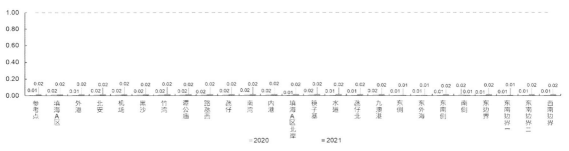

图 6-2　澳门各监测点的水质重金属评估指数
（图片来源：澳门特别行政区环境保护局）

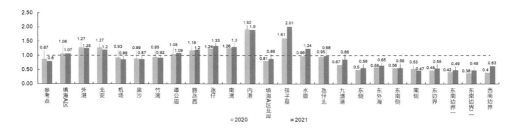

图 6-3 澳门各监测点的水质非金属评估指数
（图片来源：澳门特别行政区环境保护局）

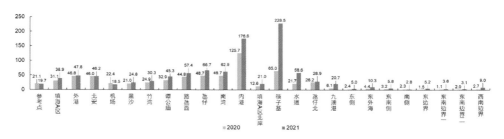

图 6-4 澳门各监测点的水质富营养化指数
（图片来源：澳门特别行政区环境保护局）

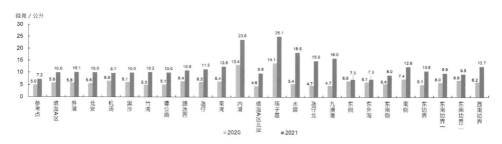

图 6-5 澳门各监测点的叶绿素 a 浓度
（图片来源：澳门特别行政区环境保护局）

海滩出现 4 次。

综上，2021 年澳门整体海域水质总评估指数及非金属评估指数均较 2020 年有所上升。澳门沿岸水质总评估指数及非金属评估指数较整体海域水质高，反映了澳门海域离岸水质较沿岸为佳。总评估指数在沿岸及离岸均为中等水平，非金属评估指数在沿岸超过标准值，在离岸海域未超标。重金属评估指数在沿岸及离岸水平相当，指数值与往年相当且处于历史较低水平。澳门东侧水域，pH 值、汞、砷、铜、铅、镉和石油类数值均符合第一类海水水质标准。溶解氧部分站位超过第一类海水水质标准，符合第二类海水水质标准；少数站位的化学需氧量（COD）超过第一类海水水质标准，符合第二类海水水质标准；无机氮均超过第四类海水水质标准；活性磷酸盐超过第一类海水水质标准，部分符合第四类海水水质标准，其余符合第二类海水水质标准；少数站位的锌含量超过第一类海水水质标准，符合第二类海水水质标准，其余均符合第一类海水水质标准。澳门北部内港水域溶解氧含量较低，化学需氧量、生物需氧量（BOD）、活性磷酸盐、无机氮和石油类含量较高，为环澳门水域受污染最严重水域。澳门水道的海水盐度大部分低于其他海域，海水营养盐类物质（包括无机氮和活性磷酸盐等）和化学需氧量的含量较高，这些物质大都来源于地表径流和海域周边陆源排污。

其中，澳门内港及附近水域（包括内港、筷子基北湾和南湾）历来是澳门海域富营养化最严重的区域，水质恶化常引发大规模鱼类死亡。珠江口受径流、潮流和南海近岸环流等综合影响，水动力条件复杂，珠江口的缺氧现象在物理和生化过程的共同作用下，被限制在伶仃洋的西滩和中滩及磨刀门海域。珠江口存在的底层水体缺氧现象是水体层化和生化耗氧过程共同作用的结果。澳门海域局部半封闭的狭长水域长期出现低氧现象，根据 2000—2021 年澳门环境状况报告，在澳门沿岸布置站点对水质进行长期监测，内港历年来均是在所有站点中富营养化最严重的区域。澳门沿岸 12 个监测点的水质评价表明，内港为澳门海域污染最严重的区域，区外污染是澳门海域水环境本底值主要因素，而区内污染源及局部地形条件则加重了澳门近岸海域的污染程度。内港的外源污染主要是珠海前山水道以及沿岸的排污口，内源污染则是长期存在严重污染的表层底泥耗氧。

综上所述，内港低氧区的形成与内外源污染物耗氧有直接关系，由于不清楚径流、潮流作用下低氧区动态变化的状态，无法判定不同动力条件下内外源污染物的贡献，导致缺乏对内港缺氧机制的全面认识。有研究表明，内港区低氧现象为澳门海域潮流、径流物理及生化过程综合作用的结果，内港半封闭水域的弱动力环境发挥了一定的污染物滞留作用是低氧区产生的关键物理机制，水体和沉积物累积有机质矿化分解是低氧区形成的重要原因。筷子基水域生化耗氧是导致内港低氧的驱动要素，底层底泥耗氧进一步加剧了内港的低氧程度。为减缓内港的低溶解氧问题，建议首先盘活水系，提高筷子基水体交换能力，从而加强水体复氧能力，以实现水体溶解氧浓度提升和水环境改善；其次对筷子基和内港积累数十年的表层高污染底泥进行有针对性的清淤，降低底泥内源性污染的影响。为改善水环境污染状况，澳门特别行政区环境保护局推进沿岸截污等改善措施，除已完成的黑沙环马场北大马路沿岸雨水排放口截污工程，于2021年底又完成了近外港码头临时污水处理设施建造工程并已投入运行。另外，为处理下水道错驳等原因经沿岸雨水排放口流出的污水，环境保护局与相关职能部门协调，继续推进内港等相关箱涵渠口的污水整治及临时污水处理设施的建设工作，以缓解该区的水污染问题。

4. 沉积物环境

环澳门水域表层海洋沉积物类型主要为粉砂，颗粒较细，有利于吸附水体中的污染物质。环澳门水域表层沉积物受到一定程度的重金属污染，其中受镉、砷、铜的污染较重。相对而言，重金属一旦在沉积物中蓄积下来，就较难释出，残留时间长，而且珠江口沉积物中多种重金属的本底值多偏高，也导致表层沉积物重金属含量较高。

石油类的污染则有逐年下降的趋势，变化幅度不大，尽管总体水平不高，但也常有个别站点超标，甚至在同一站点不同时期监测，含量也会出现较大的变化，这说明外源性油类污染具有较大的偶发性和随机性。油类污染多来源于船舶排污，经絮凝沉降于海底，同时沉降于海底的油类又多可在海流、生物等作用下，短期内得到扩散、降解，因而含量可在较短时间内发生改变。

在空间分布上，环澳门东侧水域表层沉积物受到一定程度的重金属污染，相比而言西侧澳门水道更清洁。澳门西北部内港水域表层沉积物受到一定程度的重金属污染，其中十字门水道和内港航道受镉、砷、铜等重金属的污染较重。澳门水道附近海域表层沉积物受污染程度处于海域较低水平，可能与该区域疏浚活动较多，带走受污染的表层沉积物有关。

6.1.2 澳门海域生物群落特征

1. 澳门海域浮游植物特征

澳门水域温暖的气候和丰富的有机物，特别有利于浮游植物的生长繁殖，而盐度的梯度变化可使不同类型的浮游植物正常生长。澳门海域浮游植物种类繁多，初步鉴定有 200 余种，分属于硅藻门、甲藻门、金藻门、蓝藻门和绿藻门，其中海生种类可占到 90%，而淡水和盐淡水种类约占 10%，优势种以温带近海种柔弱角毛藻、艾氏角毛藻、透明辐杆藻及外海浮游种粗根管藻和细弱海链藻为主，约占春季浮游植物总生物量的 60%，大量低盐性和广盐性鱼类到澳门海域索饵肥育和繁殖产卵，因而形成优良的浅海渔场。

在浮游植物组成方面，各站点中蓝藻、绿藻和硅藻均为主要组成藻类，蓝藻在各站点分布均匀，而绿藻、硅藻则相差较大。在物种组成的季节变化方面，观测到明显的季节变化，各站点综合物种丰富度均在 7 月达到最高，而 1 月最低；不同藻类季节变化存在差异，硅藻物种丰富度 7 月最低，1 月最高，而蓝藻和绿藻则是 7 月最高，1 月最低。在物种丰度的动态变化方面，各站位最大丰度值出现在 7 月的莲花大桥滩涂，丰度为 3922.33×10^4 cells/L，最小值出现在 10 月的南湾湖，丰度为 1.58×10^4 cells/L。通过浮游植物多样性和均匀度指数可反映水体污染情况，筷子基湾 1 月以及莲花大桥滩涂 7 月和 10 月的污染较为严重，其他站位属于中度污染或无污染。在浮游植物与环境因子之间的关系方面，研究发现透明度对澳门湿地浮游植物的影响较大，与绿藻、甲藻、金藻、隐藻都存在较高的正相关性；硅藻与 pH 值存在较强的负相关性，与总氮、总磷和正磷酸存在较强的正相关性。

水体浮游植物种类组成是浮游植物对水体环境适应的结果，不同的营养状况、环境因子与水体动力都会对应不同的浮游植物组成、生物量与分布。澳门位于南亚热带地区，受亚热带季风气候的影响，水文因子、营养盐和浮游植物的生长都表现出明显的周期性，氮磷营养盐浓度是影响澳门浮游植物硅藻和蓝藻的主要环境因子，而水体透明度则是影响金藻的主要环境因子。

2. 澳门海域浮游动物特征

澳门处于河口区域，营养物质丰富，浮游动物依靠浮游植物生存。在丰水期，水质较好，海水盐度较低，特别适合浮游动物的生长繁殖。所以丰水期澳门海域浮游动物生物量大，高达 500 mg/m³。而在枯水季节，澳门海域浮游动物生物量略高于 100 mg/m³，且近岸区域生物量较高。丰水期浮游动物的群落呈混合类型，以低盐沿岸种和要求盐度偏高的沿岸种为主。

在浮游动物种类空间分布方面，筷子基湾监测浮游动物种类最多，为 65 种，望德圣母湾 57 种，莲花大桥滩涂 55 种，南湾湖少，只监测到浮游动物 44 种。在物种组成季节变化方面，观测到明显的季节变化，各采样点浮游动物种类数均呈现出夏季种类数＞秋季种类数＞春季种类数＞冬季种类数的规律。在浮游动物密度动态变化方面，同样呈现明显季节变化，为冬季密度＞春季密度＞秋季密度＞夏季密度，在空间分布上表现为筷子基湾密度＞莲花大桥滩涂密度＞望德圣母湾密度＞南湾湖密度，原生动物纤毛虫数量在各采样点占绝对优势。在浮游动物优势种组成及其演替方面，发现各采样点浮游动物优势种（类群）季节演替明显，以球形急游虫、银灰膜袋虫、针棘匣壳虫、淡水筒壳虫、角突臂尾轮虫、疣毛轮虫、右突新镖水蚤和桡足类无节幼体为主要的优势种。在浮游动物群落多样性的时空分布方面，各采样点的后生浮游动物群落多样性指数均较低。

浮游动物是水域生态系统食物链中的重要环节，其种类和数量的变化直接或间接对初级生产者和营养级更高的消费者产生影响，在水生生态系统中起着承上启下的作用。研究表明，澳门湿地的浮游动物组成具有明显的热带水体区系特征，具有典型的热带－亚热带水域的生态特征，温度季节性波动不明显，但其浮游动物优势种（类群）组成受到水环境、营养水平和季节变化的影响。由于澳门地处河口区域，浮游动物群落结构与水体动力也有一定关系。

3. 澳门海域底栖动物特征

底栖动物是澳门湿地生态系统中重要的生物类群之一，是珠江出海口咸淡水交界生物的重要组成部分，可为在此越冬或停歇的候鸟提供食源，亦可为长期栖息于此的留鸟提供食物。

在底栖动物种类空间分布方面，莲花大桥滩涂底栖动物种类数最多，为 46 种，筷子基种类次之，为 17 种，南湾湖种类数最少，为 14 种，物种数在采样点间差异显著。在物种密度和生物量的时空变化方面，观测到明显的季节变化，其中底栖动物密度呈现出秋季密度＞夏季密度＞冬季密度＞春季密度的季节变化，生物量则呈现出秋季生物量＞春季生物量＞冬季生物量＞夏季生物量的季节变化。在底栖动物优势种组成及其演替方面，发现沼蛤、多棱角螺、梨形环棱螺、羽须鳃沙蚕、谭氏泥蟹和纹斑棱蛤是主要的优势种。在大型底栖动物的物种多样性方面，莲花大桥滩涂的物种丰富度、香农－维纳指数和均匀度指数均是最高的，而南湾湖采样点的生物多样性指数则相对较低，多样性指数在采样点和季节间均无显著差异。

澳门海域底栖动物的物种组成、群落结构与温度、盐度、河口动力条件、营养水平和底栖生物繁殖周期有关，其中，盐度是影响底栖动物分布的重要非生物因子，澳门 4 个典型湿地的底栖动物种类组成具有河口低盐种、半咸水种和淡水种共存的特点，也进一步反映了澳门湿地咸淡水过渡环境的特点。

4. 澳门海域鸟类群落特征

澳门为东亚—澳大利亚候鸟迁徙路线上的多种候鸟提供了重要的觅食、栖息和越冬地，因而拥有丰富的鸟类资源，其中氹仔路环湿地被列入亚洲重点鸟区之一。有研究在 2014 年 5 月至 2017 年 1 月，采用样线法对澳门地区 5 个城市栖息地斑块（生态一区、鹭鸟林、赛马场滩涂、关闸口岸滩涂和莲花大桥侧红树林）中的鸟类进行繁殖季和越冬季的调查，共记录 98 种鸟类，隶属于 14 目 32 科，其中雀形目鸟类最多，为 47 种，其次为鸻形目，12 种，其余各类目为 2～6 种；鹭科鸟类种数最多，为 11 种，其次为鹟科和鸭科，8 种，鸭科和椋鸟科 6 种，莺科 5 种，其余各科在 5种以下；物种多度最高的为白鹭，849 只，其次为绿翅鸭，550 只，反嘴鹬 471 只，夜鹭 340 只，池鹭 334 只，其余物种皆在 300 只以下，其中路氹城生态保护区的生态一区鸟类物种丰富度最高，为 68 种。

因填海工程、兴建莲花大桥等原因，部分红树林和湿地被改造，生态环境质量有所下降，其后澳门特区政府在 2003 年划出两块共计 55 ha 面积的湿地建立了路氹城生态保护区。路氹城生态保护区是澳门重要的湿地之一，生物多样性资源丰富，栖息着多种鱼类、底栖生物、昆虫及鸟类等，通过构筑人工岛供鸟类停歇，多种水鸟的栖息地得以保存，并形成了较为稳定的越冬种群。保护区由有限度开放的生态一区和开放式管理的生态二区组成，生态一区紧靠莲花大桥西北，面积 15ha，为鸟类栖息区，区内有草滩、芦苇和树林，并有出入水管与十字门水道相连通；生态二区位于路氹填海区的西岸，面积 40 ha，为红树林保护及鸟类觅食区，区内设有 3 个人工小岛，泥滩上分布着老鼠簕、秋茄、海榄雌和桐花树 4 种红树林植物。该区域春、秋季的候鸟迁徙使得该区域鸟类的丰富度和多样性呈现出季节变化，在每年 10 月至翌年 4 月的候鸟季，良好的生态环境吸引了 60 多种候鸟来到路氹城生态保护区过冬，生态一区和二区鸟类物种数逐渐增加，鸟类的丰富度在冬季最高，秋季次之。

在众多迁徙候鸟中，就包括具有"黑珍珠"之称的黑脸琵鹭。黑脸琵鹭是全球性易危物种，种群只分布于东亚沿海地区，由于数量稀少，国际自然保护联盟将其列入红皮书名录。每年秋尽冬初，黑脸琵鹭飞来澳门越冬，12月至翌年2月种群数量达到最大，超过50只。澳门在保护黑脸琵鹭这一全球性濒危物种方面具有重要地位。自1989年冬在氹仔发现黑脸琵鹭的踪迹后，黑脸琵鹭的数量逐年递增，出现地点也较为稳定。路氹城生态保护区的建立，为黑脸琵鹭在澳门保留了一席栖身之地。但随着周边娱乐场、酒店等大型建筑的崛起，保护区周边的公路车流量逐渐增加，保护区的生境会受到越来越大的人为干扰，其中噪声污染尤为突出。生态保护区面积偏小，黑脸琵鹭可选择的活动范围不大，若人为干扰加剧，容易使其放弃该处栖息地而另觅场所。因此，澳门特区政府应通过城市规划手段，控制保护区周边的车流量，增加绿化带作为隔声屏障，设计飞行路线时尽量绕过保护区上空，以减少对鸟类的干扰。

6.2 澳门海域岸线特征

6.2.1 澳门海域岸线长度

2015 年 12 月 16 日，国务院常务会议审议通过了新的《中华人民共和国澳门特别行政区行政区域图（草图）》，将澳门特区海域面积明确为 85 km²。海域的界线可分为六段，包括内港段、路氹航道段、澳门南部海域段、澳门东部海域段、人工岛段和澳门北部海域段。中华人民共和国国务院令第 665 号公布了新的《中华人民共和国澳门特别行政区行政区域图》，自 2015 年 12 月 20 日起生效。为做好海域管理，2016 年 1 月 5 日，澳门特区政府与交通运输部、水利部和国家海洋局[1] 签署了通航、水利、用海合作安排，进一步深化澳门与内地在海事、水利及海洋事务方面的合作。澳门明确了 85 km² 海域面积的历史性举措，改变了水域名称，以"澳门特区海域"代替"澳门习惯水域"；调整了管理方式，以澳门特区自主管理代替"二元并行管理"；变更了法律适用，以澳门特区法律的全面实施排除了全国性法律的适用。

以 2017 年 7 月 1 日为海岸线勘定时间基准，澳门海岸线全长 76.7 km，其中澳门半岛 18.4 km、离岛（包括氹仔、路氹填海区及路环）49.9 km、新城填海区 5.7 km 以及港珠澳大桥澳门口岸管理区 2.7 km。澳门各区域海岸线长度见表 6-1。

表 6-1　澳门各区域海岸线长度统计表

区域	海岸线长度 / km	比例 / %
澳门半岛	18.4	24.0
离岛	49.9	65.1
新城填海区	5.7	7.4
港珠澳大桥澳门口岸管理区	2.7	3.5
合计	76.7	100

资料来源：澳门特别行政区海事及水务局。

1.2018 年并入中华人民共和国自然资源部。

6.2.2 澳门海域岸线类型

澳门海岸线分为人工岸线与自然岸线。由表 6-2 可知，澳门海岸线类型以人工岸线为主，约占海岸线总长度的 81.5%，主要分布在澳门半岛、氹仔岛北侧与南侧，总长度为 62.5 km，典型的人工斜坡岸线如澳门科学馆东侧，人工直立堤岸线如筷子基北湾。澳门海岸线类型以自然岸线为辅，约占海岸线总长度的 18.5%，主要分为原生自然岸线与修复自然岸线。其中，原生自然岸线包括砂质岸线及基岩岸线，砂质岸线主要分布在路环岛的黑沙海滩与竹湾海滩，总长度为 2.2 km，约占海岸线总长的 2.9%；基岩岸线主要分布在路环岛的南侧及东侧，总长度为 5.2 km，约占海岸线总长的 6.8%。其中，修复自然岸线又可分为自然恢复岸线及整治修复岸线，自然恢复岸线指非经人工方式恢复自然岸线形态的岸线，而整治修复岸线则指由人为措施再生自然岸滩生态功能的岸线。自然恢复岸线主要分布在路氹填海区建筑废料堆填区南侧，总长度为 1.7 km，约占岸线总长的 2.2%；整治修复岸线主要分布在氹仔岛西侧红树林种植区及生态保护二区沿岸区域，总长度为 5.1 km，约占岸线总长的 6.6%。澳门各区域（澳门半岛、离岛、新城填海区与港珠澳大桥澳门口岸管理区）海岸线类型分布见表 6-2。

澳门城市发展与空间需求的矛盾因多年的填海造地有所缓解，而空间的拓展与海岸带生态环境保护的矛盾却日益凸显。填海造地活动改变了海域岸线自然属性，澳门海岸线由原有的蜿蜒曲折趋于规则平直，自然岸线占比锐减，逐渐被人工岸线替代，影响附近水域的水文动力条件，造成海水水质恶化、污染严重、生态灾害风险增多，对澳门沿海区域生态系统造成巨大压力，提升自然恢复岸线与整治修复岸线比例是未来澳门城市生态建设的重点方向。

表 6-2　澳门各区域海岸线类型分布表

海岸线类型			总长度 / km	比例 / %	分布			
					澳门半岛 / km	离岛 / km	新城填海区 / km	港珠澳大桥澳门口岸管理区 / km
人工岸线			62.5	81.5	18.3	35.8	5.7	2.7
自然岸线	原生自然岸线	砂质岸线	2.2	2.9	0.1	2.1	0.0	0.0
		基岩岸线	5.2	6.8	0.0	5.2	0.0	0.0
	修复自然岸线	自然恢复岸线	1.7	2.2	0.0	1.7	0.0	0.0
		整治修复岸线	5.1	6.6	0.0	5.1	0.0	0.0

资料来源：澳门特别行政区海事及水务局。

6.2.3　澳门海域岸线开发利用情况

澳门海岸线开发利用类型可分为工业岸线、交通运输岸线、旅游岸线、城乡建设岸线及其他利用岸线，总长度为 70.8 km，约占海岸线总长的 92.3%，其中主要的开发利用类型为城乡建设岸线（约占总长度比例 39.4%）、交通运输岸线（约占总长度比例 26.9%）与旅游岸线（约占总长度比例 17.3%）。另外，未利用岸线主要为基岩岸线、不具备观光旅游功能的砂质岸线等，主要分布在路环岛南部、氹仔岛北侧，约占海岸线总长的 7.7%。澳门各区域（澳门半岛、离岛、新城填海区与港珠澳大桥澳门口岸管理区）海岸线开发利用分布见表 6-3。

填海造地为澳门增加了土地面积，为人们拓宽了生活空间，改变了海岸线开发利用类型与构成，其中城乡建设岸线、交通运输岸线与旅游岸线占比尤为突出。澳门填海造地重要的用途就是商业、住宅、政府、学校、文化、休闲、绿化等城乡建设，极大地改善了澳门居民的生活环境。海湾公路、路氹连贯公路、新澳氹大桥、澳门半岛内港码头、外港客运码头、九澳深水港与澳门国际机场等的建设，极大地促进了澳门国际贸易、海洋运输与城市旅游发展。澳门大量的填海工程如澳门会展中心、体育中心、跑马场填海工程等都是为了发展以博彩业为核心的旅游业，所以填海区分布着众多大型博彩娱乐场。

表 6-3　澳门各区域海岸线开发利用分布表

海岸线开发利用类型	总长度 /km	比例 /%	分布			
			澳门半岛 /km	离岛 /km	新城填海区 /km	港珠澳大桥澳门口岸管理区 /km
工业岸线	2.7	3.5	0.0	2.7	0.0	0.0
交通运输岸线	20.6	26.9	3.6	17.0	0.0	0.0
旅游岸线	13.3	17.3	4.4	8.9	0.0	0.0
城乡建设岸线	30.2	39.4	9.7	12.1	5.7	2.7
其他利用岸线	4.0	5.2	0.0	4.0	0.0	0.0
未利用岸线	5.9	7.7	0.7	5.2	0.0	0.0

资料来源：澳门特别行政区海事及水务局。

6.3 澳门围填海生态系统影响

6.3.1 围填海工程改变海洋水文动力环境特征

围填海工程使得海湾面积减少，自然岸线逐步被人工岸线替代，海岸线形态由于"裁弯取直"而趋于规则、平直；围填海工程还导致潟湖、滩涂等滨海自然湿地面积大幅锐减，景观碎片化程度加剧。大规模围填海工程改变了原始岸线属性、地形地貌特征，影响了海水潮流的流速流向、纳潮量、交换速度等特性，进而改变附近水域的海洋水文动力环境。

澳门水域潮型为不规则半日潮，两次高（低）潮潮位都不等，呈明显的日潮不等现象。涨落潮历时相差不大，潮流属往复式半日潮流。澳门东侧水域涨潮流为西北走向，落潮流为东南、西南走向，转流时作顺时针旋转。澳门水道及十字门水域潮流为不规则往复流，澳门水道及上游洪湾水道涨落潮流为东西走向，十字门水道为南北走向，涨落潮流主要来自东侧外海伶仃洋和上游洪湾水道下泄径流等，洪湾水道对于澳门水域汇流区、十字门水道等起调节作用。澳门地理位置特殊，为寻求发展空间而通过围填海工程不断向海洋扩展土地，岸线形态不断发生变化，澳门水域地形地貌及水动力条件也因此发生变化。通过分析澳门岸线变迁的特征，根据实测地形资料探讨围填海工程对地形地貌和水动力的影响，有利于深入认识地形地貌演变与潮流动力间的互馈关系。同时，可为今后多种形式岸线变迁共同作用下潮流动力变化的研究提供支撑。

澳门水域受潮流、径流共同作用，潮汐通道交错，水文条件复杂。基于长时间序列潮位资料，采用调和分析和 MK 检验方法分析了澳门水域及附近海域历史潮波特性，并建立大范围二维潮流数学模型，以珠澳人工岛及澳门新城 A 区等大型工程为研究对象，研究人类活动影响下的澳门及附近海域水动力变化特征。研究发现以下几个方面。a. 澳门站的年平均高潮位和低潮位在 1960—2000 年主要呈下降趋势，在 1970 年左右下降趋势明显，在 2000 年以后呈上升趋势，尤其在 2010 年以后上升趋势明显；澳门站的年平均高、低潮位发生突变的时间均在 2005—2008 年，这期间澳门岸线变化强度最大，达到 400%。这说明人类活动尤其是围填海工程对海域潮波变形存在直接的影响。b. 澳门在 1986 年以后围填海工程规模较大，岸线形态变化剧烈。1986—2010 年是澳门围填海工程发展的黄金时期，岸线变化也最为明显。2010—2019 年澳门围填海工程从澳门半岛逐渐转移至澳门半岛东侧新城 A 区及珠澳口岸等人工岛的建设。c.1986 年、2010 年和 2018 年澳门站各分潮振幅变化幅度较小，澳门附近海域正规半日潮特征受围填海工程影响较小。围填海强度越大，澳门附近海域涨落潮历时差越大。d. 澳门水道及东侧近海水域潮波变形程度不明显。1986—2010 年十字门水道及上游洪湾水道涨落潮历时变化相对较大。从空间上看，澳门水域涨落潮不对称现象由上游向外海逐渐减弱。e. 围填海工程使得澳门岸线由曲折变为平缓，导致澳门水域内余流略微减小。

受惠于澳门旅游业的发展，澳门国际机场停机坪接近饱和，澳门国际机场在保持一条跑道的情况下，跑道可以满足未来航班需求，但停机坪则会严重不足，鉴于机场范围内及周边现时没有适合的土地可供利用，考虑围填澳门国际机场跑道西侧三角区。为维护九澳湾与外界水域的水体交换能力，围填区域内将预留一条南北连通的水道，以维持九澳湾内水环境、水生态现状和保证水质目标的实现。澳门国际机场位于澳门氹仔岛和路环岛东部的浅海区，一期于 1989 年 12 月动工兴建，建成于 1995 年。澳门国际机场主要由跑道区、机坪和航站楼组成，其中机坪和航站楼位于氹仔岛，由开山填海形成陆域，跑道区位于氹仔—路环以东海域，为填海形成的人工岛，跑道区和机坪之间通过两座高桩梁板结构的联络桥相连接。

澳门国际机场围填海工程束窄了九澳湾和澳门水道之间的连接水道，工程周边的水动力环境也随之发生改变。基于 CJK3D 模型建立了澳门海域的潮流动力数值模型，模拟了澳门国际机场围填海工程实施前后九澳湾潮流变化，从潮流特征、水体交换周期等方面探讨九澳湾潮流动力及水体交换能力对围填海的响应机制。结果表明：a. 澳门国际机场围填海实施工程前后，海域潮流性质没有改变，主流仍经机场跑道东侧北上南下，小股经九澳湾至澳门水道的潮流受工程束窄作用大幅减弱。b. 澳门国际机场围填海实施工程缩窄了九澳湾与澳门水道的水体流通水域，九澳湾与澳门国际机场跑道间的水域存在大幅流速降低区域，最大减弱幅度超过 0.3 m/s，不利于九澳湾内的水体流动。c. 澳门国际机场围填海实施工程前后，九澳湾内的平均浓度均随时间递增呈现周期性震荡降低的态势，工程的阻水效应使得九澳湾水体交换能力下降。在珠江口典型大潮水文条件下，湾内水体半交换周期由 2.9 h 延长至 5.1 h。因此，澳门国际机场围填海工程不会导致澳门水域整体的流态发生变化，但其束窄效应会导致九澳湾趋近半封闭海湾；湾口断面涨落潮通量显著减小、流速减慢，进而导致湾内水体半交换周期延长、潮流动力及水体交换能力均有所减弱。

6.3.2　围填海工程加剧海洋环境污染

围填海工程改变了澳门附近水域的水动力条件，导致海湾海浪场、潮流场减弱，纳潮量减少，海水交换能力下降，海水自净能力降低，这一系列的变化将影响污染物的迁移扩散，造成海水水质恶化、生态灾害风险加剧。围填海活动还会给澳门防洪排涝工程带来不利影响，降低其消波能力，填海区风暴潮、内涝等突发性生态灾害风险有所增加。

1992 年，横琴、澳门相继在十字门水道进行了大规模的填海工程，使原来的十字门水道大大缩狭，变成了河道，使这一水区的生态环境遭到破坏。由于河道变窄，涨潮的水流经夹马口水道进入小十字门水道时减缓，使澳门市区和澳门半岛的污染物随海水稀释自净的作用减弱，加重了澳门内海的环境污染。1993 年，澳门南湾人工湖工程在西起妈阁嘴东至南湾填海区的范围内筑起了海堤，西湾和南湾成了人工湖，缩小了澳门内海面积，对澳门海域的海潮流向产生阻碍，不利于澳门半岛的污水入海。

由于填海造地工程改变了澳门原始岸滩的地形地貌，海岸带的防灾减灾能力降低，海洋灾害的破坏程度加剧。填海造地工程使澳门的岸线向海洋最大推进数十千米，潮间带宽度锐减，使澳门易遭到特大风暴潮的袭击。填海造地使澳门海岸线缩短，湾体缩小，阻塞了部分入海河道，影响洪水下泄，又使部分天然泄洪出口受阻，使更多的地表水下渗到地下，造成局部地区的地下水水位上升，导致不少楼房因地基受地下水浸泡而开裂。此外，港区内雨水管网、排洪沟渠的兴建及原有河道的裁弯取直和岸坡整治增大了泄流排水的能力，使排水速度加快，滞时缩短，雨水迅速转变为径流，引起峰值流量增大，峰值出现时间提前，流量曲线急升急降，既加重河道和排水管网的负荷，在雨季时路面积水严重，容易造成内城街道水浸问题，引发局部地区水灾，也使河床冲刷更厉害，造成水土流失。

6.3.3 围填海工程对海洋生物及生态系统的影响

持续高强度的围填海工程改变了岸线自然属性、水动力环境条件与水体环境质量，对附近海域的海洋生物如底栖动物、浮游植物、浮游动物的影响极为显著，对鱼卵、仔鱼、传统经济鱼类数量及种类也有着巨大影响，最终导致海洋生物多样性及生态系统结构的变化。由于围填海工程中产生的高浓度悬浮沉积物以及对部分潮间带、海域永久的占用、覆盖与掩埋，围填海工程对底栖动物产生的影响被认为是最为显著的。

围填海工程占用传统经济鱼类的产卵场、索饵场、越冬场及洄游通道，占用各类滨海自然湿地等重要生态空间，使得鱼卵、仔鱼、底栖生物、珍稀鸟类、湿地植被等丧失栖息地或生存必要的自然环境，物种种类、数量、时空分布与种群结构随之发生非自然状态下的演替，最终对围填海地区的陆地、滩涂与海洋生态系统功能的稳定性、多样性与可持续性造成不可逆转的破坏。海洋生态系统为人类提供必要的生存资源，为社会经济发展提供重要支撑，具有供给、调节、支持和文化四类功能。围填海工程改变了海岸带地区生态格局，其生态系统服务功能正面临巨大威胁。

20 世纪 80 年代初，在澳门横琴和路环的一片滩涂上还可见到大片蚝田，然而多年来填海造地使澳门内海的生态环境受到很大破坏，路氹滩涂上的蚝田已于 20 世纪 80 年代末消失。自 1992 年起，澳门在路环和氹仔之间填海 320 ha，使原先生长在路氹滩涂的大片红树林濒临消亡。红树林素有"海上森林"之称，是热带、亚热带沿海潮间带特有的木本植物群落，其生态系统具有沉泥积淤、加速成陆过程、净化海水、预防赤潮、清新空气、绿化环境等多种功能，还可以为鱼类、无脊椎动物和鸟类提供栖息、摄食和繁育场所，因而是极富生物多样性的区域，号称鱼、虾、蟹、贝的天堂，鸟类的安乐窝。然而填海造地使红树林生态系统对环境的平冲作用受到巨大冲击，加剧了澳门海滨环境的恶化。

6.4 澳门海域生态系统优化策略

6.4.1 充分发挥国家政策制度优势

"十四五"规划提出要推进粤港澳大湾区高质量建设，要加强内地与港澳各领域合作。澳门将有更多的机会从经济、民生、教育、科研等方面参与大湾区建设。《粤港澳大湾区发展规划纲要》提出，要在大湾区内构建"香港—深圳、广州—佛山、澳门—珠海"三大极点带动的空间发展格局，通过强强联合提升大湾区的整体实力和全球影响力，引领粤港澳大湾区深度参与国际合作。澳门作为"澳珠极点"中的城市之一，具有"一国两制"和与葡语国家联系的独特优势。"澳珠极点"的建设将有助于澳门通过与珠海在产业、城市和民生领域联动，实现经济结构的进一步优化，也将有助于提升澳门在国家"双循环"发展格局中的"桥梁"作用。

（1）主动对接国家"十四五"规划，在"一国两制"下打造"双循环"战略支点

澳门是我国的特别行政区，也是世界上开放的贸易和投资经济体之一，与世界上 100 多个国家与地区保持经贸关系，是国家双向开放的重要桥梁。澳门要抓住国家实施"一带一路"建设、《粤港澳大湾区发展规划纲要》赋予的宝贵机会，借助建设世界旅游休闲中心与葡语区商贸合作服务平台的重要作用，充分发挥"一国两制"的法律和经济优势；服务我国和全球企业投资的需求，为内地企业"走出去"提供资金融通，为内地和全球资本提供投资中介服务；有效利用投资基金，积极参与"一带一路"基础设施建设和产业升级。

（2）积极推动粤港澳大湾区建设，抓住开发横琴的机遇，推进大湾区生态环境协同治理

《粤港澳大湾区发展规划纲要》指出应"以建设美丽湾区为引领，着力提升生态环境质量"，"实行最严格的生态环境保护制度"，并"加强粤港澳生态环境保护合作，共同改善生态环境系统"。因此，推进大湾区生态环境的协同治理是提升湾区品质，促进区域经济高质量发展，打造宜居宜业宜游的国际一流湾区的重要支撑。首先，可建立大湾区的环境治理统筹机制。积极推动粤港澳大湾区生态环境保护规划的制定，对标国际一流湾区，结合港澳与内地经济发展结构、发展水平与特征等

的差异性，因地制宜，确立方向一致、分类指导的生态环境目标，协商规划区域生态环境基础设施建设、海洋生态功能区划、重大工程项目环境影响评价等，打造大湾区环境的共同体。其次，要鼓励深港、珠澳等临界城市环境合作，积极推进跨界污染水体、固体废物等的合作治理行动，建立跨界河流环境保护的生态补偿标准等。最后，整合多方规制主体与资源，协调粤港澳三地环保部门在环境规制途径和管制措施中的利益契合点，促进政府部门、企事业机构、科研院所之间的合作，推进三地在管理经验、执法手段和治理技术的交流共享以及污染防治的联防联控。

（3）明确特区管理水域将为澳门推动经济多元化提供新条件，扩大澳门发展新空间

第一，城市空间规划应当着眼长远，科学规划，更加注重陆海统筹填海是澳门获取土地空间的主要途径。长期以来，澳门填海工程随意性较大，缺乏长期规划。连岛式、顺岸式填海比较多，使海岸线总长度和自然岸线长度均呈下降趋势。由于海岸线周边地区是海洋产业，特别是滨海旅游业和海洋交通运输业等第三产业发展的主要空间依托，也是重要的城市景观载体和商业开发价值较高的区域，因此，对于空间有限的澳门填海方式的选择需要更加谨慎。此外，澳门国际机场填海区域距离氹仔、路环地区比较近，使整个澳门南部地区向东拓展受到较大限制。因此，建议抓住我国多规合一的发展趋势，统筹编制澳门城市空间发展规划，加强对南部自然岸线、海岸景观和海域环境的保护，结合港珠澳大桥填海区向东向南延伸规划填海区，打造新的澳门湾，作为未来一段时期澳门城市空间拓展区，并做好整体开发规划。第二，大力发展滨海旅游业，进一步发掘海洋元素和历史文化元素，多元化开发旅游产品。澳门滨海自然风光优美，滨海历史文化元素众多。从人口、陆域海域面积等方面来看，澳门与厦门思明区（鼓浪屿所在区）、青岛市南区等知名滨海旅游区条件相当，而经济指标大幅领先上述区域，发展滨海旅游业的条件良好，因此可以借鉴厦门、青岛等滨海城市经验，对这些元素进行大力挖掘，开发徒步、骑行体验、文化游、民宿、特色餐饮等旅游产品，增加游客停留时间，促进旅游消费多样化。第三，加大海洋宣传推介，对外提升城市形象，对内提高公民海洋知识。在多元化开发滨海旅游产品的同时，也要注意塑造澳门的旅游形象，彰显澳门滨海的优美环境、文化气质和历史印记，通过改善游客结构来改变产业结构。第四，在区域合作层面，澳门可通过发展海洋经济，加强与内地的区域合作。

6.4.2 维护提高海洋生态环境质量

澳门的持续繁荣稳定充分体现了"一国两制"的巨大优越性和强大生命力。在国家推进治理体系和治理能力现代化的背景下，充分借鉴内地海洋生态文明理念和成功经验，严格保护并有序利用好澳门 85 km² 的管理海域，让海洋为居民提供更多优质的生态产品、更加优美的生态环境和更加优良的生态服务，是澳门加快建设步伐、丰富发展内涵、优化产业结构、推动高质量发展的必然趋势，更是澳门建设"一个中心"和"一个平台"的有力支撑和必由之路。

（1）开展海洋生态环境承载能力监测、评估和预警

在《资源环境承载能力监测预警技术方法（试行）》基础上，进行适当优化调整，构建澳门特色的海洋生态环境承载能力评价指标体系，合理确定各类指标权重和预警阈值，科学评价典型区域滩涂、岸线等资源的承载能力，切实将各类开发活动限制在生态环境承载能力之内，为构建高效协调可持续的海洋空间开发格局奠定坚实基础。未来，可建设海洋生态环境承载能力监测预警平台并投入业务化运营，为澳门海域可持续发展提供科学依据。

（2）实施陆海污染物联防联控联治

推行"河长制"和"湾长制"是维护河海健康、保障水资源安全的有效举措，借鉴其有关成熟经验，通过联合珠海建设湾仔水道、洪湾水道、十字门水道，对海洋环境进行实时在线监控等措施，落实属地责任，加强入海河流断面监测监管。全面摸查澳门已建的入海排污口，清理非法和不合理设置的入海排污口，逐步实现集中排放、生态排放和深远海排放。严格控制海洋垃圾的陆域和海上输入，防控海洋生态环境风险。参照香港惰性拆建物料台山处置方案，推动澳门惰性拆建物料实现内地集中处置。

（3）澳门水道两侧"蓝色海湾"综合治理

以全面提升环境质量和生态功能为核心，坚持控源截污、标本兼治、精准治理，严格限制澳门水道两侧非法构筑物建设，确保其行洪、纳潮、通航的安全。通过实施水质环境治理、岸线保护与修复、滨海景观及生态廊道建设、航道定期清淤等工程，

有效改善澳门水道两侧的生态环境,提高海洋生物多样性,维护海洋自然再生产能力。"蓝色海湾"工程实施之后,因地制宜构建评价指标体系,实施效果评估,如效果明显可考虑纳入国家自然保护地体系,以提升澳门水道及其两侧岸线自然资源的多重效益。

（4）建设"一带两湾"自然公园

休闲经济应成为粤港澳大湾区发展的重要引擎,滨海旅游业将在其中起到不可替代的重要作用。"一带两湾"指的是位于路环岛南部的黑沙湾、竹湾和贯穿其间的旅游休闲带。黑沙湾内有黑沙滩,景观具有神秘性、独特性、稳定性。竹湾海域开敞,外部交通便利,发展基础良好。通过完善黑沙湾和竹湾基础设施,嵌入400多年中西海洋历史文化沉淀的元素,推动休闲度假、康体娱乐、文化交流、海上运动等产业的发展,将澳门的城市形象从博彩城市转变为独具特色的多元化旅游目的地。

（5）建设氹仔－路环－横琴连片红树林湿地

完善生态建设和环境保护合作机制,加强与珠海的湿地保护合作,制定实施湿地保育计划,推动与珠海构建互联互通湿地,维护湿地"天然碳库""天然物种库"和"地球之肾"等功能。红树林具有防风消浪、促淤保滩、固岸护堤、净化海水的功能,生态价值、文化价值和社会价值极高。鉴于澳门西侧红树林规模较大且生长态势良好,可将横琴岛东侧邻近澳门的海岸区规划为红树林种植区,与澳门西侧红树林形成一河两岸红树林带,构建珠江口西岸黑脸琵鹭等保护物种重要越冬栖息觅食地。

（6）联合珠海共同建设"生态岛礁"

澳门管辖海域内没有岛礁资源,在一定程度上限制了澳门涉海产业的发展。与澳门毗邻的广东珠海拥有数量众多的无居民海岛,且这些海岛目前大多处于未开发状态。可通过租赁或共同建设大烈岛、小烈岛、黄茅岛、黄白岛、小蒲台岛等"生态岛礁",持续开展生态保育、生态景观、宜居宜游、科技支撑等工程,改善海岛的生态环境和基础设施,保护海岛及其周边海域生态系统,形成独具澳门特色的生态岛礁合作建设新模式,为海洋生态文明和"21世纪海上丝绸之路"提供有力支撑和保障。

（7）定期评估澳门海域"健康"状况并动态发布

利用海洋健康指数"把脉"海洋生态环境状况，目前在国内外已有较多应用。海洋健康是海洋环境管理与生态系统管理的重要目标之一，海洋健康指数于 2012 年 8 月在《自然》（Nature）杂志首次发布，是一套全新的评价海洋为人类可持续提供福祉能力的综合性指标。该指数为海洋评估工作提供了全新视野，揭示了海洋健康的变化及趋势，为专家和决策者提供衡量海洋健康的通用标准，可在澳门及其周边海域进行探索和使用。

6.4.3 强化构建填海生态修复体系

（1）完善国家政策法规管理制度是填海生态修复工作有序开展的重要前提

为协调人海矛盾，恢复自然生态，促进人与自然和谐发展，我国围填海政策导向从无偿与支持逐渐过渡为有偿与限制。我国以《中华人民共和国海洋环境保护法》《中华人民共和国海域使用管理法》《中华人民共和国海岛保护法》中的涉围填海条款为重要法律依据，制定了多项针对区域建设用海、围填海工程、围填海整体管控、围填海环评与生态建设、围填海修复与执法检查的意见与通知，建立了环境影响评价、海域使用论证、海域有偿使用等有关管理制度。2018 年，国务院印发了《关于加强滨海湿地保护严格管控围填海的通知》，标志着我国进入了严格管控围填海的时期。因此，建立健全围填海专项法律规章制度，完善围填海科学与规范管理体系，制定围填海长期目标与总体规划，形成围填海管控长效机制，使得围填海活动有法可依、有章可循。

同时，强化围填海全过程动态监管制度建设，其中包括围填海事前的严格审查、围填海事中事后的持续监管，加强海洋执法的联动性，消除行业执法弊端，强化地方监管责任，并积极探索公众参与围填海管理决策、用海监督的模式渠道。编制澳门海域国土空间规划，推进海域规划与陆域规划的"多规合一"，重点解决陆海统筹格局下海洋空间利用相对合理性问题，发挥其海洋空间保护开发引导和约束作用，不断提高自然保护地、保留区的面积占比。划定各类海域保护线，严格保护重要海洋生态功能区、海洋生态敏感区和海洋生态脆弱区。以澳门海域利用与发展中长期规划为基础，科学评价资源环境承载能力及海洋空间开发适宜性，有效衔接广东国土空间规划及其海岸带专项规划，使澳门海域融入国家海洋发展战略格局。澳门陆域面积小，随着人口的增多和产业发展需求的增大，填海的意愿必将越来越迫切。

但是近岸填海会严重挤压生态空间，叠加累积的生态环境问题突出，生态环境损害不容忽视。未来应充分考虑珠江口的行洪纳潮安全，在不破坏澳门数百年留下的优美自然景观和历史记忆的基底上，严格控制澳门海域围填海工程规模，减少不必要的填海造地，维护地区水深地形和地质环境，减少对滨海湿地和自然岸线的占用。而较大规模的围填海造地，要有序适度且尽可能远离目前的澳门半岛、氹仔岛和路环岛。

（2）强化生态修复工程建设是围填海岸线整治修复的重要措施

围填海工程造成的生态损害，如生态环境污染、生物栖息地破坏、生物资源减少与生物多样性降低，可通过加强海洋生态保护修复工程建设得以改善与恢复。基于围填海地区自身的岸线特征与围填海活动生态环境影响的全面科学分析，建立具有系统性、针对性与长期性，多类型、多层次与多区域的围填海空间海洋生态修复规划，促进围填海活动的可持续发展，保护海洋生态环境，实现社会经济健康发展。围填海生态修复应以自然修复、原位修复为主，以人工修复、异地修复为辅；应当考虑不同围填海利用类型、不同地理单元类型、不同环境响应机制与生态修复之间的适应性问题；通过构建陆海统筹的复合多层次生态网络，实现多区域整合修复，连接不同生境碎片，构建跨区域联动模式，提高生态系统结构与功能整体稳定性。

基于上述原则，具体生态修复举措可根据特定情形选择以下某种或某几种方式的结合：人工苗种增殖放流，恢复或提高生物资源种类与数量，维护海洋生物多样性；投放人工鱼礁，营造适宜海洋生物栖息、生长与繁殖的环境条件，保护渔业资源可持续发展；退田还海、退养还滩，恢复滨海湿地生态功能，为不同物种重新提供栖息生境，补偿生态系统功能服务价值损失；通过生态海堤建设进行岸线修复，打造公众亲海空间，提高岸线景观生态水平，提升岸线生态稳定性与防灾减灾能力。九澳港北侧的建筑废料堆填区，从港口和机场运营安全角度考虑，此处宜进行生态化海堤建设，以加强护岸安全及美化景观。生态海堤是具有生态功能和美学价值的复合生态系统，具备抵御风暴潮涨水、抵御海浪侵蚀、防止水土流失、维护生物多样性和改善水质等功能。在保障海堤（护岸）防洪防潮防浪安全的前提下，向海侧堤型宜采用斜坡式结构，在条件适宜时尽可能缓坡入海，促进近岸海洋生境的重建。通过护滩养滩、生态涵养、增加亲海空间等措施，促进海堤陆海两侧的生态化。

澳门关闸以东海域本是澳门向内地展示特区风貌的重要窗口，但此处海域常年严重淤积，退潮时滩涂、淤泥外露，水质环境较差，湿地生态系统结构和功能受损；景观质量一般，缺少必要的亲海空间和配套的休闲旅游设施；开发活动较为粗放，防灾减灾能力较低，海洋和城市相互隔离。结合澳门关闸拥挤的交通现状，可考虑和珠海共同开发利用此处海域，打造独具澳门特色的交通枢纽和滨海公园，实现海域的充分、集约、高效利用，实现海域自然资源资产保值增值。

（3）建立围填海生态环境影响评估体系是填海生态修复体系构建的重要保障

目前，国内外学者已对围填海活动造成的生态环境与生物资源影响进行了深入且广泛研究，然而大多数研究只是针对不同影响进行单独分类评价，缺乏对围填海生态环境影响的综合评估，无法系统地反映围填海活动影响的范围与强度，无法体现影响的长期累积效应与演化规律，这些问题可通过构建一套具有统一指标体系、评估标准与评估方法的围填海生态系统影响评估体系来解决。

为研究围填海活动对黄河三角洲湿地生态系统的综合影响，靳宇弯等基于"压力—状态—响应"模型构建了有 9 个压力层面的、9 个状态层面的和 4 个响应层面的指标等 22 个指标的湿地生态系统健康评价指标体系。陈培雄等构建了包括围填海项目经济效益、社会效益、海域空间开发利用、生态环境效益和管理要求执行情况 5 项指标在内的围填海海域使用后评估指标体系。李晋等从建设过程后评价、社会经济效益后评价和环境影响后评价 3 个方面出发，建立了可量化后评价体系，为围填海项目后评价提供了可行技术方案。胡宗恩与王淼综合考虑了生态组织结构、资源供给、服务价值、景观格局 4 个大类，筛选出 25 个二级的和 63 个三级的评价指标，并以该指标体系为基础，通过建立模糊物元评价模型，系统评价了胶州湾围填海活动所产生的生态累积效应，最终揭示了围填海活动规模与海洋生态系统恶化之间存在的显著相关关系。

我国围填海生态环境影响评估体系研究工作尚处于探索阶段，未来工作应继续加强围填海生态环境动态监测与风险评估，长期跟踪近岸区域生态环境与生物资源变化情况，为环境影响评估提供可靠基础数据；进一步强化评估体系构建的全面性、科学性、适应性、生态性与可操作性，并配套相应管理制度，为围填海活动科学规划与管理提供决策支持。

6.4.4 创新驱动海洋经济高质量发展

澳门地理位置优越，具有独特的海洋自然景观、良好的对外经贸条件与丰富的海洋文化遗产，为澳门海洋经济的发展提供了广阔的空间，而澳门海洋经济的高质量发展将促进澳门经济适度多元化与澳门社会稳定可持续健康发展。为推动澳门海洋经济稳定、有序与快速发展，本书从加强顶层设计、优化滨水空间、协调产业布局、深化区域合作等方面，提出如下对策和建议。

（1）加强顶层设计

澳门发展海洋经济，必须结合国家发展环境，结合本地社会经济发展需要，做好资源的开发利用和战略布局。对接国家海洋发展的战略要求，从国家建设海洋强国的战略、建设 21 世纪海上丝绸之路的倡议、打造粤港澳大湾区的发展机遇中，对澳门的定位进行深入研究，找准融入国家战略的切入点。从国家支持澳门建设"中国与葡语国家商贸合作服务平台"和"世界旅游休闲中心"中寻找发展方向。结合澳门社会经济发展的实际需求，结合本地区践行新时代发展理念、实施澳门特别行政区五年发展规划、拓展澳门发展空间、促进经济适度多元化发展的需要，找准海洋在澳门社会经济发展中的定位。

澳门应在优化陆域发展的同时，积极推动海洋资源的科学开发，高层次、高起点、高要求地对发展海洋进行规划引导。一是落实中央要求和《粤港澳大湾区发展规划纲要》提出的国家战略任务，研究制定澳门海域中长期发展规划，在摸清澳门海洋资源家底的基础上，分析资源开发潜力，保护好稀缺的海洋资源，综合考虑岸线两侧的开发利用现状和海域的自然条件，统筹做好海洋功能布局；二是研究制定海洋经济产业发展规划，分析澳门的资源和区域协作优势，结合陆域经济发展的基础和需要，研究海洋产业发展重点方向和产业布局。

（2）优化滨水空间

通过重塑城市空间结构、优化城市滨水空间设计、加强海堤生态修复工程建设、建立海洋资源环境预警监测机制，保证澳门良好的海洋生态与宜居的人居环境，为澳门海洋经济发展打下坚实基础。面对澳门已经被大量硬质化的城市用地，应以更新织补的理念，利用可改造的软质土地或未被充分利用的硬质用地，为澳门的生态修复提供土地空间。考虑到老城肌理与世界遗产区的保护问题，应采取以最少量的修复达到结构最优化的策略，缝补式地修复湿地与绿地。依据景观生态学"斑块—廊道—基质"理论对其逐一进行修复，达到生态结构的优化。借鉴哥本哈根对滨水区空间的分类，以四种滨水区空间对澳门城市进行更新。

澳门现有水边区多为填海形成的混凝土块驳岸，坡度较大，甚至多为90°断崖式驳岸。不仅缺少绿化护岸，也阻挡了人与水的接触。但由于混凝土堤岸的结构无法将其移除，只能在此基础上进行软质材料铺设，如填埋泥沙可以提供足够的植物生长基质和微生物栖息生境，进而达到以微生物手段消解来自陆地的污染物的目的。而处于潮间带的红树林是最佳选择，围绕红树林做休闲木平台供休憩观赏用，增加水边区娱乐功能。澳门文化内涵深厚，其世界文化遗产核心区更是澳门的旅游胜地，兼具传统和现代、葡萄牙文化和中华文化的存留。滨水区的设计可以充分利用历史文化，沿滨水步道布置澳门历史和中葡文化的展廊，丰富慢行系统的可读性与文化内涵。

此外，沿岸及水中央的红树林湿地形成了原始的自然生态环境，可以吸引大量的物种在此栖息。此时环境的主角不只有人，还有自然植物和野生动物，不仅丰富了城市生态环境，还可以提供多种功能场所。在滨水区可结合摄影基地、鸟类研究、垂钓基地、交互展示和生态体验等功能设置游憩节点，也可以延伸到水域空间，营造浅水嬉戏场所或作为生物、地理教学的实验基地，增添人与水的互动体验。

（3）协调产业布局

通过优化提升海洋渔业、海洋交通运输和海洋船舶等传统优势产业，培育壮大海洋生物医药、海洋工程装备制造和海水综合利用等新兴产业，构建澳门现代海洋经济产业体系，促进海洋经济协调发展。从打造澳门海洋特色旅游出发，将澳门的人文景观和自然景观有机串联起来，依托澳门城市景观和特色海洋旅游资源，在岸上规划建设滨海步行道，在海上规划设立观光游船线路，打造岛上观海、海上观澳门的陆海两条观光带；对澳门路环岛独具特色的黑沙湾黑色海滩和竹湾金色沙滩进行升级改造，建设集观光、休闲、水上运动与冒险于一体的特色海湾，形成海洋旅游"两带两湾"的发展格局。在区域上，从"串珠成链"进行旅游合作出发，建立粤港澳大湾区"一程多站"的海上旅游休闲链和滨海旅游长廊，开发游艇观光、垂钓休闲等。与周边城市合作建设邮轮港口，创新澳门与周边地区的游艇邮轮旅游线路和旅游产品，将游艇旅游业和滨海休闲旅游业打造成独具澳门特色的海洋旅游业。

在打造"世界旅游休闲中心"的城市形象时融入海洋要素，体现澳门海洋城市的特色，促进海洋旅游业发展，并带动相关的酒店业、餐饮业、娱乐业、交通运输业和会展业的转型升级和多元化发展。依托中医药业已有基础发展海洋生物医药产业。积极培育海洋生物医药产业，推动以海洋药物、海洋微生物产品为重点的研发，促进海洋生物医药技术产业化。引进国内外相关科研技术人员，推动粤澳合作中医药科技产业园的科研和产业化发展向海洋生物医药方向开拓，制定海洋中医药产品质量标准，培育在粤港澳大湾区乃至全国具有影响力的龙头企业和品牌。形成海洋生物制品、海洋保健品、海洋中成药等多元化的海洋生物医药产业格局。依托澳门资本优势发展海洋金融服务业。重点培育海洋金融服务业，积极发挥金融在促进海洋经济发展中的重要作用，形成有别于香港、深圳的海洋金融发展支点。研究成立海洋开发银行，开展试点工作，服务于内地及澳门的海洋旅游产业转型升级和新兴产业培育发展。培育海洋发展风险投资基金，推动海洋保险产品创新，鼓励社会各类资金向海洋领域投资。依托澳门国际自由贸易港建立海洋产业合作园区。鼓励国内外涉海企业在澳门设立总部，发展总部经济。

通过与南部海洋经济圈特别是粤港澳大湾区内部城市联合设立海洋产业合作发展示范园区，支持海洋旅游、海洋金融、海洋信息服务业的发展。拓展海洋高端制造业的研发和服务，支持游艇设计、游艇附属设备建造、游艇旅游培训等上下游产业链。

（4）深化区域合作

澳门具有良好的区位条件优势，处于粤港澳大湾区湾口位置，北部与珠海相连，与珠海的横琴自贸区仅隔200 m；与粤港澳大湾区西部城市具有良好的通达性，又可通过港珠澳大桥连接湾区东部的香港，通过京港澳高速连接内地广大的腹地。在南海区域范围内，澳门可对接国家的粤港澳大湾区发展战略、北部湾发展战略、海南自由贸易区发展战略，参与南部海洋经济圈的建设。

澳门又与葡语国家有一定的渊源和联系，可以作为中国与葡语系国家开展海洋经济合作的区域交流平台。因此，澳门可以通过区域联动建立 3 个区域合作平台：

a. 参与构建粤港澳大湾区沿海经济带。加强澳门在粤港澳大湾区内部的区域分工协作，利用大湾区内的空间和市场资源，进一步拓展澳门海洋经济发展空间，在海洋资源、基础设施、科技人才、金融服务、海洋旅游等多领域开展合作与创新发展，增强澳门在粤港澳大湾区的综合竞争力和辐射带动力，发挥粤港澳大湾区内核心城市的作用。对接珠海横琴自贸区、自由港建设机遇，积极融入以港口运输、观光旅游、物流中心、海洋战略新兴等产业为主的沿海经济带建设，开发与海洋有关的旅游业、海洋服务业、海洋生物医药业、商贸服务业等，探索跨行政区域和不同管理体制的海洋合作新模式。

b. 建立澳门与南部海洋经济圈城市群合作。积极推进澳门对接广东沿海城市群、北部湾和海南岛城市群，探索产业园合作建设新模式，按照优势互补、共同出资、联合开发、利益共享的原则，积极发展"飞地（海）"经济，探索设立"澳门—南部海洋经济圈城市海洋发展基金"。发挥澳门政策、金融资本优势，通过区域合作，解决澳门陆域狭小、专业人才缺乏的问题。

c. 建立澳门与葡语系国家海洋合作交流平台。充分利用澳门与葡语系国家现有的经贸联系基础，加强中葡商贸平台建设，开拓涉海合作领域，建立海洋科技成果转化平台、海洋产品推广交易平台，建立海洋产业国际联通通道。加强澳门平台在世界范围内的舆论宣传，在中葡官方论坛中增加海洋分论坛。与葡语系国家开展海上旅游互动活动，助力澳门世界旅游休闲中心建设。

本章参考文献

[1] DING X S, SHAN X J, CHEN Y L, et al. Variations in fish habitat fragmentation caused by marine reclamation activities in the Bohai coastal region, China [J]. Ocean and Coastal Management, 2020, 184. https: //doi.org/10.1016/j.ocecoaman.2019.105038.

[2] JIA R, LEI H, HINO T, et al. Environmental changes in Ariake Sea of Japan and their relationships with Isahaya Bay reclamation[J]. Marine Pollution Bulletin, 2018, 135: 832-844.

[3] LI F X, DING D D, CHEN Z J, et al. Change of sea reclamation and the sea-use management policy system in China [J]. Marine Policy, 2020, 115. https: //doi.org/10.1016/j.marpol. 2020.103861.

[4] MARTÍN-ANTÓN M, NEGRO V, DEL CAMPO J M, et al. Review of coastal land reclamation situation in the world [J]. Journal of Coastal Research, 2016, 75（S1）: 667-671.

[5] SENGUPTA D, CHEN R, MEADOWS M E, et al. Gaining or losing ground? Tracking Asia's hunger for "new" coastal land in the era of sea level rise [J]. Science of The Total Environment, 2020, 732. https: //doi.org/10.1016/j.scitotenv.2020.139290.

[6] YUE X Y, LI C, MIAO Q S, et al. Effects of coastal reclamation on the storm surge in the Bohai Bay [C]// IOP Publishing Ltd.IOP Conference Series: Earth and Environmental Science, 2021, 675. DOI 10.1088/1755-1315/675/1/01204.

[7] ZHU H, BING H, YI H, et al. Spatial distribution and contamination assessment of heavy metals in surface sediments of the Caofeidian adjacent sea after the land reclamation, Bohai Bay [J]. Journal of Chemistry, 2018（2018）. https://www.hindawi.com/journals/jchem/2018/2049353/.

[8] 曹宇峰, 林春梅, 余麒祥, 等. 简谈围填海工程对海洋生态环境的影响 [J]. 海洋开发与管理, 2015, 32（6）: 85-88.

[9] 陈蕾, 李宁, 谢素美, 等. 发展海洋经济, 促进澳门经济适度多元化发展 [J]. 科技导报, 2019, 37（23）: 46-51.

[10] 陈培雄, 李欣曈, 蔡家新. 围填海海域使用后评估的指标体系和评估方法 [J]. 海洋开发与管理, 2019, 36（12）: 47-52.

[11] 陈朋亲, 毛艳华. 经济体特性与澳门海洋经济创新发展 [J]. 港澳研究, 2021（3）: 70-82.

[12] 陈骞, 何伟添, 刘阳, 等. 澳门典型湿地底栖动物群落结构特征 [J]. 南方水产科学, 2015, 11（4）: 1-10.

[13] 崔保山，谢湉，王青，等．大规模围填海对滨海湿地的影响与对策 [J]. 中国科学院院刊，2017，32（4）：418-425.

[14] 丁志锋，陈述，植诗雅，等．澳门生态一区和二区水鸟谱系多样性的季节变化 [J]. 四川动物，2020，39（2）：130-138.

[15] 丁志锋，梁健超，冯永军，等．澳门城市栖息地斑块中鸟类群落功能和谱系多样性 [J]. 生态学杂志，2020，39（4）：1238-1247.

[16] 关锋，谢汉光．"一带一路"与澳门的发展机遇 [J]. 港澳研究，2016（2）：68-74，95-96.

[17] 侯西勇，张华，李东，等．渤海围填海发展趋势、环境与生态影响及政策建议 [J]. 生态学报，2018，38（9）：3311-3319.

[18] 胡梦茜，甘华阳．2018 年澳门海域秋季水体温盐分布与层化特征 [J]. 海洋预报，2020，37（5）：52-58.

[19] 胡宗恩，王淼．围填海对海洋生态系统影响评价标准构建及实证研究——以胶州湾为例 [J]. 海洋环境科学，2016，35（3）：357-365.

[20] 黄华梅，吴玲玲，苏文．历史遗留围填海项目生态保护修复相关思考 [J]. 海洋开发与管理，2020，37（6）：14-19.

[21] 姜忆湄，李加林，龚虹波，等．围填海影响下海岸带生态服务价值损益评估——以宁波杭州湾新区为例 [J]. 经济地理，2017，37（11）：181-190.

[22] 李锋．基于能值分析的人工岛生态经济评价方法研究及应用 [D]. 青岛：中国海洋大学，2019.

[23] 李晋，李亚宁，王倩，等．围填海建设项目后评价体系构建 [J]. 海洋开发与管理，2019，36（1）：14-19.

[24] 李晓静，周政权，陈琳琳，等．渤海湾曹妃甸围填海工程对大型底栖动物群落的影响 [J]. 海洋与湖沼，2017，48（3）：617-627.

[25] 林磊，刘东艳，刘哲，等．围填海对海洋水动力与生态环境的影响 [J]. 海洋学报（中文版），2016，38（8）：1-11.

[26] 卢颂馨．澳门土地空间开拓问题之必要性和可行性探析 [J]. 岭南学刊，2021（2）：106-113.

[27] 孙静，张英，乔庆华，等．围填海工程监测及生态系统服务价值变化分析 [J]. 测绘科学，2020，45（12）：197-204.

[28] 孙龙，丁伟，路川藤，等．澳门机场填海对九澳湾潮流动力及水体交换的影响 [J]. 水运工程，2022（5）：1-8.

[29] 王璐，夏瑞，陈焰，等．围填海对芝罘湾生态环境的影响 [J]. 环境科学研究，2021，34（2）：389-398.

[30] 王鹏, 赵博, 林霞, 等 . 我国围填海和自然岸线生态环境监管现状及对法律修订的建议 [J].
海洋开发与管理, 2021, 38 (4): 80-83.

[31] 王琪, 田莹莹 . 我国围填海管控的政策演进、现实困境及优化措施环境保护 [J]. 环境保护,
2019, 47 (7): 26-32.

[32] 温馨燃, 王建国, 王雨婷, 等 .1985—2017 年环渤海地区围填海演化及驱动力分析 [J].
水土保持通报, 2020, 40 (2): 85-91, 99.

[33] 吴文挺, 田波, 周云轩, 等 . 中国海岸带围垦遥感分析 [J]. 生态学报, 2016, 36 (16):
5007-5016.

[34] 向晓梅, 张超 . 粤港澳大湾区海洋经济高质量协同发展路径研究 [J]. 亚太经济, 2020 (2):
142-148.

[35] 许昌 . 论澳门水域法律性质的调整及管理制度的相应变化 [J]. 港澳研究, 2017 (1): 46-55.

[36] 颜凤, 李宁, 杨文, 等 . 围填海对湿地水鸟种群、行为和栖息地的影响 [J]. 生态学杂志,
2017, 36 (7): 2045-2051.

[37] 杨晶, 税兵, 倪明选 . 澳门特别行政区海域规划现存问题与科学展望 [J]. 人民珠江,
2021, 42 (12): 63-69.

[38] 杨潇, 姚荔, 杨黎静 . 基于 SWOT 分析的澳门海洋经济发展定位与路径研究 [J]. 海洋经济,
2018, 8 (5): 50-56, 64.

[39] 姚敏峰, 王其琛, 刘塽, 等 . 澳门 "第四空间" 规划纲要及策略探索 [J]. 规划师, 2020,
36 (7): 46-52.

[40] 于永海, 王鹏, 王权明, 等 . 我国围填海的生态环境问题及监管建议 [J]. 环境保护,
2019, 47 (7): 17-19.

[41] 岳奇, 徐伟, 胡恒, 等 . 世界围填海发展历程及特征 [J]. 海洋开发与管理, 2015, 32 (6): 1-5.

[42] 岳奇, 徐伟, 于华明, 等 . 基于 GE 的世界围填海分布及平面设计分析 [J]. 海洋技术学报,
2015, 34 (4): 99-104.

[43] 张翠萍, 谢健, 王平, 等 . 基于生态环境现状的澳门习惯水域影响分析 [J]. 海洋技术学报,
2017, 36 (3): 79-83.

[44] 张立真 .2020 年澳门经济形势分析及未来展望 [J]. 港澳研究, 2021 (2): 33-45.

[45] 张秋丰, 靳玉丹, 李希彬, 等 . 围填海工程对近岸海域海洋环境影响的研究进展 [J]. 海
洋科学进展, 2017, 35 (4): 454-461.

[46] 张舜栋 . 围填海造地的法律规制现状与对策 [J]. 海南热带海洋学院学报, 2020, 27 (1):
28-34.

[47] 张晓浩, 严金辉 . 新时代澳门海洋生态环境保护策略研究 [J]. 海洋开发与管理, 2020,
37 (6): 55-59.

[48] 张杨，黄发明，林燕鸿，等 . 基于陆海统筹理念的围填海生态修复规划研究——以福建可门工业园区为例 [J]. 海洋湖沼通报，2021，4（1）：56-62.

[49] 郑剑艺，李炯，刘塨，等 . 基于功能湿地填海模式的澳门内港滨水地区城市更新 [J]. 中国园林，2018，34（7）：91-97.

[50] 中华人民共和国中央人民政府 . 国务院关于加强滨海湿地保护严格管控围填海的通知 [EB/OL]. 2021-07-18. http://www.gov.cn/ zhengce/content/2018-07/25/content_5309058.htm.

[51] 中华人民共和国自然资源部 . 围填海管控办法 [EB/OL]. 2017-07-12.http: //f.mnr.gov.cn/ 202005/t20200521_2514990.html.

基于生态系统服务优化的
澳门城市规划设计策略

7.1 澳门生态系统服务评价

7.1.1 评价模型

本书对生态系统服务功能评估的研究主要应用了InVEST模型及其部分子模型。由于目前应用较为普遍的生态系统服务分类是MEA对生态系统服务的分类方法，即支持服务、调节服务、供给服务和文化服务四类。而InVEST模型将生态系统服务分为支持服务和最终服务两类。根据其定义，MEA对生态系统服务的分类方法中的支持服务概念与InVEST模型中的支持服务概念相吻合，而InVEST模型中的最终服务可以包括MEA对生态系统服务的分类方法中调节服务、供给服务和文化服务的概念。本书主要从空间角度对澳门生态系统服务进行评价，因此分别从支持服务、调节服务、供给服务中各选取最能够反映澳门生态系统服务情况的子服务进行评价。

通过实地调研和文献查阅，从全球生态领域关注热点、城市规划学科对生态的关注热点、澳门生态系统现存问题、澳门生态系统改善突破点等方面进行分析论证，选取InVEST模型中的生境质量、碳储存、水源供给三项子服务功能进行评价。其中生境质量属于生态系统支持服务，碳储存和水源供给分别属于调节服务和供给服务，二者同属于最终服务。生态系统服务分类及模型选取情况如表7-1所示。

表 7-1　生态系统服务分类及模型选取情况

分类	MEA 分类	支持服务	调节服务	供给服务	文化服务
	InVEST 模型分类	支持服务	最终服务		
子服务		生境质量	碳储存	水源供给	—

资料来源：研究团队成员自绘（汪梦媛，2022）。

1. 生境质量

澳门陆域面积较小，土壤较为贫瘠，植被种类相对匮乏；且澳门人口密度极大，人类活动对植被影响较大，天然植物较少。澳门的绿地分布不均，主要集中在路环岛和氹仔岛。老城区建筑密度大，绿化主要以公园、花园、道路绿化、坟场等形式存在，难以增加绿化面积。澳门整体绿地系统缺乏廊道，连通性差，未能形成绿网，生境不够完整。社会经济发展及人为干扰对澳门湿地及森林资源造成严重破坏，近年来，澳门绿地和湿地面积呈现下降趋势。澳门围填海工程对沿海城市所特有的红树林生态系统也造成较大破坏，目前红树林生态系统在澳门已经不复存在。总体来说，澳门生境受损严重。

基于澳门生境破碎化和受损的问题，选取 InVEST 模型中的生境质量模型对澳门进行评估。将生境质量模型需求数据输入生境质量模型，获得 2010 年、2015 年、2020 年澳门生境退化指数分布图与生境质量指数（表 7-2），即为生境质量服务功能评价结果。由此图可知，澳门半岛生境质量较高的区域分布在西湾湖、南湾湖、贮水塘四周，老城区生境质量偏低，氹仔岛生境质量较高的区域分布在小潭山公园四周，路氹填海区整体生境质量偏低，路环岛整体生境质量较高。澳门 2010 年、2015 年、2020 年生境质量分布情况整体大致保持一致，由于城市快速发展、建筑密度和人口密度不断增大，路环岛虽然是澳门生境质量最高的区域，但其生境质量指数有所下降。

澳门 2010 年、2015 年、2020 年生境质量指数和生境退化指数，可见澳门特别行政区政府对于生态环境具有相当高的重视程度，在进行城市建设时也注意生态环境的保护和塑造。将来在进行景观塑造时，需要注意景观廊道的构建，以增加绿色斑块面积。

表 7-2　澳门生境质量指数和生境退化指数一览表

年份	生境质量指数	生境退化指数
2010 年	0.450727	0.005677
2015 年	0.537873	0.00497
2020 年	0.587848	0.002585

资料来源：研究团队成员自绘（汪梦媛，2022）。

2. 碳储存

当前全球气候变化问题日益显著，各个国家和地区均针对节能减排提出应对策略并投入资金，支持低碳技术的开发。2020 年，中国政府在第七十五届联合国大会提出：中国将提高国家自主贡献力度，采取更加有力的政策和措施，二氧化碳排放力争于 2030 年前达到峰值，努力争取 2060 年前实现碳中和。足可见我国对碳排放问题的重视程度和为之做出的不懈努力。

澳门作为我国的特别行政区，在我国具有重要地位，同时其向低碳社会转型的进程在国际上具有很高的关注度。目前澳门经济发展水平较高，同时能源消费较低。但澳门城市发展速度快，城市用地需求不断增加，自然生态系统面积下降，固碳能力也受到较大挑战。澳门能源结构亦尚有完善的空间，实现低碳发展仍然是澳门需要面对的重要挑战。

基于澳门能源结构及其生态系统固碳能力的相关问题，选取 InVEST 模型中的碳储存模型对澳门碳储存服务进行评估。将碳储存模型需求数据输入 InVEST 碳储存模型，获得澳门 2010 年、2015 年、2020 年各土地利用类型碳储存量如表 7-3 所示。

表 7-3　澳门 2010 年、2015 年、2020 年碳储存量一览表　　　　（单位：t）

年份	土地类型					
	林地	草地	水域	建设用地	未利用地	固碳总量
2010 年	51585.52	25198.68	0	41190.69	4431.9	122406.8
2015 年	51374.68	19333.47	0	50776.71	8010.6	129495.5
2020 年	48774.32	15206.1	0	52187.85	9859.2	126027.5

资料来源：研究团队成员自绘（汪梦媛，2022）。

碳储存模型计算结果显示，2010—2020 年，澳门的碳储存量先上升后下降，总体具有增加的趋势。2010 年、2015 年、2020 年碳储存量分别约为 12.24×10^4 t、12.95×10^4 t、12.60×10^4 t。研究期内，碳储存量共增加了 0.36×10^4 t，增长率约为 2.9%，以上计算结果表明研究期内澳门碳储存服务功能有小幅度增强。由于碳储存服务主要与碳密度值和各土地利用类型面积相关，在碳密度值不变的情况下，碳密度值较高的林地和草地面积都有所下降，因此澳门碳储存量的增加和碳储存服务功能增强主要与土地总面积增加有关。2020 年与 2015 年相比碳储存量有所下降，经初步研判与林地和草地面积下降有关。

不同土地利用类型的碳储存量中，林地的碳储存量最大，建设用地的碳储存量次之。2010 年、2015 年、2020 年三年的林地碳储存量分别约为 5.16×10^4 t、5.14×10^4 t、4.88×10^4 t，建设用地的碳储存量分别约为 4.12×10^4 t、5.08×10^4 t、5.22×10^4 t。此外，建设用地和未利用地也发挥了一定的固碳作用，但作用并不显著。

澳门半岛碳储存量较高的区域分布在松山市政公园和半岛南部滩涂，凼仔岛碳储存量较高的区域分布在大潭山郊野公园、小潭山公园等区域，路凼填海区整体碳储存量一般，路环岛整体碳储存量较高，其中石排湾郊野公园较为突出。碳储存量较高的区域土地利用类型多为林地和草地，其碳密度值分别为 70.28 t/ha 和 72.41 t/ha。建设用地和未利用地的碳密度值分别为 24.33 t/ha、23.7 t/ha，也具有一定的固碳能力，水体基本可以视为无固碳能力的土地利用类型，因此其碳密度值为 0。

2010—2020 年，澳门碳储存量的空间分布格局基本保持稳定，没有出现剧烈的迁移和变化。但需要注意的是，澳门碳储存量在研究期内呈上升趋势与澳门围填海工程增加陆地面积有较大关联，而通过碳储存量分布图可以看出，澳门碳储存量较高的区域面积有所缩减，因此在进行规划时仍要注意保持和提升澳门生态系统的固碳能力。

3. 水源供给

水是维系生物生命和健康的基本需求，水资源匮乏的问题一直以来在世界范围内都具有较高的关注度。

澳门境内没有河流流经，又因其土地资源十分有限，难以兴建大型水库，目前只建设有九澳水库一座水库。自古以来，澳门的淡水资源一直较为缺乏。早期澳门人民主要饮用水取自井水和雨水，1924 年后才与珠海签订供水合同，从珠海市西江磨刀门水道取水。近年来由于多方面因素影响，澳门水源供给逐渐紧张。受到珠江来水量减少、全球气候变暖等因素影响，咸潮影响逐渐增加，取水口不断向珠江上游移动；澳门近年降水量不断减少，雨水资源日益紧张；随着游客和外来人口的增加，用水需求量不断增大，对澳门水源供给能力造成了无法忽视的压力。因此，本书选取水源供给模型对澳门进行评估。将模型需求数据输入 InVEST 水源供给模型，获得 2010 年、2015 年、2020 年澳门产水量数据，即为水源供给服务功能评价结果。提取"次一级流域栅格单元的平均产水量"和"次一级流域产水量体积"两组数据，求得"次一级流域栅格单元的平均产水量"平均值和"次一级流域产水量体积"的总和，得到 2010 年、2015 年、2020 年各流域平均每栅格单元产水量（mm）和产水总量（m³）见表 7-4，从两个不同角度反映澳门水源供给量。2010—2020 年，澳门的水源供给量呈先减少后增加的趋势，总体呈下降趋势。2010 年、2015 年、2020 年的平均每栅格单元产水量分别为 1980.36 mm、1115.97 mm、1501.88 mm，产水总量分别为 6.37×10⁷ m³、3.99×10⁷ m³、5.44×10⁷ m³。研究期内，平均每栅格单元产水量减少了 478.48 mm，减幅约为 24.16%，产水总量减少了 0.93×10⁷ m³，减幅约为 14.60%。产水总量与降雨量和蒸散量的双重作用有密切联系。2010—2020 年，澳门平均降雨量由 2712.6 mm 降低至 1713.2 mm，减幅约为 36.84%；与此同时，澳门平均蒸散量由 686.2 mm 增加至 816.7 mm，增幅约为 19.02%。降雨量减少受各种自然和社会因素的影响，而蒸散量的增加主要是因为全球变暖导致的气温上升和高密度城市导致的热岛效应。2015 年产水总量大幅度减少，主要是由于 2015 年降雨量为三年最低值，而蒸散量同时较高，进而形成三年当中水源供给量的低谷。

表 7-4　澳门 2010 年、2015 年、2020 年水源供给量一览表

年份	各流域平均每栅格单元产水量 /mm	产水总量 /m³
2010 年	1980.36	63 682 756.06
2015 年	1115.97	39 945 850.23
2020 年	1501.88	54 424 765.74

资料来源：研究团队成员自绘（汪梦媛，2022）。

　　2010 年澳门半岛老城区建设用地平均产水量为 1900~2000 mm，路环岛、氹仔岛、路氹填海区建设用地平均产水量为 1950~1980 mm，林地和草地平均产水量为 1920~1950 mm，未利用地平均产水量较高，大部分在 2020 mm 以上；2015 年澳门半岛老城区建设用地平均产水量为 500~1100 mm，氹仔岛、路环岛、路氹填海区建设用地平均产水量为 1000~1100 mm，林地和草地水源涵养为 900~1000 mm，未利用地的平均产水量较高，大部分在 1100 mm 以上；2020 年澳门半岛老城区建设用地平均产水量为 1000~1500 mm，氹仔岛、路环岛、路氹填海区建设用地平均产水量为 1100~1400 mm，林地和草地平均产水量为 1100~1500 mm，未利用地平均产水量为 1500~1600 mm。

　　从单位面积水源供给量即平均产水量来看，澳门不同土地利用类型的水源供给能力从大到小依次为未利用地＞林地＞草地＞建设用地＞水域。林地的平均产水量较高，仅次于未利用地，且具有相对稳定、集中的平均产水量水平，说明林地有很好的水源供给作用。澳门尺度较小，全域降水量基本保持一致，林地的平均产水量

小于未利用地，主要是因为在降水量相差不大的情况下，林地不仅有土壤蒸发，而且有植被本身的蒸发消耗水分，因此其蒸散量要大于未利用地，从而平均产水量小于未利用地。建设用地水源供给量较小，主要是由于其土壤深度较浅，地面硬化率较高，不利于雨水的渗透，且城镇受人为活动影响较大，存在的热源远多于其他土地利用类型，同时建筑材料的热容性较高，建筑密度大、建筑高度较高，增加了接受热辐射的面积。此外，不断增加的大气污染增强了太阳辐射吸收能力。这些因素引起的城市热岛效应，使得城市水循环的形式与自然水循环的形式明显不同，对水的蒸发量影响显著，导致水源供给能力较弱。水域平均产水量最低，因为水体的蒸发形式为水面蒸发，完全受气象条件控制，其土壤深度为0，没有土壤入渗。水分通过水面直接蒸发，蒸发速率和蒸发强度都远比其他土地利用类型大，所以水域的水源供给能力最低。

澳门半岛以建设用地为主，西北部地区水源涵养量较高，东南部地区水源涵养量较低；凼仔岛东部水源涵养量较高，西部和中部水源涵养量中等；路凼填海区水源涵养量中等；路环岛北部水源涵养量中等，南部水源涵养量较低。

7.1.2 评价结果

基于前文的2020年澳门生境质量、碳储存、水源供给服务评价结果并参考2010年、2015年评价结果对这三种生态系统服务功能以每栅格单元所包含的物质量进行分级，规定不同层级的范围，以评估相应生态系统服务功能的强弱，并最终将这三种关键生态系统服务功能评价指标划分为三个等级，即生态系统服务功能强、生态系统服务功能一般、生态系统服务功能弱。生态系统服务功能的分级标准见表7-5。

表7-5　生态系统服务功能分级标准

服务功能等级	生态系统子服务评价结果		
	生境质量	碳储存量 /t	水源供给量 /mm
生态系统服务功能强	0.9996~1	> 0.12	> 1559
生态系统服务功能一般	0.99925~0.99996	0.06~0.12	1503~1559
生态系统服务功能弱	0~0.99925	0~0.06	< 1503

资料来源：研究团队成员自绘（汪梦媛，2022）。

将澳门三期生境质量分布图、碳储存量分布图和产水量分布图分别进行栅格重分类，并对其进行赋值：生态系统服务功能弱赋值为 1；生态系统服务功能一般赋值为 2；生态系统服务功能强赋值为 3，并将三类生态系统服务功能分布图进行叠加分析，得到澳门 2010 年、2015 年、2020 年生态系统服务功能空间分布图。根据各地块分值将澳门分为核心生态保护分区（生态系统服务功能强）、一般生态保护分区（生态系统服务功能一般）、生态修复区（生态系统服务功能弱）三个生态系统服务分区。将澳门 2010 年、2015 年、2020 年生境质量、碳储存量、水源供给三项生态系统服务的分级结果进行叠加分析，按照赋值进行叠加，依次出现 3~9 分，共 7 级不同生态系统服务分级。利用 ArcGIS 中的"重分类"工具对其进行重分类，分为 3 类，选择"自然间隔法"对其进行断点，定义分值在 ［3，4）的区域为生态系统服务功能弱，分值在 ［4，5）的区域为生态系统服务功能一般，分值在 ［5，9）的区域为生态系统服务功能强。澳门生态系统服务功能叠加分析图（图 7-1）。

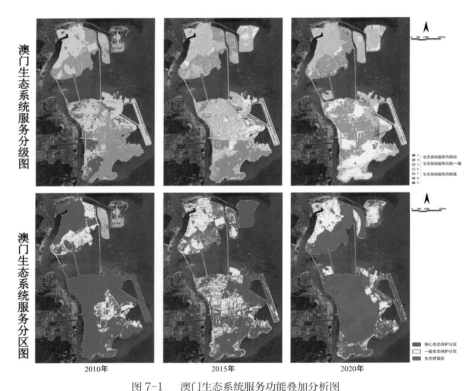

图 7-1 澳门生态系统服务功能叠加分析图

（图片来源：卫星图来源于天地图，审图号：GS（2024）0568 号。生态系统服务分级与分区色块为研究团队分析结果）

澳门半岛西北部生态系统服务功能强于东南部，离岛西北部生态系统服务功能弱于东南部。生态系统服务分值高的区域主要分布在离岛，以林地和草地为主，包括大潭山郊野公园、小潭山公园、龙环葡韵湿地、凯撒高尔夫球场、石排湾郊野公园、九澳水库淡水湿地等。2010年、2015年、2020年生态系统服务功能分布较为稳定，没有明显的变化和迁移，但其分值的高低有较大变化。三年生态系统服务功能分值逐渐降低，可见澳门近十年围填海工程和城市快速发展导致的城市生境破碎化、城市热岛效应增加、建筑密度和人口密度增加等问题影响了生态系统服务功能。同时，部分生态系统服务功能如水源供给服务三年差异较大，以相同标准进行分级会产生较大差异，也在一定程度上导致了生态系统服务功能分值的较大变化。

将生态系统服务功能强的区域定义为核心生态保护分区，需要进行重点保护，严格控制其开发强度，将生态系统服务功能一般的区域定义为一般生态保护分区，需要进行保护与开发相结合的限制性开发，将生态系统服务功能弱的区域定义为生态修复区，需要在开发的同时进行生态修复，提升相应区域的生态环境和生态系统服务功能。

澳门生态系统服务功能分区在2010年、2015年、2020年当中迁移较小，变化较大。整体生态系统服务功能分区中的核心生态保护分区面积不断减小，生态修复区面积不断增大见表7-6。如核心生态保护分区面积由2010年的24.35 km² 减少至2020年的15.04 km²，减幅约为38.23%；2010年生态修复区面积小于0.01 km²，在表7-6统计口径中为0，2015年生态修复区面积为4.42 km²，2020年生态修复区面积增长至7.14 km²，可见2015—2020年，一般生态保护分区大量转化为生态修复区。变化趋势如图7-2所示。

表7-6　澳门2010年、2015年、2020年生态系统服务分区面积

年份	生态系统服务分区面积 / km²		
	核心生态保护分区	一般生态保护分区	生态修复区
2010 年	24.35	6.84	0.00
2015 年	15.66	16.04	4.42
2020 年	15.04	13.86	7.14

资料来源：研究团队成员自绘（汪梦媛，2022）。

2010年澳门半岛东南部和路氹填海区生态系统服务功能一般，属于一般生态保护分区；澳门半岛和离岛其他区域（氹仔岛、路环岛）生态系统服务功能强，属于

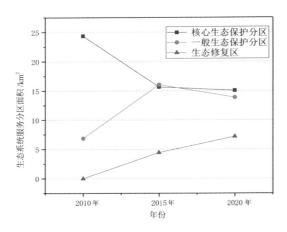

图7-2　澳门 2010 年、2015 年、2020 年生态系统服务
分区面积变化图

（图片来源：研究团队成员自绘（汪梦媛，2022））

核心生态保护分区；按照本书分类标准，2010 年澳门几乎不存在生态修复区。2015
年澳门半岛西北部生态系统服务功能一般，离岛部分氹仔岛和路氹填海区生态系统
服务功能一般，大部分属于一般生态保护分区；路环岛和氹仔岛、路氹填海区部分
区域生态系统服务功能强，属于核心生态保护分区；澳门半岛东南部生态系统服务
功能弱，属于生态修复区。2020 年生态系统服务功能强的区域主要分布在澳门半岛
自然和人工绿地周边、路环岛大部分区域，主要包括石排湾郊野公园、凯撒高尔夫
球场、黑沙海滩、黑沙龙爪角海岸径、大潭山郊野公园、小潭山公园、二龙喉公园等，
属于核心生态保护分区；澳门半岛西北部生态系统服务功能一般，属于一般生态保
护分区；澳门半岛东南部和氹仔岛生态系统服务功能弱，属于生态修复区。

7.2 澳门城市发展对生态系统服务的影响

7.2.1 澳门生态系统服务影响因子选取

随着城市化进程加快，城市发展带来的生态问题越发引起社会各界的广泛关注。城市化进程中，下垫面硬化、温室气体排放、资源过度开发等问题都是各学科在优化城市发展模式中无法绕开的问题。本节将探讨澳门城市发展过程中对生态系统服务产生影响的因子，并研究影响因子对澳门生态系统服务的影响机制，根据研究结果，将针对不同生态系统服务功能分区和自然、社会条件对澳门提出城市发展规划策略的建议。

结合各影响因子在相关文献中被采用的频次及澳门实际情况，澳门生态系统服务影响因子选取见表 7-7。其中自然因素选取气温（℃）、年降水量（mm）、水资源总量（m³）三项因子。社会经济因素选取人口密度（万人 /km²）、本地生产总值（万元）、旅游接待人数（万人次）三项因子。由于澳门属于典型的填海高密度城市，本书根据其特点增加建筑密度（%）和填海面积（km²）两项空间因子，并探究该模式对生态系统服务的影响。由于土地利用类型是生态系统服务评价的基础，本书增加各土地类型面积占比作为空间因子。

表 7-7 澳门生态系统服务影响因子选取

影响因子	影响因子	单位	资料来源
自然因素	气温	℃	澳门特别行政区统计暨普查局
	年降水量	mm	
	水资源总量	m³	
社会经济因素	人口密度	万人 /km²	澳门特别行政区统计暨普查局
	本地生产总值	万元	
	旅游接待人数	万人次	
空间因素	建筑密度	%	遥感影像解译；澳门特别行政区统计暨普查局
	填海面积	km²	
	各土地类型面积占比	%	

资料来源：研究团队成员自绘（汪梦媛，2022）。

7.2.2 澳门生态系统服务影响机制分析

利用 SPSSAU 工具，针对各影响因子对澳门生态系统服务功能及其子服务的影响进行相关分析和回归分析。

1. 相关分析

对澳门 2010 年、2015 年、2020 年各生态系统服务功能数据和影响因子数据进行皮尔逊相关分析，并进行双尾显著性检验（表 7-8）。

利用相关分析研究澳门生态系统服务功能（生态系统服务功能平均分值）及三项子服务生境质量（生境质量指数）、碳储存（固碳总量）、水源供给（各流域平均每栅格单元产水量）分别和自然因素（气温、年降水量、水资源总量）、社会经济因素（人口密度、本地生产总值、旅游接待人数）、空间因素（建筑密度、填海面积、各土地类型面积占比）共 13 项之间的相关关系，使用皮尔逊相关系数表示相关关系的强弱情况。

表 7-8　澳门生态系统服务功能与各影响因子相关性表

影响因子	影响因子		生境质量：生境质量指数	碳储存：固碳总量 /t	水源供给：各流域平均每栅格单元产水量 /mm	生态系统服务功能平均分值
自然因素	气温		0.962	0.824	− 0.851	− 0.867
	年降水量		− 0.674	− 0.999*	1.000**	0.475
	水资源总量		0.912	0.898	− 0.919	− 0.785
社会经济因素	人口密度		0.896	0.913	− 0.932	− 0.763
	本地生产总值		1.000**	0.642	− 0.679	− 0.969
	旅游接待人数		0.963	0.407	− 0.451	− 1.000*
空间因素	建筑密度		− 0.593	− 0.998*	0.994	0.381
	填海面积		0.952	0.843	− 0.869	− 0.849
	各土地类型面积占比	林地	− 0.989	− 0.743	0.776	0.925
		草地	− 0.997*	− 0.695	0.729	0.949
		水域	− 0.125	0.684	− 0.648	0.361
		建设用地	0.972	0.801	− 0.829	− 0.886
		未利用地	0.999*	0.612	− 0.651	− 0.978

注：* 表示 $p < 0.05$，** 表示 $p < 0.01$，p 值越小表示显著性越高。
资料来源：研究团队成员根据 SPSSAU 工具分析结果绘制（汪梦媛，2022）。

2. 回归分析

利用线性回归分析法分析 2010 年、2015 年、2020 年澳门生态系统服务功能和生境质量、碳储存、水源供给三项子服务与其相关影响因子之间的关系，根据回归方程中的回归系数评估相关影响因子对相应生态系统服务功能的影响，为后文城市发展规划策略提供参考。

利用 SPSSAU 工具分析了影响因子对澳门生境质量、碳储存、水源供给三项子服务以及由三项子服务叠加的生态系统服务功能的影响机制：利用皮尔逊相关分析的方法分析了澳门生态系统服务及其三项子服务与以上影响因子的相关性，利用回归分析的方法定量分析了以上影响因子对澳门生态系统服务及其三项子服务的影响。分析结果主要包括以下方面。

a. 澳门生境质量和草地面积占比之间有着显著的负相关关系，与未利用地面积占比和本地生产总值之间有着显著的正相关关系。草地面积占比可以解释生境质量指数的 99.4% 变化原因，未利用地面积占比可以解释生境质量指数的 99.9% 变化原因，本地生产总值可以解释生境质量指数的 100.0% 变化原因。

b. 澳门碳储存与建筑密度有着负相关关系。建筑密度可以解释固碳总量的 99.7% 变化原因。

c. 澳门水源供给与年降水量之间的相关数值呈现出显著性，水源供给和年降水量之间有着显著的正相关关系。年降水量可以解释各流域平均每栅格单元产水量的 100.0% 变化原因。

d. 澳门生态系统服务功能平均分值与旅游接待人数之间的相关数值呈现出显著性，两者之间有着负相关关系。旅游接待人数可以解释生态系统服务功能平均分值的 99.9% 变化原因。

e. 本章中的部分研究对数据需求量较大，因为数据不足结果存在一定偶然性，但可结合 InVEST 模型原理和本章参考文献内容进行定性分析。

7.3 基于生态系统服务优化的澳门城市规划设计策略

7.3.1 国内外优秀案例借鉴

1. 人工堤岸案例借鉴

（1）日本东京湾

第二次世界大战后，日本实施以重视民间有活力的市场机制为基础、适度竞争的日本型产业及开发政策。1950年，日本《国土综合开发法》提出了以"太平洋海岸带"为中心的战略规划方案，到1998年《21世纪国土的宏伟蓝图——促进区域自立和创造美丽国土》，历经五次修改，基本形成了今天的"太平洋海岸城市带"。历经400余年，日本东京湾走过了顺岸式码头、突堤码头、近岸人工岛、离岸人工海岛式围填海历程，但由于港口的建设使原来的浅水海域被破坏，为了方便大型船只的停泊，岸域最深达到-16 m，对海域生物造成恶劣影响，原有的鱼、贝、藻类等海洋生物及一些鸟类生存的生态环境逐渐消失。

为改善生物生存环境，东京港在新的围填海区规划了一批海上公园。例如葛西临海公园，陆域面积0.3 ha，水域面积410 ha，建设倾斜的缓坡护岸和人工沙滩，在远离航道的海域人工回填泥沙或加石块使海水变浅，阳光可照射到海底，为藻类、贝类提供生存繁殖的场地，也为市民提供亲水观景的场所。在进行非生产性区域护岸建设时，采用粗糙、带洞穴的仿自然型生态护岸，并人为形成一些岸边湾洼地，为螃蟹等水生动物提供繁衍生息的场所，维持海湾生物完好的食物链。野鸟公园面积219 ha，公园内设有淡水湖与海水湖，湖底及湖岸无人工砌筑处理，完全为自然状态，湖的周围自然生长着成片的野生植物。海水湖内的水与大海相连，随海水的潮汐而涨落。该公园共有鸟类270多种，不仅是鸟类的良好栖息地，也成为人们观察鸟类的理想场所。此外，日本东京湾建设了一系列供市民休闲亲水的公园绿地，如台场海滨公园、梦之岛公园、若洲海滨公园等，并且通过船运、露台设置、照明提升等途径，打造魅力滨水区域。

（2）美国纽约市海岸线

纽约市海岸线建设注重自然性与公共性。海岸利用以居住功能为主导，其他依次为公园、机场、工业等。市民对海岸公共性一直高度关注。在保护方面，专设自然滨水区（滨水区指与河流、湖泊、海洋毗邻的土地或建筑，亦即城镇邻近水体的部分）、野生动物栖息地和海岸侵蚀防护带，形成具有消浪带、栖息地等功能的海岸软边。他们认为硬的边缘会限制潜在生物栖息，而"软化边缘"可以减少潮汐和海浪侵蚀，降低维护成本，并增加潮间带区域，提供较强的生境。纽约市沿海岸线还开展了一系列小规模生态修复工程，以促进地方和区域的生态恢复，增强刚性和弹性生态系统。例如布鲁克林 Paerdegat 盆地公园恢复了 12 英亩[1] 生态公园潮汐湿地和 26 英亩相邻高地栖息地；White 岛种植海上草，强化灌木修复和草地管理，稳定岸线，消除物种入侵；牙买加湾则种植大叶藻，放置牡蛎床、珊瑚礁球，提升了水质和生态效益；纽约斯塔滕岛西部边缘的新生命公园（Lifescape）也体现了对景观活力与城市韧性的关注（图 7-3）；东海岸弹性修复（ESCR）项目将为曼哈顿长约 3.5 km 的海岸线提供防洪基础设施，保护社区免受风暴潮侵害的同时，吸引更多居民和游客（图 7-4）。

（3）荷兰须德海

荷兰须德海工程是荷兰最大的围海造田工程。须德海，原北海的海湾，在荷兰西北。13 世纪时海水冲进内地，同原有湖沼汇合，从而形成此海湾。从 20 世纪20 年代起，荷兰开始须德海工程建设。1932 年荷兰建成了全长 32 km、宽 90 km、高出水面 7 km 的拦海大堤，使 4000 km^2 的海岸变成内湖。该工程的主要目的是拦海、运输等传统功能。之后，位于荷兰西南部沿海地区的三角洲工程（保护 Rhine-Meuse-Scheldt delta 周围地区）则在建设过程中越来越注重生态环境。

最初的三角洲工程方案是缩短海岸线的长度，在三角洲各潮汐通道上沿海岸线修筑堤坝，其余部分的堤坝要加高到阿姆斯特丹基面以上 5 m。筑堤、挖渠和排水的土地开发与防洪方式，也一度被称为"国家的艺术"（图 7-5）。鉴于东谢尔德河口地区生态环境对动植物生长保护和荷兰经济发展、国际影响的重要性，1974 年荷兰政府决定改变原三角洲工程计划，并着手制定新的既能可靠地防洪又能保护环境的工程方案。1976 年批准的新的三角洲工程方案：在最大水深 40 m，主汉道宽约 2 km

图 7-3　新生命公园（Lifescape）

（图片来源：www.nyc.gov/freshkillspark）

图 7-4　美国纽约市东海岸弹性修复（ESCR）项目

（图片来源：英格斯,西格尔,大卫,等. 弹性的防洪基础设施:纽约市东海岸弹性修复计划

[J]. 景观设计学, 2017, 5 (6): 88-97）

图 7-5　建于 19 世纪和 20 世纪的荷兰国土中
较为重要的堤坝、运河和挡潮闸

（图片来源：郭巍，侯晓蕾.荷兰三角洲地区防洪的
弹性策略分析 [J]. 风景园林，2016(1): 34-38）

的强潮河口，同时还有北海强劲风浪袭击的恶劣条件下，设计和建造一个能随时启闭的挡潮闸。新方案既能够使三角洲工程具有原来的抗击洪水的能力，又全面地考虑了长远的生态环境效益。与旧方案相比，新方案考虑了东谢尔德河口地区生态环境对动植物生长保护的重要作用，使得三角洲工程在具有原来抗击洪水能力的基础上，还不影响东谢尔德河口地区的生态环境。

近几年荷兰对海岸生态的研究正在不断发展。荷兰的 Mineke Wolters 等，分析了堤坝修筑工程对盐土沼泽的破坏作用，提出并建立了系统的评价体系，对用拆除堤坝方法修复盐土沼泽的效果进行评价，最后强调加强动态管理。Bas W. Borsje 等通过分析综合利用生态物种实现泥沙海岸保护的成功案例，提出一个基于时空差异选择合适海岸保护措施的框架，利用牡蛎床、贝类床、柳树林、滨草等生态工程物种，来削减波浪、促进沉积作用，同时建议建立动态监测模型，进行环境分析、预测，保障工程顺利进行。在荷兰 Ijmuiden 的北海航道入海口潮间带防波堤堤面，与井型纹理结构相比，槽型纹理结构堤面上的贻贝密度要大。这些都表明荷兰对海岸的研究重视生态的保护，并利用生态方法来对海岸进行保护。

（4）澳大利亚新南威尔士

在澳大利亚新南威尔士，距离悉尼北部 150 km 的纽卡斯尔（Newcastle），由于过去 200 多年来的资源开采、改建水文、农业开垦等，Hunter 河口湿地已经退化。Hunter 河口具有强大的自然生产力，例如在 18 世纪，Hunter 河口几乎整个岸边都是牡蛎。为了使河口恢复渔业、水鸟和其他野生动物栖息地，纽卡斯尔启动了长达 15

年的 Kooragang 湿地修复项目。该湿地修复项目主要包括三个区域，即 Ash Island、Tomago Wetlands 和 Stockton Sandspit。该项目成功修复了 1590 ha 的河口。河口岸边覆盖的植被在水土保持、稳定河口岸坡方面起到一定作用，还可为其他生物（鱼类或野生动物等）提供生存环境，利于这些生物资源的恢复。

（5）上海崇明东滩

崇明东滩是长江口地区唯一的、最大的、保持原始自然状态的滩涂湿地，气候温和，阳光充足，雨量充沛，十分有利于植被和底栖动物生长。2002 年 5 月，经相关部门同意建设崇明东滩湿地生态示范区工程。2011 年 9 月，该工程项目通过验收。崇明东滩湿地生态示范工程的核心内容是湿地生态恢复区，包括水禽招引区、草甸灌丛类型湿地区和湿地农业生境区的建设和管理。

湿地生态恢复区的建设着眼于已围垦的潮滩湿地的结构重建，结合现有的土地利用方式和景观格局，运用湿地生态恢复的原则和相关理论知识，为迁徙的鹤类、鹭类、雁鸭类和鹬类等水禽创造更多的可以调控的多样化栖息地，解决不同鸟类因东滩生境格局改变而造成的栖息地选择困难问题。通过对生境岛屿的植被控制和湖区水位的调控，恢复地带性植被，招引白头鹤、黑脸琵鹭和东方白鹳等濒危物种，并同时招引鹭类、雁鸭类和鹬类等水禽，尤其在亚太地区乃至世界上具有特殊保护意义的迁徙水鸟，如鸳鸯、小天鹅、小青脚鹬和勺嘴鹬等。该项目工程建设了一条长 2.7 km、宽 1.7 m 的巡护木栈道，用于野外巡护、管护执法和水鸟调查监测、环志。2019 年 3 月启动的八字桥河整治工程，通过 ISER 生态护岸技术，实现了河岸区域物理通道的重构和水土保持效果，统筹解决了防灾减灾、岸线利用、生态景观等问题（图 7-6）。

2. 生态系统服务优化优秀案例借鉴

（1）丹麦哥本哈根

哥本哈根不仅是丹麦的首都，更是欧洲重要的都市区和经济增长点之一。早在 20 世纪 40 年代末，哥本哈根就提出了著名的"手指形"城市发展规划，试图寻求城市扩张与生态保护之间的平衡。

"手指规划"（图 7-7）是规划师根据哥本哈根及相邻地区未来一段时间人口和社会经济发展趋势的预判，以哥本哈根向外放射状形成的铁路网为基础，所提出的

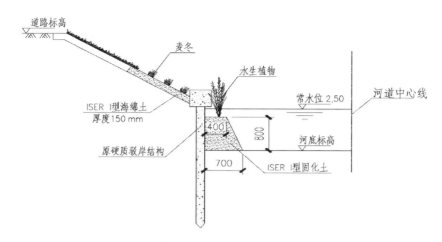

图 7-6　八字桥河整治工程河道岸线改造设计方案图

（图片来源：孙即梁．基于淤泥原位资源化理念的硬质驳岸生态化改造初探 ——以崇明岛八字桥河生态护岸工程为例 [J]．中国水运（下半月），2022(8): 75-77）

一份关于城市未来发展远景的规划建议。在各个"手指"状的城市发展轴之间，哥本哈根保留并改善了楔形的绿色开放区域，并尽可能地将自然景观渗透于城市区域。"手指"之间的楔形开放区域包括林地、农田、河流以及荒地等多种地貌，一方面可以阻断郊区城镇之间的横向扩张，使其在规划区内合理发展，保护自然环境；另一方面可以为居民提供丰富、愉悦的休闲空间。

楔形绿地格局（图 7-8）对生境的完整性有较为正面的影响，且能够平衡城市道路、建设用地、破碎化的城市绿地给城市生境质量带来的负面影响。本案例可以作为澳门绿色空间体系规划的参考。

（2）英国贝丁顿零碳社区

贝丁顿零碳社区位于伦敦西南的萨顿镇，是全世界第一个以"零碳排放"为核心思想规划建设的居住社区（图 7-9）。贝丁顿实现"零碳排放"的措施如下。

①工作生活一体化

居住在办公场所附近促进了居民在本地的就业，减少了车辆的能源消耗，物业管理公司可为小区提供新鲜的当地产品，居民也被鼓励在自家花园中种植农作物，减少了食品运输产生的能耗。

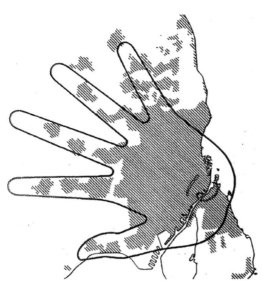

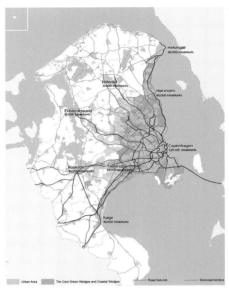

图 7-7 "手指"状哥本哈根总体规划图

（图片来源：根据本章参考文献 [7] 绘制）

图 7-8 哥本哈根交通系统与城市发展关系

（图片来源：根据本章参考文献 [7] 绘制）

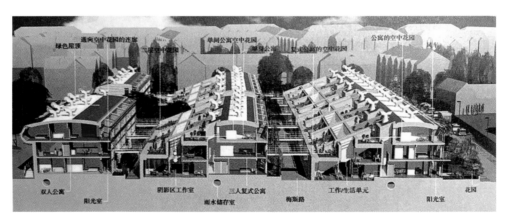

图 7-9 贝丁顿零碳社区的低碳住宅模式

（图片来源：根据本章参考文献 [10] 绘制）

②倡导公共交通及慢速交通

贝丁顿零碳社区拥有良好的公交网络，步行者有较高的路权，步行道路设置了良好的照明系统和无障碍设施，设置了充足的自行车停车场，并有自行车道与中心区相连。

③建筑节能

贝丁顿零碳社区在建筑节能上的设计目标是与当地普通郊区住宅相比总能耗降低 60%，供暖能耗降低 90%。建筑师选择紧凑的建筑造型来减少建筑的总散热面积。建筑物的屋顶、外墙和窗户都选择了有利于隔热的材料和工法，采用南北向布局和退台设计，减少了建筑的相互遮挡，以获得最多的太阳热能。特殊设计的"风帽"可随风向改变而变动，利用风压为建筑提供新鲜空气，无须机械换气。建造材料均选择环保材料并尽量利用能够从当地获取的材料，节省了运输成本。

④热电联产工厂

贝丁顿零碳社区所有的热能和电能均由该社区的热电联产工厂 CHP（Combined Heat and Power）提供。CHP 的燃烧炉是一种特殊的燃烧器，木屑在全封闭的系统中碳化，燃烧过程中不产生二氧化碳，其净碳释放为零。

总体来看，贝丁顿零碳社区并未使用复杂的前沿技术，而是将已成熟的生态规划理念与建筑设计相结合。

贝丁顿零碳社区采用多项低碳技术，最终在社区内实现资源的循环利用，建成零碳社区。澳门全域尺度较小，可以参考贝丁顿零碳社区所采用的低碳技术和运营模式，以社区为单位，逐步从零碳社区发展为零碳城市。

（3）荷兰阿尔梅勒新区

阿尔梅勒新区位于荷兰首府阿姆斯特丹东侧 20 km 处，是阿姆斯特丹重要的卫星城镇，20 世纪 70 年代开始建设，大部分土地由填海造地形成。

阿尔梅勒地区拥有三个主要湖泊和两条主要人工运河，运河水面标高均高于两侧的城市地面。该策略对城市地表水系统的水量和水质进行管理和调控具有重要作用，对于生态保护和水陆交通具有重要意义。阿尔梅勒还具有密集的、相互交织的毛细河道网络，与城市公共空间和居住空间紧密地联系在一起，起到了景观和交通作用。在城市遭遇暴雨时，密集的河网和沟渠大大缓解了排水压力。除了河湖水系网络本身，阿尔梅勒的滨水空间地表类型也在雨洪管理上做出了相应的考量，临近河道的区域布置了较多建筑和硬质地面，在阿尔梅勒距离河道 300 m 以上的地区，其地面的绿地覆盖率接近 50%，布置了大量人工水景和人工湿地（图 7-10）。

阿尔梅勒作为填海城市，与澳门具有较为相似的地理和水文条件，其建筑密度

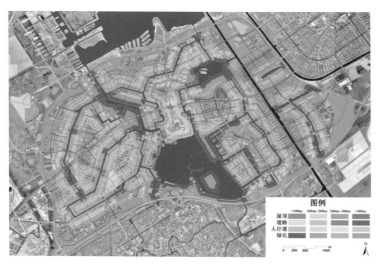

图7-10　阿尔梅勒滨水空间下垫面分布图

（图片来源：根据本章参考文献[7]绘制）

和城市湿地体系与澳门亦较为相似，该城市对于城市地表水系水量和水质的管理及雨洪管理体系对澳门具有一定的借鉴意义。

7.3.2　人工堤岸规划设计策略

1. 堤岸结构设计

（1）平面形态

人工堤岸的平面形态多为长条形，平直的堤岸给人们单调感，而设计复杂的堤岸线往往在实施过程中影响泥沙的淤积和洪水的宣泄。通过岸线的处理，可以丰富水的平面形态，增强生态亲水性。对于平直岸线，可以处理成内凹式或外凸式的具有强烈几何形态的亲水平台，凹入式岸线能给人一种向心、围水的亲水感受，凸出式岸线则使人有一种置身水中的自然感受。

具体来讲，毗邻水域的水流流态、水道的历史演变、地形地貌等性质，是人工堤岸进行形态设计时必须考虑的因素。在地形上，堤岸应避开淤滩泛滥、崩岸、沉积等原因形成的地带；在地貌上，注意结合堤岸形态，并给堤岸预留适合余地；从水流形态来看，堤岸应设计成无阻力的流线型，以减缓流速，减小水浪；堤的起点应设置在水流较平顺的堤段，以避免产生严重的冲刷，堤端嵌入陆域3~5 m；堤岸的转弯半径应尽可能大一些，避免急弯和折弯，一般为5~8倍的设计水面宽，以免产生紊流；堤顶轴线应与洪水主流向大致平行，并在中水位的水边线预留一定距离，避免洪水对堤防的冲击和在平时使堤防浸入水中。

（2）断面形式

作为水陆边际的人工堤岸，为了取得多视点和多层次的生态亲水效果，一般需要在不同的高程安排观景或亲水平台，这就决定了堤岸断面处理的多样化。堤岸的断面处理要综合考虑水位、水流、潮汐、交通和景观效果。从水体自身水位变化的角度，人工堤岸的断面形式应根据具体的水力条件等水环境来选择。

当毗邻水体的水位变化较大时，堤岸可考虑采用分层平台式或分层斜坡式，分别根据洪水水位、平常水位和枯水水位来设置每个平台的高度，为岸上行人提供更多的活动空间和观景场所。若堤岸空间用地较为紧张，平行于堤岸方向的分层平台也可满足工程要求。

当毗邻水体的水位变化不大、水环境空间较宽松时，堤岸可采用单层斜坡式。水位通常不会超过滨水步行道，岸坡通常进行绿化与生物附着设计。当水量丰富时，堤岸断面形式可以有更多的选择、更多的组合。形式丰富多样，最近水的部分采用台阶式，使人安全便捷地生态亲水。但为安全起见，在深切线以前，以混凝土桩或大石块作为维护设施。

沿海的海水面与河流的入海口段，由于受到周期性涨落的潮汐的影响，水位在一天、一月、一年的时间内都有较大的变化，此时的堤岸可以采用适合多水位的栈桥式或多层复式生态结构，亲水性强、实用美观。其中，栈桥式平台结构用于海堤工程中，由于其下部的对空结构并未阻止水流沿岸方向的运动及沿岸输沙运动，有利于保持海岸线的稳定。在平台周围种植各种乡土植物，形成水生－沼生－湿生－中生植物群落带，让远离自然的城市人能欣赏到自然生态之美。

复式断面结构按照水体的常水位与堤内地平面的高程关系，常分为以下几种形式。

①常水位低于堤内地平面

防汛堤顶作较大幅度的后退，利用和缓的草坡和步道将人群引向岸边。适用于沿海上游有滩地的一侧，以及山地湖泊和隆起性海岸区域等。低层台阶按常水位来设计，每年汛期时，允许被淹没；中层台阶只有在较大洪水发生时，才会被淹没；这两级台阶可以形成具有良好亲水性的生态空间。高层台阶作为千年一遇的防洪大堤（图7-11）。

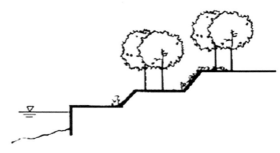

图7-11　常水位低于堤内地平面
（图片来源："临港经济区人工堤岸生态重建技术研究与示范"项目）

②常水位高于堤内地平面

通常这种形式断面堤岸用地较窄，在可能的情况下，可以在水面上架设悬臂滨水步道，出挑防汛墙，或采用扩大堤顶的方法，形成大型街区，整个街区的地面为防洪标准，标高下的空间可以用作辅助功能用房（图7-12）。

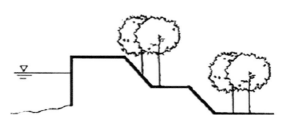

图7-12　常水位高于堤内地平面
（图片来源："临港经济区人工堤岸生态重建技术研究与示范"项目）

③常水位与堤内地平面相近

堤内路面标高与防汛标高相近。各高程的平台间通过不同形式的台阶和绿色植被的土堤联系起来，形成立体的生态堤岸系统（图7-13）。

（3）堤线布置

在堤线布置和选择时，应根据防灾、地形、地势、地貌和地

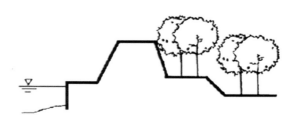

图7-13　常水位与堤内地平面相近
（图片来源："临港经济区人工堤岸生态重建技术研究与示范"项目）

质条件，结合对现有及拟建建筑物的位置、形式、施工条件和水道历史演变的综合分析来确定，宜选择在较高的地带上，不仅基础坚实、增强堤身的稳定，而且可以节省土方、减少工程量。堤线走向宜选取对防浪有利的方向，避开强风暴潮的正面袭击，以减少筑堤难度或海堤及建筑物的破坏，当无法避免时，应采取必要的削浪措施。

（4）堤型选择

居住区常采用常水位低于堤内地平面的构造。常水位与堤内地平面相近的区域采用斜坡式，常水位高于堤内地平面的区域采用陡墙式。

斜坡式人工堤岸临、背海侧边坡坡度较缓，堤身由土堤和护面组成，边坡护面砌体依附于堤身土体。堤基与地基接触面积大，地基应力较小，整体沉降变形较小，沉降差较大。临海侧坡面有充足的地方布设消浪设施，能消散部分波浪能量。其设计重点在于堤基不均匀沉降变形，护面结构与堤身土体的整体结合强度，护面结构的整体稳定及抗波浪压力的能力。各高程的平台间通过不同形式的台阶和绿色植被的土堤联系起来，形成立体的生态堤岸。

陡墙式人工堤岸临海边坡坡度陡直或直立，堤身由重力式防护外墙及墙后土堤所组成，堤基与地基接触面积小，地基应力较集中，沉降差较小。陡墙式海堤的波浪爬高值小于斜坡式海堤。堤顶防浪墙结合外墙体宜建成反弧形式，能有效阻止或削弱波浪翻越堤顶。

（5）土料

对于拥有良好地质条件和优质堤身填土料的人工堤岸工程，控制黏性填土的含水量是使堤身填土达到压实度要求的最有效途径。堤身土料宜选用黏性土，填筑土料含水量与最优含水量的偏差宜为 ±3%。当土体含水量太大时，应翻晒；当含水量太小时，应拌制。

（6）堤顶高程

堤顶高程应根据设计高潮（水）位、波浪爬高值及安全加高值计算，并应高出设计高潮（水）位 1.5~2.0 m。计算见下式。

$$Z_P = h_P + R_F + A$$

式中：Z_P —— 设计频率的堤顶高程，m；

h_P —— 设计频率的高潮（水）位，m；

R_F —— 按设计波浪计算的累积频率 F 的波浪爬高值（海堤按不允许越浪设计时 $F=2\%$，允许部分越浪设计时 $F=13\%$），m；

A —— 安全加高值，按表7-9规定选取。

表 7-9　安全加高值表

海堤工程级别	1	2	3	4	5
不允许越浪 A/m	1.0	0.8	0.7	0.6	0.5
允许越浪 A/m	0.5	0.4	0.4	0.3	0.3

注：表格源自《海堤工程设计规范（GB/T 51015—2014）》。

（7）细部结构

根据功能带差异，选取不同护面形式，如绿化带、观赏带选择混凝土栅栏板，在栅栏间隙填以适宜土基质，栽培优选的本土植被；养殖带选择预制混凝土异型块体，为生物营造适宜的栖息环境。

堤顶采用沥青混凝土路面，堤身斜坡临海侧采用混凝土灌浆砌石，上加外凸混凝土消力墩，背海侧铺草皮护坡。亲水平台处以混凝土框格固定丁砌条石形成台阶，或直接用混凝土砌块制成阶梯护坡。

（8）生态堤岸设计的主要类型

①自然型刚性堤岸

自然型刚性堤岸是在自然原型堤岸的基础上，采用天然刚性材料或砖块干砌的生态堤岸，可以抵抗较强的流水冲刷，适合用地紧张的城市河流、湖泊。它由刚性材料块石、砖、石笼、堆石等构成，但建造时不宜用砂浆，而是采用干砌的方式。对于水域而言，留出空隙，利于堤岸与水域的交流，利于滨水植物的生长。此类堤岸适用于水位较平稳的地方（图 7-14）。

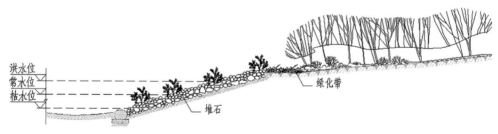

图 7-14　自然型刚性堤岸剖面图
（图片来源："临港经济区人工堤岸生态重建技术研究与示范"项目）

自然结合型刚性堤岸。自然结合型刚性堤岸是在自然原型堤岸的基础上采用混凝土、钢筋混凝土等材料加强抗冲刷能力的一种新型生态堤岸形式。常用方法包括以下四种。

a. 纤维织物袋装土护岸。由岩石坡脚基础、砾石反滤层排水和编织袋装土的坡面组成。例如，由可降解生物、纤维编织物盛土，形成一系列不同土层或台阶岸坡，然后栽上植被，以加固堤岸。

b. 面坡箱状石笼护岸。将钢筋混凝土柱或钢筋混凝土柱结合耐水圆木制成梯形箱状框架，并向其中投入大的石块（形成鱼巢）。再在箱状框架内埋入树枝等，邻水侧种芦苇、菖蒲等水生植物，使其在缝中生长出繁茂的植物，加以保护堤岸。

c. 骨架内植草。采用混凝土框架对土质进行边坡稳定防护后，边坡被分为若干块状结构，在每一框架结构中种植不同品种的草种和灌木，进行边坡绿化。

d. 植被型生态混凝土。堤岸由多孔混凝土、保水材料、难溶性肥料和表层土组成。表层土铺设在多孔混凝土表面，形成植被发芽空间，同时提供植被发芽初期的养分。

②自然改造型堤岸

自然改造型堤岸主要用植物切枝或植株，将其与枯枝及其他材料相结合，防止侵蚀，控制沉积，为生物提供栖息地。对于较陡的坡岸或冲蚀较严重的地段，除种植植被，还应采用天然石材、木材护底，以增强堤岸，抗水流冲刷，防止水土流失。例如，在坡脚采用石笼、木桩或石块等护底，其上筑有一定坡度的土堤，斜坡应种植植被。植被设计应采取乔灌草相结合的种植模式，固堤护岸。

③刚柔结合型生态堤岸

刚柔结合型生态堤岸综合了生态刚性堤岸和生态柔性堤岸设计方法的优点，具有人工结构的稳定性和自然的外貌。适合于流水冲刷较强、用地相对宽松的海岸。

④堆石型堤岸

使用种植植物的堆石，将由大小不同的石块组成的堆石置于与水接触的土壤表面，再把活体切枝插入石堆中使斜坡更加稳定，可提高根系强度，以便植被可遮盖石块，使堤岸外貌更加自然（图7-15）。

⑤插孔式混凝土块型堤岸

使用与植物结合使用的插孔式混凝土块，将预制的混凝土块以连锁的形式置于岸底的浅渠中,再将植物切枝或植株扦插于混凝土块之间和堤岸上部,其上覆土压实,再播种草本植物(图 7-16)。

图 7-15　堆石型堤岸剖面图
(图片来源:"临港经济区人工堤岸生态重建技术研究与示范"项目)

图 7-16　插孔式混凝土块型堤岸剖面图
(图片来源:"临港经济区人工堤岸生态重建技术
研究与示范"项目)

2. 岸坡材料及生物附着设计

为了降低风浪对植被根系和生态岸坡的冲刷程度,营造更加适宜的动植物生境,需要在已有岸坡设计的基础之上,进一步优化生存环境,使岸坡附着生物量增多,形成稳定的食物链与生态系统,并满足人们一定的景观审美需求。

(1)岸坡材料

①天然石材

石材是自然界中存在最多的天然材料,自然古朴,广泛应用于堤岸建设。一种是保持了石材的天然形态,如卵石、条石、黄石、青石等;另一种是经过人工切割而成,形状有条状、立方体状,也有不规则形状的,常用花岗岩、高湖石、青石等材料。在堤岸工程施工中,石头的砌筑方式或无序地堆放,或有规则地堆砌,或放置在石笼中再堆砌,或与水泥混凝土混合垒砌。如果石材线条浑圆流畅,洞穴透空灵巧，可构成较为轻盈的堤岸。设计过程中应根据石材自身用途及所在位置合理选择表面处理手法，增加立体感，增强光影效果，形成丰富的材质景观。此外，天然石材具有成本低廉、来源广泛、经久耐用、抗冲刷能力强的特点。尤其是其粗糙的表面还可以成为各类生物、微生物的生境和生存空间。

②混凝土

混凝土是传统工程式堤岸常用的材料之一。它可以保障水体边坡和堤岸的安全与稳定，防止水土流失，具有生产工艺简单，防洪效果好，强度高等优点，但它最大的缺陷是形式封闭，隔绝了水体与陆地土壤之间的通道，而且人工味较浓，自然亲和性相对较弱，常给人单一呆板的感觉。1995年，由日本混凝土工学协会提出，通过景观材料研选、采用特殊工艺制造出来的生态混凝土，内部存在许多连续的孔隙，其内充填的腐殖土，不但具有良好的透气、透水性，而且种子还可在孔隙中生根、发芽，并穿透到土壤中生长，微生物及小动物也有了生存空间，在保持生物多样性的同时，净化了河湖水质。天然石材与混凝土生物附着效果对比见图7-17。

图7-17　生物附着效果（左天然石材，右混凝土）
（图片来源："临港经济区人工堤岸生态重建技术研究与示范"项目）

（2）岸坡加固

堤岸的防护方法可分为两大类：一类是直接防护，即利用护坡和护岸墙等防御和抵抗外界的水力破坏，采取不同的消浪结构、消浪措施来增强护岸的防御功能；另一类是间接防护，即利用沿岸的丁坝或潜堤，促使岸滩前发生淤积而形成稳定的新岸坡，或者可以改善堤岸前的水力条件。实际上，第二类防护方法可以成为第一类的补充，为堤岸的亲水等功能的建设创造有利的水利条件。

护面结构的主要功能是抵御波浪、水流的冲击，加剧波浪破碎，减小波浪爬高和越浪量，从而降低堤顶高程。生态堤岸护面结构应尽量采用天然材料，减少混凝土用量。设计高水位上下半倍波高范围是波浪强作用区，设计高水位以下是常淹没区，设计高水位半倍波高以上区域，波浪作用相对较弱，不同区域采用不同的护面形式，工程中常采用的护岸方法有以下几种。

①块石护岸

块石护岸是最常采用的防护结构。一般在已填好的堤坝土体外坡采用干砌、浆砌、抛石护坡。护脚可用抛石，也可采用其他材料结构防护，或采用抛石与其他材料结构混合使用的形式。块石护坡、护脚设计与其他防护工程设计一样，需要通过拟定断面，按《堤防工程设计规范》进行计算并参照已建工程的运用经验综合分析确定。

②石笼

石笼是防护工程常采用的结构，其优点是具有较大的体积、重量，抗冲性强。其柔韧性较好，能适应河床变形的要求，经常与抛石护脚结合使用。过去常用铅丝、竹篾、荆条编笼，现在还采用土工网、土工格栅做成网格笼状物，内装块石、卵石，构成石笼。使用时，将石笼大体按一定坡度依次从河底紧密排放至最低水位以下。

③沉枕

沉枕护脚体积、重量均较大，稳定性好，且有一定的柔韧性，能适应坡面、床面变形，防护效果较好，汛期常用于抢护堤岸、坝岸出险。沉枕护脚包括柴枕和土工织物枕。柴枕用柳枝、竹枝、芦苇、秸料等梢料捆包块石或淤土块，新修工程沉枕可为一层或二三层。柴枕上端应在最低水位以下，以延长使用寿命，柴枕以上应接护坡石，柴枕外脚宜加抛大块石或石笼等。土工织物枕用土工织物袋装土缝合而成，抛在堤岸枯水位以下保护堤脚。

④沉排护脚

沉排护脚面积大、抗冲性强，有柔韧性，能适应坡面、床面变形，但造价较高，施工技术比较复杂。沉排护脚有柴排、土工织物软体排和铰链式混凝土板等。柴排是用塘柴、柳枝、竹梢先扎成直径 12~15 cm 的梢龙，构成上下对称的十字格，中间夹梢料形成排体，排体上面再压块石使其稳定并抵抗水流冲刷，下端抛大块石或石笼压脚，沉排以上需要接护坡石与护坡连接。土工织物软体排是土工织物枕与土工织物垫层以尼龙绳连接构成排体，铺护在最低水位以下保护岸床，排体长度应满足床面最大冲刷深度要求。由铰链式混凝土板和土工织物垫层组成排体，覆盖在需要防护的坡面、床面上，以防止水流冲刷。土工织物软体排及铰链式混凝土板很有发展潜力，可以取代传统的柳石沉排。

⑤混凝土护岸

我国沿海地区，已采用各类大的混凝土异型块体，如四脚锥体、工字型、扭工字型、格栅型等在海堤防护工程中应用广泛。工程一次性投资大，施工技术条件要求较高，但工程十分坚固、耐久，抗御洪潮灾害能力强。除采用混凝土块体护坡外，堤防工程还常采用模袋护坡、护脚，即将流动性混凝土或砂浆用泵压入双层织物袋内，从而获得高密度、高强度的混凝土或砂浆硬结体，再利用其自重及与原坡面的摩擦力使边坡稳定并防止冲刷。

⑥桩式护岸

桩式护岸通常可采用木桩、钢桩、预制钢筋混凝土桩为主要材料。桩的长度、直径、入土深度、桩距、材料、结构等可根据水深、流速、泥沙、地质等基本情况，通过计算及已建工程使用经验分析确定。桩式护岸可采用单桩紧密排列或采用板桩筑成不透水结构，也可采用间隔桩系以横梁，并挂尼龙网、铅丝网或采用竹、柳编篱构成屏蔽式的透水桩坝。桩式护岸为了防止水流淘刷基础，经常采用块石护基。

（3）岸坡粗糙化

①植被护坡

植被护坡可有效增加边坡稳定性，是现阶段研究的热点领域。传统植草护坡只适于波浪较小的海岸，抗浪能力与草的种类、覆盖的密实度、根系和基土层的结合度及岸坡的坡度等因素有关。荷兰代尔夫特水工研究所根据原体模型波浪试验，得到了草皮护坡抗浪能力的计算方法，即在 1：4 的斜坡上种植草皮，可承受平均周期 T=4.7 s 的波浪连续作用 17 小时。在此基础上，国内外学者也对混合植被护坡植被根系的土壤力学特性进行了研究。周云艳等研究了根系总长、根长、根重、表面积与土壤强度特性之间的关系；刘秀萍等通过研究根系分布与尺寸对根系复合强度的影响特征，得出了复合体抗剪强度随含水率增大而增加的结论；李辉通过剪切试验，研究了不同植被根系与河堤岸坡的加固效果和土体抗剪强度参数的影响；胡炜、刘宇峰、秦卫星通过分析护坡类型、降雨条件、水位骤降速率对生态护坡稳定性的影响，得到草乔混播能有效提高边坡稳定性的结论。国外学者 Mattie 等通过研究根系生物量、土壤本身力学特征与根系加固土体强度特征之间的关系，得出根系生物量、土体自身力学特性与根系加固土体强度特性之间存在正相关性；Kokutse 等通过研究根系附加黏聚力与根系深度之间的关系，采用强度折减法分析了草皮、灌木、幼林、成熟森林对几种常见土体的根系强化效果。

②土工织物加固草皮护坡

二维纤维网和纤维格栅、三维纤维网护面，若用土工织物加固，可使草的根系与周围的土工织物黏结而形成一种强而连续的土工织物—土壤—根系面层，土工织物加固可改善地面覆盖率，有助于根系结构约束土壤颗粒，改善草间的侧向连续性，从而提高草皮的抗浪能力。

③干砌块石或石笼护底面层种植草皮

护底用以防御波浪的冲击破坏，即使草皮被毁，也不影响堤岸安全，草皮是用以美化环境、保护生态之需。格形、开孔混凝土块，空隙部分种植草皮，若用格形混凝土加固，混凝土本身提供了主要的保护，同时草的作用有助于混凝土块锚固到基础上，并且根的嵌固作用改善了块间约束。

（4）人工鱼礁技术

人工鱼礁是人们在海中经过科学选点而设置的构造物。通俗来说，人工鱼礁是为鱼类造窝，鱼类有了分散的居所就具备了在场所生存、繁衍的条件。人工鱼礁建设是人工堤岸生态重建的重要组成部分。

①人工鱼礁的聚鱼原理

关于人工鱼礁集鱼的原理，目前还是一个有争议的问题。一种理论认为，人工鱼礁使水流向上运动，形成上升流，把营养丰富的海水带上来，吸引鱼群前来觅食；另一种理论为，人工鱼礁能产生阴影，许多鱼类喜欢阴影，故愿意游过来；还有一种理论认为，人工鱼礁能给鱼儿提供躲避风浪和天敌的藏身之地，因此它们喜欢来这里生活。鱼礁投放在海底，改变了海水流态，鱼礁的前侧会产生滞流和紊流，后侧会产生涡流和流影，在礁体内部和周围形成几何阴影区，给许多底栖性鱼类提供了栖息场所和活动空间。此外，鱼礁提供了广大的礁体表面积，成为许多鱼卵、乌贼卵的附着基和孵化器，浮游性鱼卵孵化后的稚鱼也可获得庇护其成长的环境，同时礁体表面积适宜许多附着生物的生长，培养了许多鱼类赖以为生的饵料生物，鱼类为摄食方便争相聚集。

②人工鱼礁的主要类型

人工鱼礁的类型较多，根据其投放的目的和作用，人工鱼礁可以分成生态保护型、渔业开发型和休闲渔业型等；按鱼礁的用途，可以分为诱集鱼礁、增殖鱼礁、产卵礁、幼鱼保护礁和藻礁等；按礁体的材料，可以分为钢筋混凝土鱼礁、钢制鱼礁、玻璃钢鱼礁、竹制鱼礁、木制鱼礁和废弃物鱼礁等；按鱼礁的设置位置，又可以分为底置鱼礁、中层鱼礁和浮鱼礁等。常见鱼礁见图 7-18。

混凝土人工鱼礁（图 7-19）。混凝土人工鱼礁是目前世界上使用非常广泛的人工鱼礁之一，由于组成混凝土的凝胶材料的品种繁多，如有机的、无机的；气硬性的、水硬性的；活性的、惰性的；纳米级超细微粒的、数十毫米尺度的大颗粒凝胶等。鱼礁的可塑性强，可制成不同的形状，如立方体形、金字塔形、管状、块状等。混凝土鱼礁不仅耐腐蚀，而且对鱼类的诱集性能也较好。

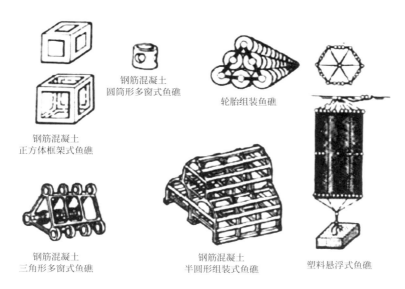

图 7-18　常见鱼礁类型

（图片来源："临港经济区人工堤岸生态重建技术研究与示范"项目）

图 7-19　混凝土人工鱼礁

（图片来源："临港经济区人工堤岸生态重建技术研究与示范"项目）

钢制人工鱼礁。钢制人工鱼礁是在工厂制作好部件后，运输至码头，然后再进行现场组装与投放。钢筋材料适合于制造投放于深海域的大个体鱼礁，钢制人工鱼礁坚固，能够抵抗风浪，并且不会滑动。目前，日本制造的 70 m 高的鱼礁就是钢制鱼礁，可以诱集金枪鱼、鲣鱼等，但是钢制鱼礁的成本高，不易普及推广。

玻璃钢人工鱼礁。玻璃钢可以制成多种形状，其附着面广、孔穴数量多，因此更适合鱼类栖息。据统计比较，玻璃钢鱼礁的渔获量，要比废弃物制成的鱼礁的渔获量增加 5~6 倍。

废弃物人工鱼礁。早期采用的人工鱼礁类型是用废旧轮胎、废旧汽车、废旧船体等堆放形成的人工鱼礁，这种人工鱼礁可以使废品重复利用，且成本低。研究结果表明，船礁能够产生上升流，在雷诺数比较大的时候能够产生紊流和涡流，水越深，产生的湍流强度就越小，集鱼效果就越低；单体船礁比方体鱼礁和三角形鱼礁更容易产生上升流和背涡流；大礁体更容易产生湍流。但是，由于有些废品含有油漆等，容易对环境产生污染，因此，日本正在逐年减少这种人工鱼礁的使用，土耳其也于1999 年 1 月禁止废弃物人工鱼礁的使用。

由于人工鱼礁的材料要求具有耐久性、经济性、稳定性及生态性，同时不能有任何污染环境的物质渗漏，因此材料综合化是人工鱼礁建设的一大趋势。大量的研究资料表明，不同材料组成的人工鱼礁要比同材料的鱼礁的效果好得多。因为不同的材料可同时发挥不同的作用，从而诱集多种海洋生物生长、栖息和繁殖等，进而使渔获量增加。

3. 岸坡生态系统设计

（1）植物群落

植物生态固坡根据植物根系本身的特点，可以发现其对边坡的作用是双向的，同时存在有利和不利的方面，应根据边坡的地质、岩土特性条件合理设计并选择合适的植物类型。依据改良后的土壤成分和结构，选育和引种适合当地生态环境的植物品种。滨水区绿地属于复合区域，包含水域和陆域，蕴含丰富的景观与生态信息。滨水绿地比一般城市绿地更要突出其生态价值、景观价值。滨水植物的选择尤其要注意林冠线的变化，应尽量采用自然化设计，引入天然植被要素，以乡土树种为主，搭配其他能体现滨水景观特点及人们喜爱的树种，同时注意速生树种与慢生树种、常绿树种与落叶树种的比例，利用不同地段的自然条件的差异，选择各具特色的人工群落，创造出季节变化明显、植物种类丰富、自然成趣、富有特色的植被景观。

①水生植物

挺水植物的根、根茎生长在水的底泥之中，茎、叶挺出水面，经常分布于0~1.5 m的浅水处。其中有的种类生长于潮湿的岸边，这类植物在水面以上的部分，具有陆生植物的特征，生长在水中的部分，具有水生植物的特征。挺水植物由于其植株笔直，体量较小，多群体分布塑造垂直空间。

浮叶植物生长在浅水中，叶子浮于水面之上，根长于水底淤泥之中。根茎较发达，花大色艳，如王莲、睡莲等，通常无明显的茎或者茎极细，故不能直立，叶片较大且内部有大量气体存在，可以漂浮于水面之上。浮叶植物在塑造静水景观时应用广泛，但其如一潭死水，往往给人以死气沉沉、毫无生机之感，如果在其中点缀几棵浮叶植物，景观环境立马显得有生机，好像水中绿毯，给人宁静祥和之感。

漂浮植物是根部着生在泥中，整个植物体漂浮在水中的一类植物。这类植物的根通常不发达，体内具有发达的通气组织，或具有膨大的叶柄（气囊），以保证与大气进行气体交换。漂浮植物常随着水流或借助风力四处漂泊，多数以观叶为主。

但漂浮植物由于其生长习性，如果管理不善，会造成过度泛滥，覆盖水面，致使水质恶化，进而破坏水生环境的生态稳定，所以漂浮植物在选择和栽植时常被限制在一定的区域范围内。

沉水植物是指植物全部位于水面以下的水生植物。它们的根不发达或退化，植物体的各部分都可吸收水分和养料，通气组织特别发达，有利于在水中缺乏空气的情况下进行气体的交换，叶子大多为带状或丝状。沉水植物整个植株处于水中，花朵露出水面，常用来营造幽深、宁静的效果。

②湿生植物

湿生植物通常茎秆坚硬，常被用来塑造滨水景观的立体效果，同时在水陆交会地带，用来柔化水陆交线，形成水生植物与陆生植物的过渡。

③陆生植物

由于滨水区陆生植物处于滨水的环境之中，土壤中的水分含量相对较高，所以要求植物具有一定的耐水湿能力。在人工的滨水环境下，岸线的护坡都或多或少经过了硬化和防水的处理，这使得对滨水区陆生植物的选择更加广泛和多样。

（2）植被配置

据相关资料，乔灌草结合的群落产生的生态效益比草坪高 4 倍。植被配置尽量采用自然化设计，模仿自然生态群落的结构，考虑植物群落的垂直结构的立体空间形态，采用花草、低矮灌木与高大乔木不同层次的组合，将陆上植被和水下植被进行搭配设计。按照植株的高度差异、形态差异、色彩差异、季节差异，交替式种植，起到美化景观的作用（图 7-20）。同时，可以利用藤本类植物藤蔓掩饰和弱化石砌岸线给人的生硬感。

开敞空间。开敞空间配置抗风性较强、植株个体比较优美的大型乔木作孤植点缀，辅以大面积草坪，形成特有的树下空间和开阔通透的景观；利用落叶树的季相变化营造四季不同的空间感受；利用大量常绿与落叶的小型灌木阻挡寒风，保持绿量。为丰富开敞空间的景观层次，花灌木和小乔木也不可少。阳性和稍耐阴的花灌木与色叶小乔木具有较强的亲和性，组景和独立成景都能取得良好的效果。此外，因为开敞空间要满足大量人的活动需求，所以还需要现代花坛和草坪的点缀。选择时令

图 7-20 植被配置景观
（图片来源："临港经济区人工堤岸生态重建技术研究与示范"项目）

鲜花摆放在滨水广场、商业街等地区，能渲染气氛；适宜当地生长的花卉沿水滨地区露地栽培，既突出一种田园野趣，又体现当地四季的自然特性。水滨绿地中的草坪多选用冷季节型草种，因为冷季节型草坪草绿期长，品种较多。还要注意尽量选择耐践踏的草坪，为游人提供完全的可达性空间。

亲水空间。体量适中、枝叶密集或开花繁密并具有蓬松的生长形式的植物，能给人亲切感。

沿岸地带。沿岸地带配置水生、湿生植物，柔化人工砌筑的驳岸，增加亲水性，使水面更加迷人。应注意配置植物与水体、建筑、道路景观的通透性，使视线能够到达水面，人们更容易感受和接近水体；从水体的对岸或船上望去，水岸地带的立面效果突出。岸边浅水区配置挺水植物群落；岸边深水区配置水生观赏植物；净化水质区配置漂浮与浮叶根生植物。

7.3.3 城市用地与空间形态规划设计策略

1. 生境质量服务提升策略

根据前文的介绍，生境质量与生物多样性密切相关，生境质量高的区域将更好地支持各类等级的生物。每一项威胁因子通过破坏生境的完整性、损害生物多样性的持久性等方式对生境环境产生负面影响，所以本书从保护生境完整性和降低威胁因子的影响力度、影响范围等角度提出澳门生境质量服务提升策略。

从生境完整性和连接度的角度，本书引入景观生态学中的"斑块-廊道-基质"

理论，该理论是以空间语言的形式，通过具体形象地描述景观的结构、功能和动态，反映景观结构与功能的时空变化（图7-21）。

（1）廊道

由于澳门全域尺度较小，其境内没有河流或绿带，生态廊道以道路廊道为主，主要由街旁绿地构成。由于澳门建设强度高，为提升环境品质常见缝插针式地规划绿地，绿地尺度小、分布广泛，具有破碎化的问题，其廊道对绿地的连接作用尤为重要。而目前澳门生态廊道缺乏连续性，且部分区域缺乏相关的生态廊道对各生境进行连接（图7-22）。

图7-21　澳门生态斑块、廊道、基质分布图
（图片来源：卫星图来源于天地图，审图号：GS（2024）0568号。
点线元素为研究团队分析结果）

在优化现有生态廊道的同时，应充分利用现有道路和铁路（轻轨）构建更加丰富的生态廊道，一方面增加澳门景观的连接度，另一方面降低道路作为威胁因子对澳门生境的威胁；重点建立核心生境之间的生态廊道，补充核心生境如大潭山郊野公园、石排湾郊野公园等区域之间的生态联系，构建城市网状生态结构；构建生态廊道时应尽量采用乡土树种，如秋茄树、桐花树、老鼠簕、鱼藤等。

（2）斑块

根据土地分类结果，澳门生态斑块分布广泛、尺度各异，其中公园包括宋玉生公园、十字花园等，湿地坑塘包括龙环葡韵湿地、九澳水库淡水湿地等。

对于现存的绿地斑块主要应以保护和限制性开发为主，避免为城市高强度开发

图 7-22 缺乏绿色空间的澳门高密度街区
（图片来源：研究团队成员自摄）

而侵占绿地空间；延展斑块的边界，与生态廊道的构建相结合，共同构成城市绿网结构；在进行绿地斑块的塑造时应选用生产性物种、乡土物种，增加物种多样性和生态效益，提升斑块内部的生境质量，对冲威胁因子对生境质量带来的影响；对于高层建筑等相关威胁因子，可采用立体绿化（图 7-23）、街心花园等方式塑造生态景观；对于未利用地，可在规划阶段将生态廊道系统纳入规划体系，合理布局生态

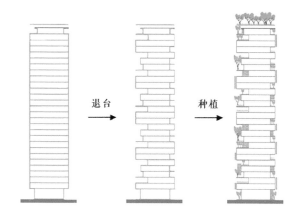

图 7-23 立体绿化示意图
（图片来源：研究团队成员自绘（汪梦媛，2022））

斑块，控制生态斑块的尺寸和形态，争取从源头上构建完善、高质量的生态网络。

由于澳门本身开发强度较高，没有充足的空间塑造新的生态斑块，所以对建筑本身的绿化应成为其塑造生态斑块的重要途径。立体绿化除了可用于应对高层建筑等相关威胁因子，也应纳入澳门整体的绿化体系。

（3）基质

澳门生态基质主要集中在生态基底条件良好的路环岛，氹仔岛也有部分分布，澳门半岛基本没有分布。面积较大、较为完整的生态基质主要包括大潭山郊野公园和石排湾郊野公园，面积较小的有位于路环岛南部沿海的黑沙海滩和龙爪角海岸径。对生态基质的保护和提升，应以上述生态基质作为建立生物缓冲区的主体，严守生态底线，保证生态基底良好的区域不受城市建设的侵占；对其进行保护性开发的过程尽量减少人为活动对其的影响；改善植被群落组分结构，加宽景观元素之间的连接廊道，作为城市生态廊道的起点，充分发挥基质在城市生态系统当中的统领作用。

2. 碳储存服务提升策略

澳门碳储存服务功能主要与土地利用类型及各土地利用类型的碳密度值相关，且澳门填海对碳储存服务功能有显著影响。然而，在城市碳循环中，固碳只是其中一部分，节能减排也是实现碳中和的重要路径。本书将从提升澳门固碳能力和减少碳排放两个角度提出澳门碳储存服务提升策略。

（1）加强森林碳汇能力

森林是当前最为有效和庞大的碳库，在吸收二氧化碳、储存二氧化碳、降低温室气体浓度、减缓温室效应等方面发挥着重要的作用，所以林地的固碳作用最为显著。澳门路环岛拥有较大面积的优质林地，对森林的合理保护、管理和利用能够有效提高森林碳汇能力，进而提升澳门碳储存服务功能。加强森林碳汇的策略如下。

通过造林、再造林适时实现森林更新，能够有效地增加森林碳汇；选择培育寿命长、经营周期长的林木作为培育对象，森林树木的自然寿命越长，越能够增强森林活力，进而提高其固碳量和固碳能力；加强对森林的保护，预防和消除森林的各种破坏和灾害（如虫害、火灾等），保证树木健康生长，避免或减少森林资源的损失；科学地进行森林采伐，对过密林适时疏伐，换取一定经济收益，减少由于枯死木过多而产生的碳集中排放，减少森林自身的碳排放，同时降低森林火灾的发生概率。

（2）加强城市绿地景观塑造

城市绿地除了对生境质量有着重要的影响，对城市的碳储存功能也有着重要作用。在对城市绿地景观进行设计时，不但要保证绿地景观能够融入城市景观格局，起到美化城市环境的作用，更要起到保护城市环境的作用，让城市能够可持续发展。高密度目前已经是澳门现存的重要城市特色和无法逆转的城市问题，尚未建设的土地也已规划有较高强度的开发方案，因此城市绿地的规划在此过程中的重要性更为显著。增强城市绿地固碳能力的策略如下。

在城市绿地景观塑造中应用观赏性较强的乡土植物，如鹤顶兰、紫竹梅、孔雀草、三色堇等，成本相对低廉，对周围环境、土壤适应性较强，具有良好的生态安全性；设计城市绿地景观时遵循可持续原则，使其碳排放总量能够达到澳门相关标准，减少修复次数，延长园林生命周期；有效搭配园林植物，让不同品种的园林植物实现彼此互补的效果，如将固碳能力较高的植物与固碳能力较低但观赏性较强的植物相搭配。

（3）推广低碳理念

除了加强城市的固碳能力，从源头上降低碳排放同样重要。在政府层面，通过应用新能源技术、颁布节能减排标准、加强管理和宣传等方式从上位的角度践行和推行低碳理念；在公众层面，通过一系列奖励机制和宣传教育方式鼓励公众共同践行低碳生活理念，低碳出行，从学生时代做起，将低碳教育渗入全年龄段。

（4）采用低碳技术

通过合理规划与实现工作生活一体化，减少车辆的能源消耗，鼓励物业管理公司为小区提供新鲜的当地农产品，鼓励居民在自家花园中种植农作物，减少食品运输的能耗；倡导公共交通和慢行交通，建立覆盖澳门全域的慢行交通网络并完善无障碍设施，给予行人更高的路权和安全性；目前澳门尚存许多因填海形成的未开发的土地，新建建筑应考虑节能建筑设计，并对现有老建筑进行节能改造。

3. 水源供给服务提升策略

水源供给服务主要受自然因素的影响，通过城市规划策略进行提升的空间不多。水资源的可持续性除了取决于水源供给量，更取决于水源消耗量，本书将从水源供给量的保持、提升和水资源的集约利用两个角度提出澳门水源供给服务提升策略。

由于澳门面积小，其大部分水源（淡水资源）都来自珠海，一直以来存在水资源短缺的问题，需要从源头"开源"以扩大水源供给量；澳门 2010 年、2015 年、2020 年耗水量逐渐上升，且水源亦是城市发展的重要资源，更需要"节流"达到水资源的可持续化利用。

（1）水源供给量的保持和提升

澳门水源供给量的保持和提升主要从减少其蒸发量入手。澳门拥有丰富的湿地资源，对于水源涵养起到十分关键的作用，但同时较大面积的水域也伴随较大的蒸发量，是水源供给服务提升策略中的关键保护对象。目前澳门已对各湿地进行保护性开发，建立了湿地公园，并种植适宜的植被对其进行保护。在后续开发中宜增加植被种类的丰富度以优化其周边微气候，降低温度，减少蒸发量；同时，在景观塑造时应科学规划流线，最大限度地降低人类活动对湿地的影响。

（2）水资源集约利用

对于缺水地区，雨水回收利用是重要的水资源来源。可通过澳门现存湿地资源建立集水区和雨水循环系统（图 7-24），基于集水区建立覆盖全域的雨水回收利用循环网络。

对于水资源的集约利用，应将水资源的范围扩大，不拘泥于目前的主流水源。澳大利亚水敏城市设计理论体系认为：城市水循环中所有水流都是资源，而不仅是饮用水。如图 7-25 所示，水资源不仅包括人们常识中的水源（河流、湖泊等），还包括城市降雨、灰水、饮用水、黑水等。将雨水作为替代水源参与城市传统水循环(图 7-26)，

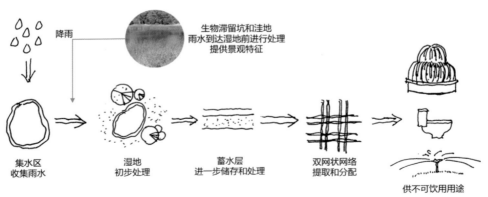

图 7-24　集水区和雨水循环系统

（图片来源：研究团队成员根据本章参考文献 [17] 绘制）

图 7-25　澳大利亚水敏城市设计理论体系中对水资源的分类

（图片来源：研究团队成员根据本章参考文献 [17] 绘制）

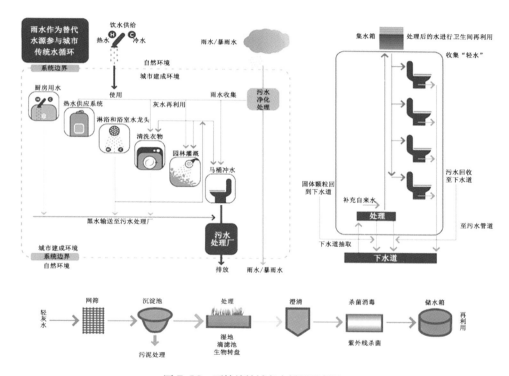

图 7-26　可持续性城市水循环示意图

（图片来源：研究团队成员根据本章参考文献 [17] 绘制）

能够减轻澳门对珠海水资源的依赖，并更好地融入粤港澳大湾区生态系统。

另外，澳门具有良好的公众参与氛围，澳门特别行政区政府层面每年会收集反馈公众参与的结果，社区层面经常组织相应活动或讨论会收集公众意见。要利用好澳门良好的群众基础，将节水措施通过学校课程、公益讲座、社会活动等方式向全职业、全年龄的群众进行宣传。在自媒体时代，可充分利用社交媒体建立公众参与渠道，以对传统参与渠道进行补充，提升参与广泛性和时效性。例如，用通俗、诙谐的语言和具象的图片对适水性规划进行可视化宣传，通过微博、微信等渠道发布信息，如建立微信公众号、服务号，让公民能够随时获取身边适水性信息及查询相关水务服务。时刻关注公众的诉求和兴趣点，将宣传内容与公众兴趣点相结合，以获得更好的宣传效果。通过相关 App、小程序建立反馈渠道，即使代表性较弱的公民也能随时反馈意见。

4. 澳门各生态系统服务分区规划策略

（1）核心生态保护分区

该片区生态系统服务功能优良，依托山河生态保护屏障，是生态资源保护的核心区域。该区域生态基底良好，以湿地和郊野公园为主，土地利用类型以林地和草地为主。该区域具有较强的碳储存能力和水源供给能力，且具有完整、高质量的生境，对于储存水源、调节气温均有重要作用，对该区域要采取保护和开发策略，水土保持、水源涵养和自然生态位保护是对该区域进行保护的主要目标，应统筹考虑与建成区的协调性、安全性和完整性。

对于该区域的开发，要严守城市增长边界，禁止一切破坏性开发，遵循严格保护、科学管理和限制开发的原则。充分发挥自然保护区的科学研究和科普教育功能，引入科学实验、研学、科普教育等公益活动，充分发挥其生态价值和文化价值。例如通过航拍、纪录片等形式对区域内的生态资源进行教育性宣传，组织相关科研机构和中小学对该区域生态资源进行研究，巩固生态资源对人类社会的重要性观念。

（2）一般生态保护分区

该分区生态系统服务功能良好，城市建设密度较低，需要重点保护该分区的生态功能，保障生态环境不受到进一步干扰，稳定生态安全格局。该区域在开发该分区生态资源时，应坚持保护优先、开发服从保护的原则。可开发该分区的游憩功能，建设非破坏性的休闲、娱乐、教育等方面设施。进一步调整和优化土地利用布局，利用分散集团式结构进行开发，控制建设用地规模，充分利用闲置土地和存量土地，充分利用填海面积，避免土地面积的浪费，推进土地集约化利用。

对于过度开发的项目，应及时限制其开发，引导超载人口逐步有序转移，控制人口密度，严格控制各类经济活动，归还其生境完整性，着力提升该分区生态系统服务功能，维护该区域的生态系统安全。

（3）生态修复区

该分区生态系统服务功能欠佳，城市开发强度较高，对生境质量和生态系统服务功能产生很大的影响。该分区在开发过程中应以打造城市弹性空间为主，保证城市建设用地和经济发展的同时增加绿地面积及其连通性，通过绿色廊道优化土地利用和景观格局，降低生态斑块破碎化引起的生态过程中能量和物质流动的阻力。必要时可通过发展垂直绿化弥补其生态系统服务功能的退化。

同时，该分区的布局优化要围绕社会群体的需求和建议，倡导居民积极参与规划过程，听取民意，改进规划思路，积极开展优化民意调查。倡导低碳出行、垃圾分类等绿色生活方式，优化宣传形式，引导居民形成绿色和健康的生活方式，进一步加强居民的生态环境保护意识，提升居民对区域生态环境的满意度，打造宜居城市。

5. 澳门生态系统服务功能总体提升策略

综上，澳门生态系统服务功能总体提升策略主要需要从两个方向进行：从源头上对生态系统服务功能进行优化，同时科学合理地取用生态资源。通过对森林资源、湿地资源、海洋资源等资源的保护，有效提升其对生态系统服务功能的促进作用；通过对相关生态资源的保护性开发和合理利用，充分发挥生态系统的文化服务功能并最大限度地保证资源的可持续性利用。

澳门生态系统服务功能总体提升策略同时还需要从两个层面进行：政府层面和公众层面。政府层面通过严格管控不同生态系统服务功能分区的开发利用，制定相关法律法规和规划策略；公众层面通过多种渠道引导居民参与并反馈意见，同时通过参与社区活动、公益讲座等多种渠道学习相关知识，积极投身于生态保护行动，践行可持续的生活方式，促进澳门对生态资源的合理利用和生态系统服务价值的充分发挥。

本章参考文献

[1] 汪梦媛. 基于 InVEST 模型的澳门生态系统服务评价及其影响因素研究 [D]. 天津: 天津大学, 2022.

[2] 马文婧. 绿色空间景观格局视角下澳门生态系统服务价值提升研究 [D]. 天津: 天津大学, 2022.

[3] 洪鸿加. 澳门特别行政区生态环境敏感性分析研究 [D]. 长沙: 湖南农业大学, 2011.

[4] 新华网. 习近平在第七十届联合国大会一般性辩论时的讲话（全文）[EB/OL]. http://www.xinhuanet.com/world/2015-09/29/c_1116703645.htm.2015-09-29.

[5] 张祺骢. 基于 LEAP 模型的澳门特区碳排放情景分析及减排成本研究 [D]. 北京: 清华大学, 2017.

[6] 王宏亮, 高艺宁, 王振宇, 等. 基于生态系统服务的城市生态管理分区——以深圳市为例 [J]. 生态学报, 2020, 40（23）: 8504-8515.

[7] 陈天. 生态城市设计 [M]. 北京: 中国建筑工业出版社, 2021.

[8] 代月. 城市多维视角下的城市水生态系统脆弱性评价研究 [D]. 天津: 天津大学, 2019.

[9] 邬建国. 景观生态学——格局、过程、尺度与等级 [M]. 2 版. 北京: 高等教育出版社, 2007.

[10] 贾濛, 景泉, 周晔. 基于生态系统服务功能的城市更新策略研究 [J]. 城市住宅, 2021, 28（7）: 76-80.

[11] 张婉茹. 基于碳汇功能的植物群落优化研究 [D]. 沈阳: 沈阳建筑大学, 2020.

[12] 赵斌, 刘长干, 王磊. 低碳理念在城市园林植物景观中的应用 [J]. 住宅与房地产, 2021（12）: 78-79.

[13] 张红. 森林经营管理对森林碳汇的作用及提升策略研究 [J]. 林业建设, 2020（3）: 20-23.

[14] 侯庆纯, 高淑真, 秦新生. 澳门地被植物资源 [J]. 广东园林, 2021, 43（4）: 79-84.

[15] 李超, 陈天. 中观城水关系视角下"适水性"街区设计策略研究 [A] // 中国城市规划学会. 活力城乡 美好人居——2019 中国城市规划年会论文集（08 城市生态规划）. 北京: 中国建筑工业出版社, 2019: 19.

[16] 孙秀锋, 秦华, 卢雯韬. 澳大利亚水敏城市设计（WSUD）演进及对海绵城市建设的启示 [J]. 中国园林, 2019, 35（9）: 67-71.

[17] 刘锐, 邓理璇. 水敏性城市设计及其在水网型城市中的应用 [A] // 中国城市规划学会. 活力城乡 美好人居——2019 中国城市规划年会论文集（07 城市设计）. 北京: 中国建筑工业出版社, 2019: 12.

[18] 肖娅, 徐骓. 澳大利亚水敏城市设计工作框架内容及其启示 [J]. 规划师, 2019, 35（6）: 78-83.

基于防灾韧性提升的澳门城市规划设计策略

8.1 澳门高密度城区洪涝韧性评估与优化提升策略

8.1.1 特定区域 LID 技术设计

基于前文基础研究，选取对澳门整体路网出行影响最大的堂区进行治理示例。在国家推行生态基础设施建设背景下，海绵城市建设是生态城市建设的关键，而海绵城市建设的目标是通过 LID 技术实现的，即协助传统的雨水管网进行雨水排放与处理，从以排水为主转向以存储为主，从单项工程雨水防治转为工程与景观等建设相结合的多方向防治。本书以规划视角将 LID 技术引入改造堂区的规划设计中，保留原有自然要素，减少下垫面不透水面积，使堂区成为应对自然灾害的弹性海绵体，提高澳门的宜居性和城市的可持续性，为珠三角地区及全球其他滨海城市的规划实施提供参考范例。

LID 技术主要通过滞留渗透措施（绿色屋顶、雨水花园、透水铺装）削减雨水径流量，传输疏导设施（植草沟、植被缓冲带）辅助传统排水，引导雨水至指定区域，收纳存储设施（雨水湿地、雨水池）将存储雨水再加以利用。降低内涝灾害带来的影响，维持开发前原有的水文条件，实现可持续水循环。设计时间应对不同 LID 设施及组合进行平面与竖向设计，并且充分结合现状地形地貌进行场地设计，科学合理使用建筑、道路、绿地相关的竖向设计，使雨水快速有效地汇入 LID 设施。

8.1.2 澳门高密度城区街道网络雨洪韧性规划方法

澳门拆建难度大，涉及关系复杂，无法通过大规模的拆建工程，改变建筑密度和道路的形态，只能通过小规模治理，保留原有的城市肌理。本书遵从因地制宜和经济可行性的原则，对于下沉式绿地率，屋顶绿化率，结合气候和相关建设条件进行弹性设置，而 LID 措施需要结合经济效益对降水总量、植物截留雨水量等进行分析，以达到降低城市开发对原有生态状况影响的目的。由于不同的 LID 技术的属性及应用范围均有不同，因此区域分析尤为重要。首先对大堂区的基础数据进行收集和分析，包括地形、土地利用、气候、不透水铺装面积等，再根据 LID 措施的性能针对上文研究分析中最高等级风暴潮影响下（黑色风暴潮）的内涝时空范围合理选用下沉式绿地、植草沟、雨水湿地、透水铺装等低影响开发设施，最后结合相关政策措施对堂区进行科学规划布局，使策略实施更具可行性和有效性。

1. 大堂区下垫面现状分析

大堂区下垫面现状（图 8-1）与用地性质密切相关，皇朝区的商业办公区下垫面以铺装和屋顶为主，康公庙一带的居住区以道路、屋顶为主，而建设用地作为不透水铺装的主要载体，其面积比例增加将提升相关区域的内涝风险，西湾湖广场、艺园等公园以草地、水体及少量铺装为主，绿地和水体均具有调蓄雨水的功能，对大堂区的内涝呈现积极影响。建筑方面，铺屋建筑、里围建筑、特殊建筑三个建筑类型受中葡文化影响，铺屋是具有澳门特色的商住民宅，主要存留于大堂区的草堆街一带；里围建筑是高密度的居住组合式形态，分布于大堂区的西北部；特殊建筑是指三街会馆、康公庙等传统寺庙建筑，主要位于大堂区的草堆街和新马路之间。1984 年《建筑、景色及文化财产的保护》（第 56/84/M 号法令）规定上述三种建筑类型建筑立面样式受严格控制，新马路附近的建筑改建需要以原有立面样式为基础，不允许轻易改造。绿地布局方面，对比 2010—2015 年的澳门半岛新增绿地统计分析发现，澳门半岛城区内可利用的空间资源有限，难以大幅度提高城市公园、生态湿地等单体面积较大的绿地数量，在高建筑密度的街区和密集的路网却新增了不少道路绿地及庭院绿地，但总体特征呈现为绿地面积较小，布局较为分散。由于人口少，土地开发较低，绿化率较高，源头有充足空间吸收场地开发后的雨水径流总量，而澳门土地开发强度较大，仅对其采用分布式雨水削减措施，难以达到不影响居民出行的目标，因此需要借助一些措施。澳门新旧城区发展水平差距大，大堂区西北部的旧城区绿地率相对较低且建筑密度高，造成不透水铺装和屋面比例较高，再加上管道建设落后，造成径流时间缩短，城市排水压力大，澳门特区政府难以在短期内建设雨水截流渠，重整老化和不敷应用的渠网，在这种情况下，居住、办公、商业街区及公园必须共同采用 LID 组合措施处理雨水。

2. 绿地的 LID 设计

绿地分布于高密度的堂区内，有助于延长雨水在地表的汇集时间，削减雨水径流，减轻地下排水系统的负担。肖希（2017）通过绿色基础设施评估工具包（Green Infrastructure Valuation Toolkit）对澳门半岛地区的绿地新增面积、降水总

图 8-1 澳门大堂区下垫面解析图

（图片来源：澳门特别行政区地图绘制暨地籍局）

量、植物截留量、下垫面的加权值进行计算，得出每年半岛的新增绿地能减少接近 600 000 000 L 的雨水量进入地下排水系统，节约接近 40 万澳门币。这充分证实了分布式绿地是高密度堂区 LID 设计的重要组成要素，有利于为堂区带来良好的生态和经济效益。

传统绿地规划主要为了满足城市景观、休闲游憩或城市空间分布的公平性、可达性的需求，但绿地布局缺乏对生态影响的考虑。本书将基于 LID 技术通过水文分析判定大堂区的径流源头、径流中段和径流末端，对现存的分散绿地进行优化布局。首先针对旅游塔一带、殷皇子大马路一带、亚马喇前地、皇朝区、科学馆一带布置相应形态的净化式雨水花园以承担控制暴雨径流，减轻径流污染作用。在地势低洼的公园广场，如西湾湖广场、艺园、亚马喇前地、康公庙前地（径流末端）布置大片的调蓄型雨水花园，用于收集存储和净化雨水。屋面径流雨水也由雨落管接入综合型雨水花园，处理径流量大和污染严重的问题，雨水花园的储水深度应根据植物耐淹性能和土壤渗透性能一般为 200~300 mm，并设 100 mm 标高。雨水花园再通过内部的植物、土壤和微生物系统蓄渗、净化雨水。以相对分散的带状下沉式绿地布置在友谊大马路、殷皇子大马路、海边新街（径流中段）位置负责雨水的输送和渗透工作。下沉式绿地的布置与设计构建雨水的储蓄与渗透场所，选址优先选择树下或路旁裸地，下沉高度根据植物耐淹性能和土壤渗透性能确定，设置 100~200 mm 较为合理，下沉式绿地内一般应设置雨水口，保证暴雨溢流排放，顶部标高一般高于绿地 50~100 mm。径流的源头虽然占据面积比例大，但在地势影响下不易产生积水，只需要适当控制雨水的径流速度，负责一部分渗透工作。此外，由于草地、林地、公园绿地等绿地的聚集度越高、破碎度越低，将大幅度降低该区域的内涝影响，因此对大堂区的绿地下垫面（图 8-2）布局还应适当注意绿地连续性，在皇朝区方格网式的道路街区可以构建连续的道路中央网络绿化带，形成有效的雨水通道。

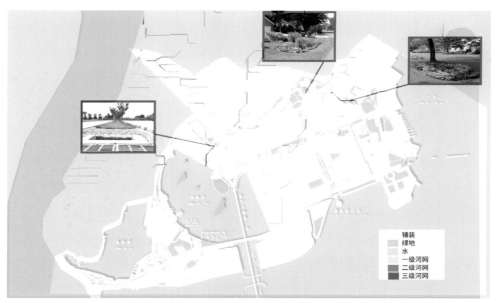

图 8-2　治理后澳门大堂区绿地下垫面
（图片来源：澳门特别行政区地图绘制暨地籍局）

3. 道路的 LID 设计

道路是城市下垫面的重要组成要素，传统道路规划设计注重通行效率和安全性，却对生态效应和水文循环缺乏考虑。根据美国的《更好的区域设计：改变社区发展的规则手册》（*Better Site Design: A Handbook for Changing Development Rules in*

Your Community），可总结城市 LID 道路规划设计方向：优化道路的布局，减少不透水铺装连续性，优化雨水引导方式，有利于降低地表径流的连续性，大幅度减少雨水污染，从而保障居民的正常出行。由于澳门历史遗留问题，无法更改路网布局和宽度，只能通过后两种设计方向结合 LID 措施。

本书将首先针对降低道路的不透水铺装连续性方向进行规划设计，对于荷载较小的人行道和路边停车位，采用透水砖并与树池相结合，如康公庙前地一带、宋玉生广场内可采用鹅卵石、碎石铺装，用嵌草砖进行改装，树池与人行道和广场的透水铺装标高一致，并在树池四周设置管道接入地下排水网络，防止雨水对树木的过度浸泡。而对于大型车辆行驶的机动车道，如殷皇子大马路一带、亚马喇前地、友谊大马路、科学馆一带可采用透水沥青路面。至于组团型的居住区和办公区中人行道、非机动车道、小型机动车道可采用透水混凝土路面，这些透水性路面的底层设置穿孔管，接入排水管道。道路分割绿化带有利于切断城市不透水铺装的连接，通过 SWMM 定量分析发现，当道路长度、宽度及绿地条件相同时，增加分车绿化带可以降低径流峰值。因此，在道路雨水引导方面，大堂区单幅道路的横断面如新马路，可由车行道、两侧绿化隔离带、两侧人行道组成；大堂区双幅路的横断面如殷皇子大马路一带、友谊大马路，可由中央绿地分隔带、车行道、两侧绿化带、两侧人行道组成。两种类型道路还须优化横坡坡向、路面与道路绿化带及周边绿化带竖向关系，单幅路一般以道路中线为高点，双坡排水流入两侧的绿化带；双幅路也采用双坡排水，水流可由中央绿化隔离带汇入两侧绿化带或从两侧绿化带汇入中央绿化隔离带，设置路缘石豁口或在路面布置引流槽将便于雨水快速汇入 LID 设施内，应注意处理溢流口高度，并通过拦截设施减少道路纵坡对雨水滞留的影响；在道路旁的植物主要选取耐淹抗旱类植物。在大堂区（图 8-3）选取满足道路宽度（人行道绿化带、路边停车带宽度大于 2.1 m，以保证雨水滞留量与设施处理需要）、道路纵坡（小于 6%，当大于 2% 时需要设置拦截坝来控制径流量）、植被现状（无成熟乔木）等方面道路 LID 设计限制条件的道路，在汇水区地势低洼处采用生物滞留池和植被浅沟；停车场可以应用植草沟，宽度应设置为 1000~2000 mm，溢流口高度 350~450 mm。

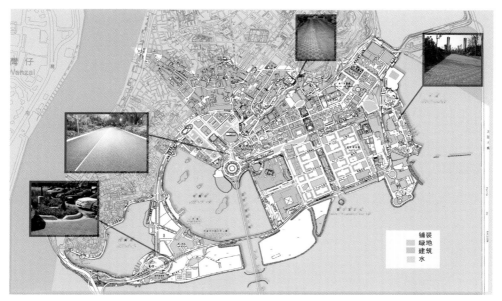

图 8-3　治理后澳门大堂区透水铺装

（图片来源：澳门特别行政区地图绘制暨地籍局）

4. 建筑的 LID 设计

屋面径流是建筑雨水的直接来源，对降落到屋面的雨水采取科学的管理可以减少城市地表径流，进而减轻城市排水系统及污水系统的负荷。由于澳门旧区建筑产权在短期内难以处理，无法通过优化建筑密度降低屋面占比，因此优化建筑屋面在大堂区的 LID 规划建设中承担着重要角色，肖希（2017）运用绿色基础设施评估工具包分析发现，澳门半岛平均每年新增屋顶绿化面积约 3000 m²，可以减轻城市给排水负荷，提高能源效率，每年所带来的能源消耗减少 2562325 kW·h，并通过标准价值库中澳门的能源价格折算得到每年可节约 24598.32 澳门币。这充分证实了屋顶绿化有利于为堂区带来良好的生态和经济效益。

本书将主要通过在大堂区选取符合屋顶荷载、防水等条件的平屋顶建筑或坡度小 15°的坡顶建筑设置简单式绿色屋顶和复杂式绿色屋顶，对于皇朝区、殷皇子大马路一带、友谊大马路一带的现代建筑可以设置复杂式绿色屋顶，绿色屋顶占屋顶面积约 60% 为宜，可以适当种植乔、灌木及地被植物，并布置园路或者园林小品，深度可超过 600 mm；对于康公庙一带的老式建筑可以适当设置简单式绿色屋顶，绿色屋顶占屋顶面积约 80% 为宜，仅可种植地被植物、低矮灌木，深度不可超过150 mm。暴雨过后大部分的水被植物蒸发，多余的雨水将进入建筑排水系统，可以将建筑落水管与建筑附近的雨水花园、植草沟、雨水桶等设施相连接，或通过引流槽将雨水引入附近的浅草沟再排进下沉式绿地，并以相关拦截设施将溢流的雨水进行初期净化。建筑之间应预留出绿色空间作为雨水通道，对于大堂区受灾较浅、建筑密度高和场地有限的旧城区一带，可采用雨水桶接收雨水，而对于受灾情况较严重的地区，在场地充足的情况下，可在建筑附近设置植草沟、雨水花园，从而形成完善的雨水循环系统。对建筑的墙面进行立体绿化，采用渗水材料等将雨水充分消纳（图 8-4）。

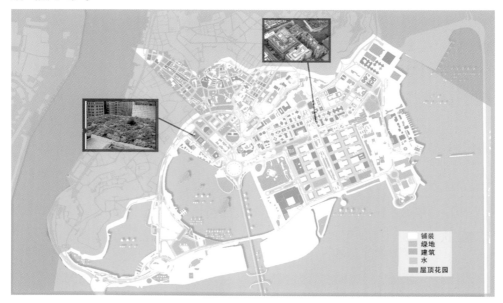

图 8-4　治理后澳门大堂区屋顶花园

（图片来源：澳门特别行政区地图绘制暨地籍局）

8.1.3　澳门高密度城区雨洪灾害风险评估

1. 不同暴雨警告下研究区水浸风险

目前国内还没有明确的内涝积水风险等级划分规范，本研究参考《武汉市排水防涝系统规划设计标准》。积水深度小于 15 cm 为规范允许范围；当积水深度大于15 cm 小于 40 cm 时，积水足以淹没汽车的排气筒，造成道路交通瘫痪，但行人仍有自救能力；当积水深度大于 40 cm 时，儿童已经很难在积水区中行走，此深度甚至对儿童存在生命威胁。不规则三角网数据集（TIN）根据三维点数据生成由节点、边、三角形、平面和拓扑组成的表面。以节点数据为依据，可以通过在 GIS 中创建 TIN，对积水范围进行大致概括。本研究将 SWMM 仿真结果中不同暴雨等级下的各节点积水最大深度定义为 Z 值，在 GIS 中创建不规则三角网数据集，并输出为栅格形式。再按照积水深度小于 15 cm 时显示绿色，15~40 cm 时显示橙色，大于 40 cm 时显示红色进行分类，构建简易的水浸风险评估区域划分。

由不同暴雨警告下研究区水浸风险区域分布图（图 8-5）可知，当黄色暴雨警告时就有部分地区出现中度风险的积水情况，在澳门半岛的妈阁总站附近和氹仔的海洋花园大马路中段出现高风险的积水情况。澳门半岛中部和北部地区高风险区域范围，随着暴雨警告的升级而快速扩大，尤其在澳门半岛北部，城市建设密度高，严重的积水情况对城市交通和市民生活造成了不良影响。根据风险区域划分，氹仔区建成时间较半岛晚，建设密度与人口密度较半岛低，且市政设施建设较半岛成熟且完善，因此尽管管道网密度整体较半岛低，城市面临的降雨内涝的风险反而小。氹仔中心城区建成时间较长，管道建设存在与半岛相似的问题，且地势总体较低，因此易发生积水。

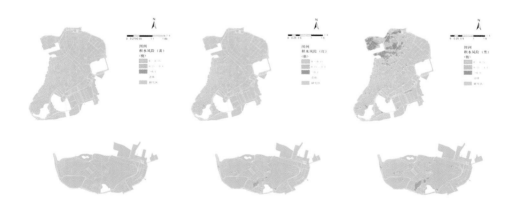

图 8-5　黄色暴雨警告（左）、红色暴雨警告（中）、黑色暴雨警告（右）下
研究区水浸风险区域分布图
（图片来源：澳门特别行政区地图绘制暨地籍局）

2. 不同暴雨警告下道路积水风险

在 ArcGIS 中载入城市道路图层, 对不同暴雨警告下的水浸风险区域分布图进行提取, 获得道路积水情况图。再按照积水深度 0~15 cm, 15~40 cm, 大于 40 cm 作为低风险、中风险、高风险的依据, 对道路积水情况进行分类显示, 获得研究区不同暴雨警告下的道路积水风险图 (图 8-6)。

根据不同暴雨警告下研究区内道路积水风险分布图可知, 河边新街在黄色暴雨警告时就已出现高风险积水, 且半岛的光复街、大缆巷、友谊大马路、何鸿燊博士大马路及氹仔的地堡街都出现明显积水。随着暴雨警告等级的升高, 上述地点的积水状况也在进一步加剧, 另外, 澳门半岛的台山中街、沙梨头北街、河边新街及内港区部分尺度较小的街巷, 以及氹仔伟龙马路、广东大马路也出现了积水的现象。黑色暴雨警告下, 半岛西北侧青洲区、台山区、筷子基区的道路基本都存在中度积水风险。依照模型设定, 这些区域的降雨数据都来自纪念孙中山市政公园雨量站。根据黑色暴雨警告报告, 当天纪念孙中山市政公园雨量计在 5 点的雨量达到 98 mm, 是六个雨量站数据中记录值最高的, 较记录值第二的 5 点时的海事博物馆雨量站资料还要高出 33.6 mm。这也进一步证明了降雨事件的局部性。

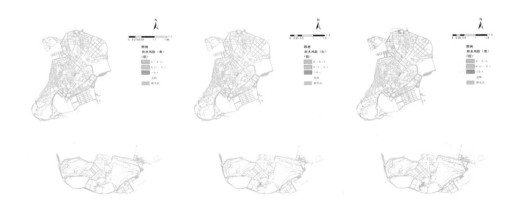

图 8-6　黄色暴雨警告 (左)、红色暴雨警告 (中)、黑色暴雨警告 (右) 下
研究区道路积水风险分布图
(图片来源: 澳门特别行政区地图绘制暨地籍局)

8.1.4 澳门高密度城区街道网络雨洪灾害评估与韧性测度

在澳门地区数字高程模型图（图 8-7）的基础上，利用上述水文分析方法和澳门特别行政区地图绘制暨地籍局提供的历史水位及气象数据相结合进行淹没仿真。其中图 8-8 为蓝色风暴潮预测影响范围，面积达到 315 189.98 m²（约 0.315 km²），预测水位将高于路面 0~0.5 m，澳门半岛主要影响区域为沙梨头、内港、新马路邻近康公庙一带、河边新街邻近司打口一带，氹仔主要影响地区为黑桥街一带。图 8-9 为黄色风暴潮预测影响范围，面积达到 1 076 183.78 m²（约 1.076 km²），预测水位将在路面上方 0.5~1.0 m，澳门半岛主要影响地区为青洲、筷子基、红街市一带、沙梨头、内港、康公庙一带、司打口、下环、妈阁。氹仔主要影响地区为旧城区一带。图 8-10 为橙色风暴潮预测影响范围，面积达到 2 138 833.10 m²（约 2.138 km²），预测水位高出路面 1.0~1.5 m，澳门半岛主要影响地区为青洲、佑汉街市一带、筷子基、红街市一带、沙梨头、内港、康公庙一带、司打口、下环、妈阁。氹仔主要影响地区为旧城区一带，路环主要影响地区为荔枝碗一带。

图 8-7　澳门地区数字高程模型图
（图片来源：澳门特别行政区地图绘制暨地籍局）

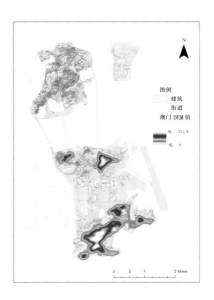

图 8-8　第一级警告 / 蓝色风暴潮预测影响范围
（图片来源：澳门特别行政区地图绘制暨地籍局）

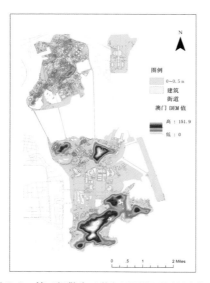
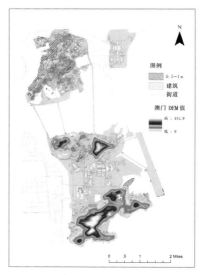

图 8-9　第二级警告 / 黄色风暴潮预测影响范围　　图 8-10　第三级警告 / 橙色风暴潮预测影响范围
（图片来源：澳门特别行政区地图绘制暨地籍局）　　（图片来源：澳门特别行政区地图绘制暨地籍局）

图 8-11 为红色风暴潮预测影响范围，面积达到 5 307 022.97 m²（约 5.307 km²），预测水位将高出路面 1.5~2.5 m，澳门半岛主要影响地区为青洲、台山、佑汉街市一带、黑沙环、筷子基、红街市一带、沙梨头、内港、康公庙一带、司打口、下环、妈阁、旅游塔一带、殷皇子大马路一带、亚马喇前地、皇朝区。凼仔主要影响地区为西湾大桥口至东亚运大马路一带、赛马会、奥林匹克体育中心、旧城区一带。路环主要影响地区为荔枝碗一带、莲花路一带。图 8-12 为黑色风暴潮预测影响范围，面积达到 9 560 885.68 m²（约 9.561 km²），预测水位将在路面上方 2.5~3.0 m，澳门半岛主要影响地区为青洲、台山、佑汉、黑沙环、友谊大马路一带、筷子基、红街市一带、沙梨头、内港、康公庙一带、司打口、下环、妈阁、旅游塔一带、殷皇子大马路一带、亚马喇前地、皇朝区、科学馆一带。凼仔主要影响地区为西湾大桥口至东亚运大马路一带、赛马会、奥林匹克体育中心、旧城区一带、北安大马路一带。路环主要影响地区为荔枝碗一带、莲花路一带。

如图 8-13 所示，在本模型中五种类型的建筑总数受不同程度内涝的影响变化。随着风暴潮等级增加，内涝程度的加重，五种类型建筑受影响数量均呈递增趋势，其中受影响数量的增长百分比最大的是办公建筑，从受蓝色风暴潮影响的 7 栋

（约占办公建筑总数的 3%）到受黑色风暴潮影响的 145 栋（约占办公建筑总数的 56%）；其次是商业建筑，从受影响的 18 栋（约占商业建筑总数的 7%）到受影响的 125 栋（约占商业建筑总数的 51%）；居住建筑从 113 栋（约占居住建筑总数的 8%）到 589 栋（约占居住建筑总数的 40%）；最后医院与学校的数量受影响程度相似，分别从受蓝色风暴潮影响的 1 栋（约占医院建筑总数的 4%）到受黑色风暴潮影响的 7 栋（约占医院建筑总数的 29%），以及从受蓝色风暴潮影响的 1 栋（约占学校建筑总数的 1%）到受黑色风暴潮影响的 20 栋（约占学校建筑总数的 26%）。

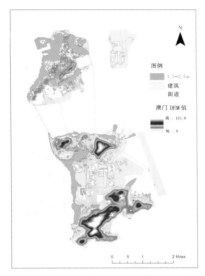

图 8-11　第四级警告／红色风暴潮预测影响范围
（图片来源：澳门特别行政区地图绘制暨地籍局）

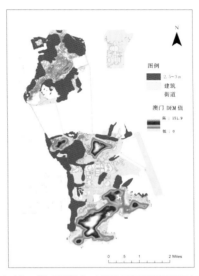

图 8-12　第五级警告／黑色风暴潮预测影响范围
（图片来源：澳门特别行政区地图绘制暨地籍局）

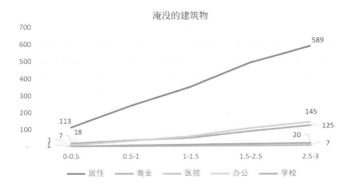

图 8-13　受不同程度内涝影响的建筑物数量
（图片来源：研究团队成员自绘）

综上数据可看出，随着风暴潮等级升高，内涝积水水位从 0.5 m 到 3 m，积水面积从占澳门陆域面积的约 1% 增长到约 29%。澳门市民从居住地出发，以办公、医院、商业、学校为目的地，当遭受严重风暴潮引发的内涝灾害影响时，以办公为目的的出行活动受到相对较大的阻碍，商业次之，澳门生产及消费功能受到严重影响。

8.1.5 澳门高密度城区街道网络雨洪韧性优化策略

在全球气候变化和高速城市化进程的背景下，频发的极端天气事件及其引发的次生灾害对全球河口地区造成巨大的影响。当前澳门作为珠江河口岸的代表城市，其防灾减灾规划体系不完善，灾害预警技术及防灾基础措施有待提高，因此制定科学的、可持续的城市内涝管理策略是澳门当前发展的迫切需求。本研究应用了定量研究模型探讨澳门内涝灾害对居民交通出行的影响，研究结果表明，随着内涝等级的升高，各堂区居住地到各堂区目的地（商业、医院、办公、学校）的出行距离总和都大致呈现逐渐上升趋势，表明了澳门内涝情况加重使得各堂区市民绕行距离增加，出行便利逐渐降低。

大堂区的居民受红色风暴潮和黑色风暴潮影响较大，这可能是大堂区的办公区相对集中，不透水铺装比例较高，产生较大的雨水径流，造成内涝灾害，妨碍居民出行。另一方面，风顺堂区的居民各项出行活动均易受风暴潮影响，由于风顺堂区道路网络连通性差，当内涝淹没相关道路时，堂区的整体路网的可达性将下降，风顺堂居民出行将受阻。花地玛堂区和花王堂区的居民出行活动也容易受风暴潮影响，可能是这两个堂区相较其余堂区人口密度高，而高密度的街区具有大面积不透水表面，雨水容易迅速汇集形成内涝，从而影响居民出行便利。嘉模堂区和圣方济各堂区的居民受灾状况相似，可能是两个堂区都依赖通往澳门半岛的桥梁，如果连接道路受淹，对嘉模堂区和圣方济各堂区的居民出行都造成显著影响。最后望德堂区可能是由于地处澳门半岛中部，地势较高，其居民受风暴潮影响较小，居民各项出行活动能正常进行。对比分析恢复各堂区的通行能力对居民出行影响时，发现大堂区的道路畅通对澳门整体路网影响最大，因此提出以大堂区作为澳门改造示范案例。通过对大堂区下垫面的分析，LID 设计将主要围绕道路、建筑、绿地三个方面，道路方面主要注重对不透水路面连续性的切割和雨水引导方式，建筑方面主要对堂区高密度的建筑添加屋顶花园等措施，绿地方面主要通过水文分析判定大堂区潜在径流的源头、径流的中段和径流的末端，对现存的分散绿地进行优化布局，从而控制雨水径流，降低雨洪灾害风险。

此模型基于澳门 DEM、道路、建筑属性等数据，建立高精度的数据库以真实反映澳门内涝模拟过程，并从受灾范围对居民出行距离的影响分析，形成城市内涝的分析评估示范体系，为澳门内涝灾害防灾减灾决策提供技术支撑，对完善澳门的城市防灾体系具有重要的意义，同时也保障了居民的正常生产生活需求，有利于城市的可持续发展。此外，可持续的非工程防灾措施与工程性措施相结合，使城市的基本功能在极端天气下能正常运转，以保障城市居民生命与财产安全，对于珠三角地区的防灾建设具有指导意义，对全球其他城市内涝影响的理论研究和技术方法也具有一定的借鉴价值。

此次研究可以通过以下几点建议进行改进。首先使用 DEM 进行模拟内涝灾害不能精确反映澳门内涝的影响范围，因为不仅地势高低影响内涝，地下排水也是影响因子，可以运用精确水动力模型（如 SWMM）对澳门降雨和地面径流进行模拟，再对需要改造的区域设置绿色屋顶、下沉式绿地、浅草沟等 LID 设施，实现对修改 LID 设施参数前后的径流量、峰值做统计比较，方便对场地的 LID 选取做进一步探讨。其次运用居住区到各堂区的商业、医院、办公、学校的平均距离反映居民的出行交通可达性，度量的目标可能还需要进一步细化，可以添加澳门堂区的公园、政府行政机构，并结合个人出行的交通方式及澳门实际交通网络加以分析，使以交通距离为导向的内涝研究更切合实际。再者，澳门大堂区作为基于 LID 技术的规划设计示范，从空间层面提出相应的规划策略，但内涝灾害的改造建设涉及市政、道路、景观等多学科，多项设计要素指标还有待进一步分析研究。最后基于澳门单个城市进行分析可能不具有广泛的代表性，需要添加多个类似的高密度滨海城市进行对比分析。

8.2 澳门高密度城区台风灾害韧性评估与优化提升策略

8.2.1 澳门高密度城区台风灾害风险评估

1. 澳门台风灾害 FLUENT 风环境数值模拟分析

本研究针对真实的城市样本，对澳门特别行政区进行 FLUENT 风环境数值模拟。首先采取 BLENDER 软件获取澳门所有建筑高度及所在位置数据，然后采用 SketchUp 进行建模，并将其转化为 ICEM 可读取模式。将其导入 ICEM 软件进行数值模型非结构化网络的绘制，然后使用 FLUENT 进行风环境数值模拟的计算，得到澳门台风模拟示意图（图 8-14）。

通过对于澳门近 20 年台风规律的总结了解到，澳门台风的平均风速为 28.13 m/s，已达到强热带风暴，根据蒲福风级相关标准定义为 10~11 级风。此时行走在路上有被吹断树木砸伤的危险，且目前国内窗户抗风压性能等级最高为 9 级，这个级别的窗户可以抵抗 5000 Pa 以上风压，大约为 10 级飓风。根据前文研究结果，近 20 年来最高频次台风路径为东南风。因此本书以此数据为基础，仿真一场具有澳门地域特色的台风。

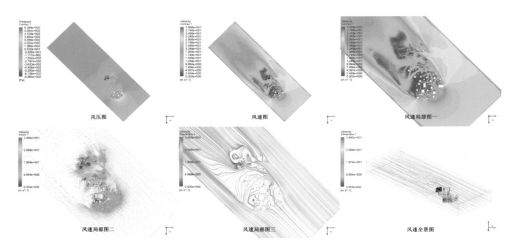

风压图　　　　　　　风速图　　　　　　　风速局部图一

风速局部图二　　　　风速局部图三　　　　风速全景图

图 8-14　澳门台风模拟示意图
（图片来源：研究团队成员自绘）

2. 台风风环境模拟结果分析

澳门主要分为澳门半岛及氹仔两个地区，首先对氹仔地区进行分析。通过仿真数据分析可以发现氹仔岛的竹湾海滩附近台风受灾情况较轻，风速在 14.99 m/s 左右。此时风速已达到蒲福风级 7 级的高风状态。海面上大海浪涛翻滚、一些翻滚的泡沫朝风的方向呈条纹状飞溅，空气中有一定的雾气。而地面上树木整棵晃动且行人行走产生一定困难。因此在此期间建议对周围沿海的乡村马路、竹湾马路、黑沙兵房路等沿海道路进行交通管制，避免行人及车辆经过沿海路段造成危险。

在此区域内的东部沿海方向风速较高，已达到 29.9 m/s。此时该地区的风速已达到蒲福风级 11 级的狂风状态。海面上海浪特别高，有大片的泡沫，受到强风驱动，几乎完全覆盖海面。空气中雾气非常大，能见度骤降。地面上，大量植被被破坏，许多屋顶表面受到破坏，较旧的沥青砖卷曲或断裂，甚至完全脱落。在此区域内的黑沙龙爪角家乐径、黑沙龙爪角海岸径、听海轩、卫星路等地区将直面台风的袭击。因此建议当气象局悬挂热带气旋信号时，对区域内的景点进行关闭及停业处理，对景点内的人员进行疏散。

在此区域南端是澳门著名的景点黑沙海滩、黑沙水库郊野公园、路环石面盆古道及澳门高尔夫乡村俱乐部。而台风来临时，该地区风速已达到 24.9 m/s。该区域内游客较多，且较多的游客对于突发的台风灾害会产生慌张之感甚至将自己置身于危险之中。因此建议在此附近增设避难场所，并且在游玩区域设置台风灾害来临时的应急自救指示牌，以帮助外地来澳游客进行有效避灾。因主要的风向为东南风，因此澳门西部地区台风受灾情况最轻，风速仅 7.49 m/s。此时该地区的风速已达到蒲福风级 4 级的和风状态。此时海面上出现小浪，波峰破裂，频繁出现白浪。可以看见室外地面上灰尘和纸张开始随风飞扬，并且小树枝也随风向开始移动。因此十月初五马路、民国马路、恩尼斯花园、谭公庙、路环天后古庙、路环圣方济各堂等地区受台风灾害影响较小。建议台风灾害影响下非必要不出门，并且提前关好门窗贴好"米"字防护。

氹仔岛中部地区主要为路环步行径、路环叠石塘山、妈祖文化村等地区，该区域内的台风风速达到 12.4 m/s。此时该地区的风速已达到蒲福风级 6 级的强风状态。此时该区域内海面上长波开始形成，白色泡沫的波动非常频繁，空气中出现一些雾气，而地面上粗树枝开始摇动，架空线发出呼啸声，人难以握紧雨伞。该地区内山地地形较多，在台风来临时山地海拔较高，因此风速风向变化较快，故建议台风灾害来临时管制上山道路并且对该地区居民进行灾害风险规避教育，以达到灾害预防的目的。同时通过模拟结果可以发现澳门氹仔中部台风风速为 19.9 m/s，此时该地区的风速已达到蒲福风级 8 级的大风状态。海面上波浪较高，破裂的波峰形成浪花。此时海面的泡沫沿着风的方向飞溅，并形成了明显的条纹状，空气中弥漫大量雾气，同时地面上部分树枝从树上折断，人几乎无法正常行走。该区域为澳门娱乐场较为聚集的地区。

澳门作为以博彩业为支柱产业之一的城市，在台风登陆时博彩业也应积极响应政府号召，故建议博彩业内设立台风灾害应急预案并使用博企穿梭巴士进行员工及游客的集中疏散或载其前往避灾场所，并保证风灾时期娱乐场内人员的安全。而氹仔的东北部风速已达到 24.4 m/s，此时该地区的风速已达到蒲福风级 9 级的烈风状态，海面上波浪高，波峰不时翻转，绵密的泡沫沿着风的方向飞溅，大量雾气可能令能见度开始降低，同时地面上部分树枝从树上折断掉落，部分小树倒下，建筑、临时标识和路障被吹倒。该区域内主要的沿海道路为伟龙马路、北安大马路、机场大马路，因此建议对沿海道路进行交通管制，避免行人及车辆经过沿海路段造成危险，并在台风登陆前对该区域的建筑、临时标识和路障进行撤除或加固。在此基础上视台风受灾情况合理控制区域内机场航空器进出港。

氹仔岛西北部风速为 10.24 m/s，此时风速为蒲福风级 6 级的强风状态。海面上长波开始形成，白色泡沫的波动非常频繁，空气中出现一些雾气。地面上粗树枝开始摇动，架空线发出呼啸声，人难以握紧雨伞。该地区附近的东亚运大马路及莲花海滨大马路都为沿海道路，因此建议实施交通管制，而区域内还有少许学校，如澳门城市大学氹仔校区、澳门旅游学院氹仔校区、澳门理工大学氹仔校区、澳门大学附属应用学校。因此建议对学生开展灾害自救讲座，使其熟练掌握自救技能及简易他救措施，并定期开展演习，使学生遇到灾害能够沉着冷静地帮助其自身及同伴避险、脱险。

然后对于澳门半岛风灾模拟情况进行分析，因旅游业作为澳门的支柱产业之一，因此对历史城区单独分析。半岛按照历史城区、缓冲区及非历史城区进行分析。首先对历史城区及其缓冲区进行分析，通过仿真数据分析，可以发现历史城区南部，妈阁庙、郑家大屋、港务局大楼、亚婆井前地等附近风速较高已达到 18.99 m/s，此时该地区的风速已达到蒲福风级 8 级的大风状态。海面上波浪较高，破裂的波峰形成浪花，此时海面的泡沫沿着风的方向飞溅，并形成了明显的条纹状，空气中弥漫大量雾气，同时地面上部分树枝从树上折断，人逆风前进困难，此时行人不宜在室外进行长时间逗留，以免意外发生，故建议针对澳门风灾期间行人活动范围及时间进行限制。且周边部分地区如南湾大马路、亚婆井街、福隆新街的街道建筑使用年限较高，绝大部分在 30 年以上。因此建议推进对该地区住宅单元外立面与门窗的改造，针对 25 年以上的建筑进行加固和维修处理。其附近缓冲区西湾湖沿岸一带的风速更是达到了近 26.59 m/s，此时该地区的风速已达到蒲福风级 10 级的狂风状态。海面上波浪非常高，出现涌动的波峰，波峰的大片泡沫海面呈现大片白色，波浪相当高，冲击力非常大、空气中出现大量烟雾，能见度降低。地面上树木被折断或连根拔起，树苗弯曲变形。

西湾湖附近属高系数安全脆弱区且该区人口过万，台风灾害的特征明显。因此提出应加强西湾湖广场、孙逸仙大马路及观光塔街的沿海工程性防灾措施的建设，来确保靠近海岸线或湖边的人民群众生命财产安全。此时台风已经出现灾害的相关特征，开始对居民的生命财产构成威胁。而圣若瑟修院大楼及圣堂、岗顶前地、岗顶剧院、何东图书馆大楼、圣奥斯定教堂及其周围缓冲区台风受灾情况较轻，风速仅达到 11.4 m/s，此时该地区的风速已达到蒲福风级 6 级的强风状态。海面上长波开始形成，白色泡沫的波动非常频繁，空气中出现一些雾气。不仅如此，地面上粗树枝也开始剧烈晃动起来，架空线发出呼啸声，人难以握紧雨伞。因此提出对岗顶前地、东方斜巷、天通街等主干道沿路树木进行加强固定，以确保行人经过时不被砸伤。

北部的台风受灾情况较为稳定，市政署大楼、议事亭前地、三街会馆、仁慈堂大楼、大堂、玫瑰堂及大三巴附近的历史城区景点风速接近 20.2 m/s，其周边缓冲区则为 22.79 m/s，该地区的风速已达到蒲福风级 9 级的烈风状态。此时海面上波浪高，波峰不时翻转，绵密的泡沫沿着风的方向飞溅，大量雾气使能见度开始降低，地面上部分树枝从树上折断掉落，部分小树倒下，建筑/临时标识和路障被吹倒，室外人群行走感到困难。因此根据目前澳门建筑章程要求窗外悬挂物和阳台突出不可超出 70 cm 的规定，提出针对在历史城区区域范围内的建筑应增加此指标要求，以确保灾害期间没有外挂物坠落造成危险。

东望洋灯塔附近的风速则为 15.2 m/s，此时该地区的风速已达到蒲福风级 6 级的强风状态。海面上长波开始形成，白色泡沫的波动非常频繁，空气中出现一些雾气，地面上粗树枝开始剧烈晃动，架空线发出呼啸声，人难以握紧雨伞。故提出有关部门可以在风灾预报时对沿路树木进行加强固定。同时针对整个历史文化遗产，提出设立历史遗产保护风灾预案。

澳门作为受台风灾害侵扰较为严重的地区，其建筑将受到台风灾害的影响，遭受一定程度的破坏。根据仿真结果，历史城区内多数地区可能会发生墙体脱落情况，而历史城区作为澳门旅游业的核心地区，其历史文化遗产的保护成为无法回避的重要议题。因此建议设立历史遗产保护预案，以应对突发的台风灾害。接着对于历史城区及其缓冲区外的非历史城区进行分析，澳门半岛南部风速达到 22.4 m/s，此时该地区的风速已达到蒲福风级 9 级的烈风状态。海面上波浪高，波峰不时翻转，绵密的泡沫沿着风的方向飞溅，大量雾气使得能见度开始降低，同时地面上部分树枝从树上折断掉落，部分小树倒下。建筑、临时标识和路障被吹倒。因此建议对该区域内附近的友谊桥大马路、马场北大马路、马场东大马路等沿海道路进行交通管制。其附近还有一个水塘，其可能会出现波浪高且翻转的情况，且海浪高度最高能够到达 7 m。目前澳门尚未针对水塘附近风灾期间出行做出预案，因此建议对水塘附近人行道进行封路处理并为需要出行的人群提供公交路线的紧急预案。

而澳门半岛西侧因建筑遮挡，风速较低，仅 7.49 m/s，此时该地区的风速为蒲福风级 4 级的和风状态。海面上出现小浪，波峰破裂，频繁出现白浪，地面上灰尘和松散的纸张飞扬，小树枝开始移动。因此提出对沙梨头北街、林茂海边大马路、何贤绅士大马路、沙梨头海边街等主干道沿路树木进行加强固定，以确保行人经过时不被砸伤。而澳门半岛东南角直面台风，风速达到 29.9 m/s，此时该地区的风速已达到蒲福风级 11 级的暴风状态。海面上海浪特别高，有大片泡沫，受到强风驱动，几乎完全覆盖海面，空气中雾气非常大，能见度骤降，地面上，大量植被被破坏，许多屋顶表面受到破坏，较旧的沥青砖卷曲或断裂，甚至完全脱落。因此建议该区域内澳门科学馆、渔人码头暂时关闭，对该区域内老旧建筑提前进行加固。而该区域内亚马喇前地有博彩经营权的永利皇宫、新葡京、澳门美高梅等娱乐场制定了台风灾害应急预案并使用博企穿梭巴士进行员工及游客的集中疏散或运送其前往避灾场所，保证风灾时期内娱乐场内人员的安全。

8.2.2 澳门高密度城区街道网络防风灾韧性优化策略

根据莫兰指数计算澳门地区灾害脆弱性 UDV 值，其莫兰指数为 0.154 791，Z 得分为 15.758 154，随机产生此聚类模式的可能性小于 1%。因此该值存在空间自相关。同时本书使用 ArcGIS 对澳门地区脆弱性 UDV 值进行局部自相关分析，并使用 LISA 区域聚集分析来直观反映其空间自相关的特征。主要有四种空间自相关的类型，分别为：高–高、低–低、高–低和低–高。其中高–高和低–低均表示该网格内的 UDV 值在空间分布上均高或低，有空间聚集的现象，反映为正局部空间自相关。而高–低和低–高则相反，表现出高值或低值，有空间离群现象，反映为负局部空间自相关。圣安多尼堂区表现出高值的聚集中心，表示该地区的 UDV 值需要引起关注并获得改善。该地区在台风灾害来临时，无疑是最为脆弱的区域。

为了降低澳门地区的 UDV 值，首先在一个网格中定义影响最大的维度和主要成分。采用标准偏差的分类方法对 UDV 值进行分类，对 470 个网格进行了聚类分析。标准偏差分类的方法在概率统计中最常使用。标准偏差定义为方差的算术平方根，反映组内个体间的离散程度，主要应用于显示要素属性值与平均值之间的差异。它可使用与标准偏差成比例的等值范围创建分类间隔。间隔通常为 1 倍、1/2 、1/3 或 1/4 的标准。本书使用 ArcGIS 10.7 来计算 UDV 值平均值和标准偏差，借助色带来突出显示位于平均值以上及以下的 UDV 值，以此来完成可视化处理，即澳门地区脆弱性空间分布图（图 8-15）。本研究计算每个网格的暴露性、敏感性，统计适应能力的相似性，再合并为最接近平方–欧氏距离的类别，分别定义为澳门城市灾害脆弱性类型：宜居型、安全型、一般安全型、一般型、高脆弱型、极高脆弱型及危险型。UDV 类型及网格数量、暴露性、敏感性和适应能力见表 8-1。此外，选取每个 UDV 类型中出现频率最高的 2 种亚型为样本，以此为基础将网格划分为 19 个亚型，明确不同网格 UDV 水平的主要维度和主要成分，提出有针对性的战略。

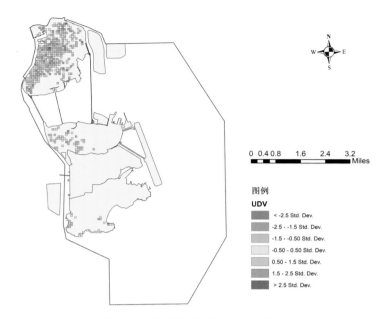

图 8-15　澳门地区脆弱性空间分布图

（图片来源：澳门特别行政区地图绘制暨地籍局）

表 8-1　UDV 类型及网格数量、暴露性、敏感性和适应能力

UDV 类型	编号	网格数量	暴露性	敏感性	适应能力
宜居型	YJ1	1	Low	Serious	Very low
	YJ2	1	Very low	Low	Very low
	YJ3	2	Very low	High	Very low
	YJ4	1	Very low	Moderate	Low
安全型	AQ1	4	Very low	High	Very low
	AQ2	3	Very low	Moderate	Low
一般安全型	YA1	10	Very low	High	Very low
	YA2	9	Very low	Moderate	Low
	YA3	8	Very low	Moderate	Very low
一般型	YB1	11	Moderate	High	Low
	YB2	10	Moderate	Moderate	Low
	YB3	4	Moderate	Moderate	Moderate
高脆弱型	GC1	7	High	High	High
	GC2	9	High	High	Very low
	GC3	7	Moderate	High	Low
极高脆弱性	JG1	2	High	High	Moderate
	JG2	3	High	High	Low
危险型	WX1	1	High	Low	Serious
	WX2	1	High	High	Moderate

资料来源：研究团队成员自绘。

宜居型共有 6 个网格，其中 5 个网格分为 4 个亚型。安全型共有 27 个网格，其中 7 个网格分为 2 个亚型。一般安全型共有 105 个网格，其中 27 个网格分为 3 个亚型。一般型共有 185 个网格，其中 25 个网格分为 3 个亚型。高脆弱型共有 118 个网格，其中 23 个网格分为 3 个亚型。极高脆弱型共有 27 个网格，其中 5 个网格分为 5 个亚型。危险型共有 2 个网格，其中 2 个网格分为 2 个亚型。根据各 UDV 类型的主要维度，规划策略建议如下。

宜居型、安全型：这是指拥有更少的高暴露性及高敏感性网格。此类型的网格中，虽然适应能力不高但暴露性较低，因此总体较宜居安全。但也存在部分地区的老年人、女性及 14 岁以下等相对弱势人群比例较高，导致此部分地区敏感度升高。因此城市规划者应优化澳门人口结构，在规划设计中设定建筑容积率标准，避免因为人口集聚而导致此区域内的受灾风险增加，并且在一定范围内为弱势人群设立弱势人群帮扶组织，减少台风灾害下的受伤、受灾人数。

一般安全型、一般型：这里指的是一些暴露性和敏感性适中的网格。这类网格在暴露性、敏感性方面受到一些不利因素的影响。从理论上讲，政府应采取多种城市规划措施来降低 UDV 值，如控制建设用地的扩展，减少建筑占地面积、规划城市风廊道等。但是，考虑到澳门人口密度较高，其实际情况无法大量控制人口密度及建筑。因此在这方面涉及太多是不现实的。这种类型的规划应分为不同的阶段。第一阶段集中于对澳门土地使用的控制，减少建设用地的扩展，并且对非法用地及闲置用地进行规划管理。当规划效果达到有效减少暴露性和敏感性时，规划可以使用宜居型、安全型网格的策略。

高脆弱型、极高脆弱型及危险型：这里指的是一些暴露性和敏感性较高或极高但适应能力偏低的地区。这类网格在暴露性、敏感性和适应能力方面受到多种不利因素的影响。首先，在前文提到的对于澳门土地使用的控制基础上，还应对高程问题引起重视。台风易造成低洼地区，引起水浸问题，因此应在规划建设中对低洼地区建筑使用类型进行规划，并且在城市基础设施方面对低洼地区的排水功能做更为充足的准备。其次，对于建筑楼宇使用年限较高的建筑，应在每年 5 月份台风季来临前进行调查，根据实际情况决定拆除重建或建筑加固，防止建筑较为老旧导致墙皮脱落、楼房倒塌等危险情况的发生。最后，应加强植被覆盖，植被对于地域台风防治具有显著的作用。同时需要对城市中医疗资源的建设做出规划，在一定范围内保证一定数量的医疗机构。

本章参考文献

[1] 耿宏兵. 澳门特殊环境下的总体城市设计目标再思考 [J]. 城市规划，2014, 38（S1）：52-59.

[2] 巫梁侥. 低冲击开发理念在城市新区的应用策略研究 [D]. 广州：华南理工大学，2016.

[3] 吴健生，张朴华. 城市景观格局对城市内涝的影响研究——以深圳市为例 [J]. 地理学报，2017，72（3）：444-456.

[4] 郑剑艺. 澳门内港城市形态演变研究 [D]. 广州：华南理工大学，2017.

[5] 肖希. 澳门半岛高密度城区绿地系统评价指标与规划布局研究 [D]. 重庆：重庆大学，2017.

[6] 徐浩. 以海绵城市为导向的街区城市设计策略研究 [D]. 苏州：苏州科技大学，2017.

[7] 陈宏亮. 基于低影响开发的城市道路雨水系统衔接关系研究 [D]. 北京：北京建筑大学，2013.

9

基于城市街区环境品质优化的
澳门城市规划设计策略

9.1 澳门街区微气候模拟与优化提升策略

9.1.1 澳门典型街区微气候模拟与评价

1. 典型街区选择依据

澳门历史城区核心区保存了澳门四百多年中西文化交流的历史精髓,具有世界性的文化价值,作为重要的历史遗产和资源,该区域在社会文化和经济发展等方面均有突出的地位。故研究选取澳门历史城区核心区为重点空间舒适度评价区域。根据评价模型对其空间舒适度进行评价打分,评价该街区的总体空间舒适程度,对比分析其空间舒适度方面的优缺点,最后根据其存在的问题提出提升空间舒适度的措施和策略。本次研究将澳门历史城区核心区划分为八个地块(图9-1),每个地块内包含一个面状街区空间或线性街道空间。

图 9-1　澳门历史城区核心区评价地块划分图
(图片来源:澳门特别行政区地图绘制暨地籍局)

2. 微气候环境模拟方法

基于 ENVI-met 城市微气候模拟软件，研究澳门历史城区核心区微气候环境，其中包括空气温度、相对湿度、水平平均风速和平均辐射温度等气象模拟数据。ENVI-met 建模需要使用 Spaces 模块。建模过程主要为根据 CAD 数据整理出需要数据并将其导入 SketchUp 进行 3D 建模。然后使用 Envimet INX 插件设置模型位置与精度信息，以及为其赋予材质（包括建筑、土地覆被、地形等材质图层）。最后在 ENVI-met Spaces 模块中打开已基本构建好的 SketchUp 模型，根据卫星图资料等，完善其植物图层（图 9-2）。

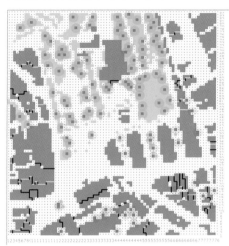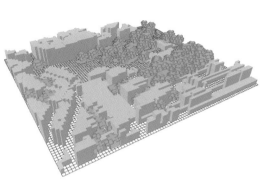

图 9-2　ENVI-met 软件建模过程图

（图片来源：研究团队成员自绘（郝妍，2021））

3. 空间环境品质评价指标量化方法

运用 GIS 空间数据处理方法计算建筑密度、建筑高度、容积率与天空开阔度等，用 CAD 地形数据计算人行道宽度、街道面宽比、贴线率、街道高宽比、绿地率、街道坡度，通过卫星图及街景要素识别确定街区风貌协调性、休憩空间间隔距离、座椅设施数量、公共卫生间间隔距离等指标。

（1）建筑密度

整体上澳门历史街区建筑组合形态多样，核心区建筑密度较为适中，低于周围缓冲区的建筑密度（图 9-3）。建筑形态总体上可分为院落式、街坊式与行列式。澳门历史街区形成了形态丰富、格局分明、极具特色的历史城区空间组合形式。

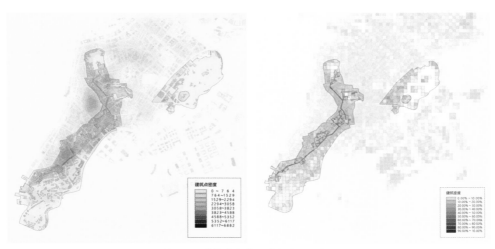

图 9-3　建筑点密度与建筑密度分析图

（图片来源：研究团队成员自绘（郝妍，2021））

（2）开发强度

澳门历史城区建筑高度普遍较低，东南部沿海岸线一侧建筑高度较高，历史城区核心区建筑高度多在 30 m 以下（图 9-4）。建筑高度分布较为合理，天际线富有变化，但容积率较高，易引发局部气候问题，对空间舒适度有一定的负面影响。

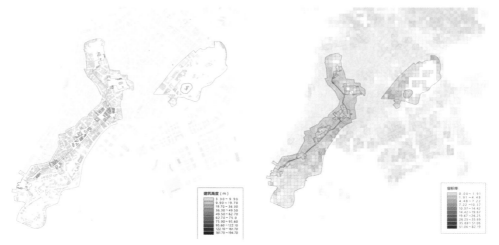

图 9-4　建筑高度与容积率分析图

（图片来源：研究团队成员自绘（郝妍，2021））

（3）公共空间分布与天空开阔度

澳门历史城区公共开敞空间主要分布于核心区，前地等开敞空间处天空开阔度较高，街道空间天空开阔度较低，且建筑密度越高的区域天空开阔度越低（图9-5）。总体而言，澳门历史城区内的公共空间分布较为合理，天空开阔度较高。

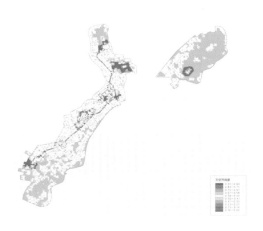

图 9-5　天空开阔度分析图

（图片来源：研究团队成员自绘（郝妍，2021））

4.空间舒适度评价结果与分析

（1）白鸽巢地块

该地块位于澳门历史城区核心区的最北侧，包括白鸽巢前地和具有历史价值的纪念物、建筑群和场所等具有历史价值和文化价值的场所。公共空间以广场为主，且空间较为开敞，建筑密度适中，周围无较高层建筑（图9-6）。

图 9-6　白鸽巢地块平面图及重点空间实景图

（图片来源：根据《"澳门历史城区"保护及管理计划》改绘）

水平平均风速模拟结果分析显示，建筑物的背风处易形成静风区，较为开阔的空间处于水平平均风速的舒适阈值范围内。整个地块大约40%的公共空间处于舒适风速区，20%左右的公共空间处于静风区。空气温度模拟结果分析显示，较为开阔的广场空间温度较低，公共空间温度差值较小（图9-7）。低建筑密度带来良好通风与较多的绿化带来阴影区为主要原因。

相对湿度模拟结果分析显示，绿化较多的空间相对湿度较高，由此可初步判断出绿化对增湿具有一定的作用。平均辐射温度模拟结果分析显示，建筑阴影区和树木种植处平均辐射温度比广场等开阔场地空间和无绿化空间的平均辐射温度低，由此可推断出，建筑与树木的遮挡可有效降低平均辐射温度（图9-8）。

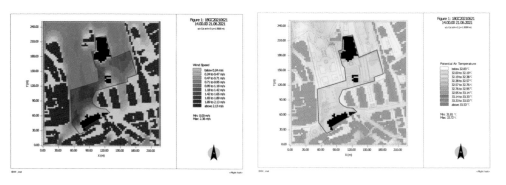

图9-7　白鸽巢地块水平平均风速模拟（左）与空气温度模拟（右）
（图片来源：研究团队成员自绘（郝妍，2021））

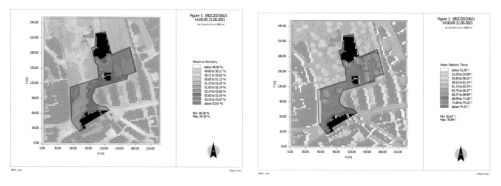

图9-8　白鸽巢地块相对湿度模拟（左）与平均辐射温度模拟（右）
（图片来源：研究团队成员自绘（郝妍，2021））

白鸽巢地块各项评价结果见表 9-1 和表 9-2。

表 9-1　白鸽巢地块多维度评价结果

热环境 舒适度	指标	空气温度	相对湿度	水平平均风速	平均辐射温度
	数值	32.30 ℃	52.95%	1.14 m/s	70.09 ℃
	赋分	3	5	5	2
风环境 舒适度	指标	水平平均风速	强风区面积比	静风区面积比	风速离散度
	数值	1.14 m/s	0	24.29%	0.05
	赋分	5	5	3	5
空间尺度 与密度	指标	建筑高度	建筑密度	容积率	人行道宽度
	数值	10.23 m	15.67%	1.64	/
	赋分	5	3	4	3
空间界面 与景观	指标	街道 面宽比	贴线率	天空 开阔度	街道 高宽比	绿地率	街道 坡度	街区风貌协调性
	数值	/	/	0.91	5	24.12%	2.32%	比较协调
	赋分	3	3	5	2	3	5	3
设施与空 间使用性	指标	休憩空间间隔距离		座椅设施数量	公共卫生间间隔 距离
	数值	50~100 m		比较充足	小于 400 m
	赋分	5		5	5

资料来源：研究团队成员自绘（郝妍，2021）。

表 9-2　白鸽巢地块空间舒适度综合评价结果

空间舒适度	微气候环境		空间环境品质		
	热环境舒适度	风环境舒适度	空间尺度与密度	空间界面与景观	设施与空间使用性
要素层分值	4.1808	4.335	3.3622	3.368	4.2108
准则层分值	4.2356952		3.71676326		
目标层分值	4.06579688				

资料来源：研究团队成员自绘（郝妍，2021）。

（2）花王堂街地块

该地块位于澳门历史城区核心区的北部区域。街道两侧主要为居住建筑，底层商业。公共空间以线性街道空间为主，街道两侧建筑较高，密度较大（图 9-9）。

水平平均风速模拟结果分析显示，街道两端的空间风速较大，中间部分风速较小。经初步分析其原因为，建筑高度较低的区域有利于空间的通风。街道空间的风环境舒适度较低，有待提高。空气温度模拟结果分析显示，街道两端空间的空气温度高

图 9-9　花王堂街地块平面图及重点空间实景图
（图片来源：根据《"澳门历史城区"保护及管理计划》改绘）

于街道中部空间的空气温度（图 9-10）。这主要因为街道中部建筑高度较高，可形成较大面积的阴影区。

相对湿度模拟结果分析显示，街道北侧空间相对湿度高于南侧空间，主要是因为北侧绿地率较高，绿化种植对增加空气相对湿度具有较为显著的作用。平均辐射温度模拟结果分析显示，街道西南侧的相对辐射温度明显低于街道东北侧，地块间的平均辐射温度差值较大，且临街建筑高度越高，其相对辐射温度较低的区域越大（图 9-11）。由此可见，建筑阴影对降低平均辐射温度有重要作用。

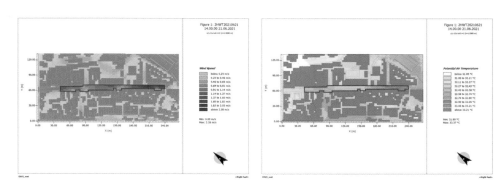

图 9-10　花王堂街地块水平平均风速模拟（左）与空气温度模拟（右）
（图片来源：研究团队成员自绘（郝妍，2021））

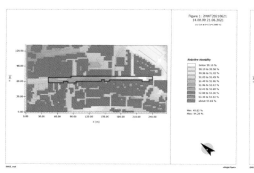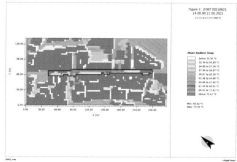

图 9-11 花王堂街地块相对湿度模拟（左）与平均辐射温度模拟（右）
（图片来源：研究团队成员自绘（郝妍，2021））

花王堂街地块各项评价结果见表 9-3 和表 9-4。

表 9-3 花王堂街地块多维度评价结果

热环境舒适度	指标	空气温度	相对湿度	水平平均风速	平均辐射温度
	数值	32.58 ℃	51.57%	1.06 m/s	62.87 ℃
	赋分	3	5	5	3
风环境舒适度	指标	水平平均风速	强风区面积比	静风区面积比	风速离散度
	数值	1.06 m/s	0	32.44%	0.08
	赋分	5	5	3	5
空间尺度与密度	指标	建筑高度	建筑密度	容积率	人行道宽度
	数值	15.50 m	54.10%	8.11	5.49 m
	赋分	5	3	1	5

空间界面与景观	指标	街道面宽比	贴线率	天空开阔度	街道高宽比	绿地率	街道坡度	街区风貌协调性
	数值	1.98	75.71%	0.74	0.97	0.00%	0.34%	比较协调
	赋分	4	5	4	5	1	5	3

设施与空间使用性	指标	休憩空间间隔距离		座椅设施数量	公共卫生间间隔距离
	数值	100~200 m		不太充足	小于 400 m
	赋分	4		2	5

资料来源：研究团队成员自绘（郝妍，2021）。

表 9-4　花王堂街地块空间舒适度综合评价结果

空间舒适度	微气候环境		空间环境品质		
	热环境舒适度	风环境舒适度	空间尺度与密度	空间界面与景观	设施与空间使用性
要素层分值	4.331	4.335	3.3866	3.5362	3.4528
准则层分值	4.332424		3.44931854		
目标层分值	4.04329527				

资料来源：研究团队成员自绘（郝妍，2021）。

（3）市政署地块

该地块位于澳门历史城区核心区的中部偏北区域，包含纪念物五处，以及具有建筑艺术价值的楼宇四处和占总地块面积二分之一左右的建筑群。公共空间主要由议事亭前地、大堂前地和板樟堂前地三个广场空间构成（图9-12）。

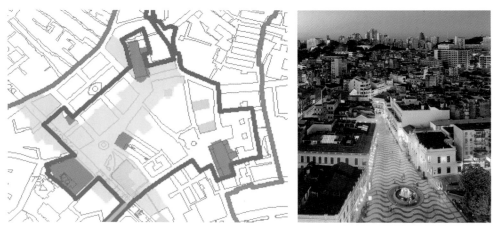

图 9-12　市政署地块平面图及重点空间实景图
（图片来源：根据《"澳门历史城区"保护及管理计划》改绘）

水平平均风速模拟结果分析显示，三个较为开阔的广场空间的风速较大，建筑围合度高的内部空间风速较小。空气温度模拟结果分析显示，三个较为开阔的广场空间空气温度相对较低，建筑间距较小处由于建筑的遮挡空气温度也较低，场地内温差较小（图9-13）。

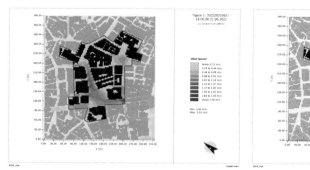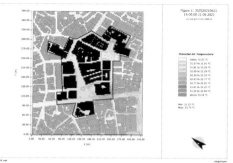

图 9-13　市政署地块水平平均风速模拟（左）与空气温度模拟（右）
（图片来源：研究团队成员自绘（郝妍，2021））

　　相对湿度模拟结果分析显示，地块东北侧建筑间相对湿度较大，地块西南侧议事亭前地处相对湿度较低。平均辐射温度模拟结果分析显示，建筑东北侧阴影处平均辐射温度最低，其次为有树木遮挡所形成的阴影处平均温度略低，开阔无遮挡的广场空间平均辐射温度最高（图 9-14）。

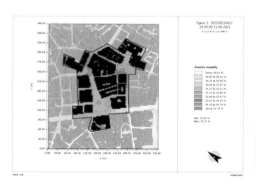

图 9-14　市政署地块相对湿度模拟（左）与平均辐射温度模拟（右）
（图片来源：研究团队成员自绘（郝妍，2021））

市政署地块各项评价结果见表9-5和表9-6。

表9-5　市政署地块多维度评价结果

热环境舒适度	指标	空气温度		相对湿度		水平平均风速		平均辐射温度
	数值	32.18 ℃		52.97%		0.56 m/s		62.44 ℃
	赋分	3		5		4		3
风环境舒适度	指标	水平平均风速		强风区面积比		静风区面积比		风速离散度
	数值	0.56 m/s		0		25.47%		0.02
	赋分	4		5		5		0.02
空间尺度与密度	指标	建筑高度		建筑密度		容积率		人行道宽度
	数值	14.48 m		43.10%		5.87		7.08 m
	赋分	5		4		2		4
空间界面与景观	指标	街道面宽比	贴线率	天空开阔度	街道高宽比	绿地率	街道坡度	街区风貌协调性
	数值	2.18	79.40%	0.81	0.98	1.46%	3.19%	协调
	赋分	3	5	5	5	1	4	4
设施与空间使用性	指标	休憩空间间隔距离		座椅设施数量		公共卫生间间隔距离		
	数值	50~100 m		充足		小于400 m		
	赋分	5		4		5		

资料来源：研究团队成员自绘（郝妍，2021）。

表9-6　市政署地块空间舒适度综合评价结果

空间舒适度	微气候环境		空间环境品质		
	热环境舒适度	风环境舒适度	空间尺度与密度	空间界面与景观	设施与空间使用性
要素层分值	4.0627	3.9927	3.6801	3.6669	4.6054
准则层分值	4.03778		4.11527513		
目标层分值	4.06315191				

资料来源：研究团队成员自绘（郝妍，2021）。

（4）圣若瑟地块

该地块位于澳门历史城区核心区的中部偏南区域，包含纪念物三处（圣老楞佐堂、圣若瑟修院、圣奥斯定教堂）、具有建筑艺术价值的楼宇三处和占总地块面积二分之一左右的建筑群公共空间，主要由教堂周围的场地及街道构成（图9-15）。

图 9-15　圣若瑟地块平面图及重点空间实景图
（图片来源：根据《"澳门历史城区"保护及管理计划》改绘）

水平平均风速模拟结果分析显示，建筑背风区易形成静风区，与风向相同方向（即南北方向）的街道通风效果较好。空气温度模拟结果分析显示，地块东北侧空气温度总体低于地块西南侧。其原因为东北侧地块绿地率较高，对降低空气温度具有一定作用。此外，整体场地温差较小（图 9-16）。

图 9-16　圣若瑟地块水平平均风速模拟（左）与空气温度模拟（右）
（图片来源：研究团队成员自绘（郝妍，2021））

相对湿度模拟结果分析显示，地块东北侧相对湿度总体高于西南侧相对湿度。其原因主要为地块东北侧绿地率较高。结合场地空气温度分布图分析，绿化种植在降低空气温度和增加空气湿度方面具有一定作用。平均辐射温度模拟结果分析显示，建筑遮挡所形成的阴影区平均辐射温度最低，树木等绿化种植所形成的阴影区平均辐射温度次之，广场等无阴影的开敞空间平均辐射温度最高（图 9-17）。

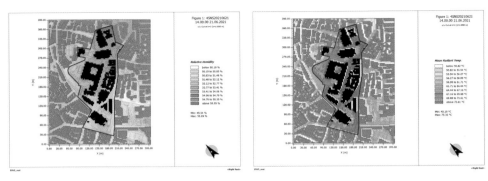

图 9-17　圣若瑟地块相对湿度模拟（左）与平均辐射温度模拟（右）
（图片来源：研究团队成员自绘（郝妍，2021））

圣若瑟地块各项评价结果见表 9-7 和表 9-8。

表 9-7　圣若瑟地块多维度评价结果

热环境舒适度	指标	空气温度		相对湿度		水平平均风速		平均辐射温度
	数值	32.35 ℃		52.39%		0.67 m/s		65.93 ℃
	赋分	3		5		4		3
风环境舒适度	指标	水平平均风速		强风区面积比		静风区面积比		风速离散度
	数值	0.67 m/s		0		36.28%		0.05
	赋分	4		5		3		5
空间尺度与密度	指标	建筑高度		建筑密度		容积率		人行道宽度
	数值	13.51 m		26.65%		3.27		2.10 m
	赋分	5		4		3		4
空间界面与景观	指标	街道面宽比	贴线率	天空开阔度	街道高宽比	绿地率	街道坡度	街区风貌协调性
	数值	1.66	65.69%	0.77	0.87	2.87%	5.34%	协调
	赋分	4	4	4	5	1	4	4
设施与空间使用性	指标	休憩空间间隔距离				座椅设施数量		公共卫生间间隔距离
	数值	50~100 m				比较充足		小于 400 m
	赋分	5				3		5

资料来源：研究团队成员自绘（郝妍，2021）。

表9-8　圣若瑟地块空间舒适度综合评价结果

空间舒适度	微气候环境		空间环境品质		
	热环境舒适度	风环境舒适度	空间尺度与密度	空间界面与景观	设施与空间使用性
要素层分值	4.0627	3.9927	3.8805	3.4757	4.2108
准则层分值	4.03778		3.95190395		
目标层分值	4.00966418				

资料来源：研究团队成员自绘（郝妍，2021）。

（5）妈阁街地块

该地块位于澳门历史城区核心区的南部区域，包含多处具有建筑艺术价值的楼宇及建筑群，内部公共空间主要由广场及街道构成，如亚婆井前地和妈阁街（图9-18）。

图9-18　妈阁街地块平面图及重点空间实景图
（图片来源：根据《"澳门历史城区"保护及管理计划》改绘）

水平平均风速模拟结果分析显示，建筑群的背风处较易形成静风区，较为开阔的广场空间及与风向相同方向的街道空间风速较大。该地块大部分空间风速较小，水平平均风速为0.31 m/s。空气温度模拟结果分析显示，建筑群所形成的阴影区域空气温度较低，广场等开敞空间空气温度较高；场地整体温差较小（图9-19）。

相对湿度模拟结果分析显示，场地西南侧开敞空间相对湿度较高，东北侧相对湿度较低。这主要是由于西南侧绿地率较高，绿植对提高空气相对湿度具有重要作用。平均辐射温度模拟结果分析显示，建筑遮挡所形成的阴影区平均辐射温度最低，树木遮挡所形成的阴影区域平均辐射温度次之，广场等开敞空间平均辐射温度较高（图9-20）。

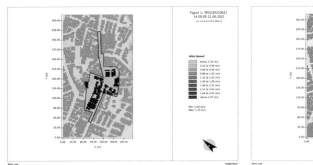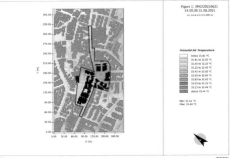

图 9-19　妈阁街地块水平平均风速模拟（左）与空气温度模拟（右）
（图片来源：研究团队成员自绘（郝妍，2021））

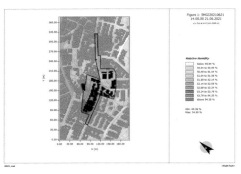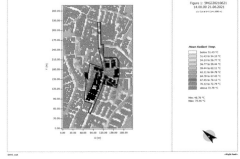

图 9-20　妈阁街地块相对湿度模拟（左）与平均辐射温度模拟（右）
（图片来源：研究团队成员自绘（郝妍，2021））

妈阁街地块各项评价结果见表 9-9 和表 9-10。

表 9-9　妈阁街地块多维度评价结果

热环境 舒适度	指标	空气温度	相对湿度	水平平均风速	平均辐射温度
	数值	32.44 ℃	52.14%	0.31 m/s	62.87 ℃
	赋分	3	5	4	3
风环境 舒适度	指标	水平平均风速	强风区面积比	静风区面积比	风速离散度
	数值	0.31 m/s	0	46.75%	0.12
	赋分	4	5	2	5
空间尺度 与密度	指标	建筑高度	建筑密度	容积率	人行道宽度
	数值	13.39 m	33.39%	3.74	1.72 m
	赋分	5	5	3	3

（续表）

空间界面与景观	指标	街道面宽比	贴线率	天空开阔度	街道高宽比	绿地率	街道坡度	街区风貌协调性
	数值	1.77	86.65%	0.68	0.70	3.04%	3.46%	协调
	赋分	4	5	4	5	1	4	4
设施与空间使用性	指标	休憩空间间隔距离				座椅设施数量		公共卫生间间隔距离
	数值	100~200 m				比较充足		小于400 m
	赋分	4				3		5

资料来源：研究团队成员自绘（郝妍，2021）。

表9-10　妈阁街地块空间舒适度综合评价结果

空间舒适度	微气候环境		空间环境品质		
	热环境舒适度	风环境舒适度	空间尺度与密度	空间界面与景观	设施与空间使用性
要素层分值	4.0627	3.6602	3.9736	3.6097	3.8474
准则层分值	3.91941		3.83752332		
目标层分值	3.8926003				

资料来源：研究团队成员自绘（郝妍，2021）。

（6）妈祖阁地块

该地块位于澳门历史城区核心区的最南部区域，面积2.02 ha。该地块包含纪念物、多处具有建筑艺术价值的楼宇及建筑群，如妈祖阁、港务局大楼等（图9-21）。

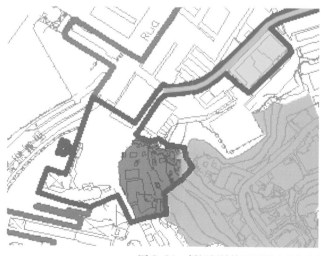

图9-21　妈祖阁地块平面图及重点空间实景图
（图片来源：根据《"澳门历史城区"保护及管理计划》改绘）

水平平均风速模拟结果分析显示，建筑群背风处水平平均风速较小，广场等开敞空间水平平均风速较大。该地块水平平均风速为 1.11 m/s，风速离散度为 0.06。空气温度模拟结果分析显示，无建筑和绿化遮挡的街道空间空气温度最高；地块东侧山体部分随海拔高度上升，空气温度逐渐降低；有建筑遮挡的街道空间空气温度较低（图 9-22）。

相对湿度模拟结果分析显示，相对湿度在地块西南侧街道空间最低；地块东侧山体空间随海拔升高逐渐升高；在地块东北侧及西侧也较高。平均辐射温度模拟结果分析显示，建筑阴影处平均辐射温度最低，地块东侧山体树木种植处平均辐射温度次之，其余开敞空间及街道空间平均辐射温度均较高（图 9-23）。

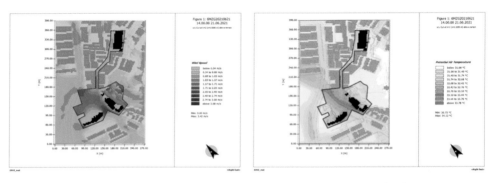

图 9-22　妈祖阁地块水平平均风速模拟（左）与空气温度模拟（右）
（图片来源：研究团队成员自绘（郝妍，2021））

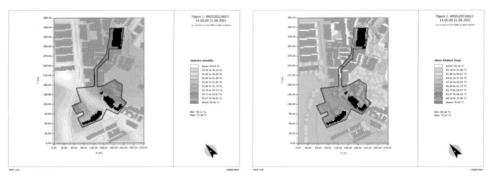

图 9-23　妈祖阁地块相对湿度模拟（左）与平均辐射温度模拟（右）
（图片来源：研究团队成员自绘（郝妍，2021））

妈祖阁地块各项评价结果见表9-11和表9-12。

表9-11　妈祖阁地块多维度评价结果

热环境舒适度	指标	空气温度		相对湿度		水平平均风速		平均辐射温度
	数值	32.30 ℃		54.05%		1.11 m/s		66.06 ℃
	赋分	3		5		5		3
风环境舒适度	指标	水平平均风速		强风区面积比		静风区面积比		风速离散度
	数值	1.11 m/s		0		26.04%		0.06
	赋分	5		5		3		5
空间尺度与密度	指标	建筑高度		建筑密度		容积率		人行道宽度
	数值	16.21 m		14.41%		1.91		2.82 m
	赋分	5		3		4		4
空间界面与景观	指标	街道面宽比	贴线率	天空开阔度	街道高宽比	绿地率	街道坡度	街区风貌协调性
	数值	1.09	84.12%	0.86	2.02	4.20%	7.63%	比较协调
	赋分	2	5	5	3	1	3	3
设施与空间使用性	指标	休憩空间间隔距离				座椅设施数量		公共卫生间间隔距离
	数值	50~100 m				比较充足		小于 400 m
	赋分	5				4		5

资料来源：研究团队成员自绘（郝妍，2021）。

表9-12　妈祖阁地块空间舒适度综合评价结果

空间舒适度	微气候环境		空间环境品质		
	热环境舒适度	风环境舒适度	空间尺度与密度	空间界面与景观	设施与空间使用性
要素层分值	4.331	4.335	3.675	2.9538	4.6054
准则层分值	4.332424		3.96405056		
目标层分值	4.21181854				

资料来源：研究团队成员自绘（郝妍，2021）。

（7）东望洋地块

该地块位于澳门历史城区核心区的东望洋山（又称"松山"），是澳门地势的最高点。该地块包含纪念物、多处具有建筑艺术价值的楼宇及建筑群，如东望洋灯塔、圣母雪地殿圣堂、东望洋炮台等。公共空间主要由广场空间组成（图9-24）。

水平平均风速模拟结果分析显示，水平平均风速按等高线呈圈层式分布，即山体背风处风速较小，与风向垂直方向的山体区域风速较小，平行方向的山体区域风

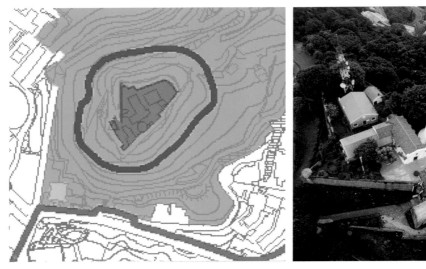

图 9-24　东望洋地块平面图及重点空间实景图
（图片来源：根据《"澳门历史城区"保护及管理计划》改绘）

速较大。场地水平平均风速为 1.01 m/s, 风速离散度 0.09。空气温度模拟结果分析显示，该地块由于海拔较高，整体气温低于山脚下区域（图 9-25）。此外山体北侧阴面气温低于山体南侧阳面气温。

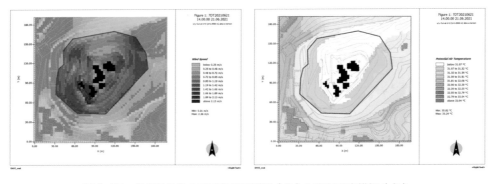

图 9-25　东望洋地块水平平均风速模拟（左）与空气温度模拟（右）
（图片来源：研究团队成员自绘（郝妍，2021））

　　相对湿度模拟结果分析显示，相对湿度随海拔的升高而升高。主要由于受温度影响，高空中的水蒸气受到低温影响更容易饱和产生水雾或者冰晶，故海拔越高相对湿度越大。平均辐射温度模拟结果分析显示，平均辐射温度按等高线呈圈层式分布（图 9-26）。其中，山体遮挡所形成的阴影处平均辐射温度最低，树木种植较多处平均辐射温度次之，山顶广场及盘山公路处平均辐射温度最高。平均辐射温度与下垫面材质也有较大关系，树木种植处多为土壤等软质类型下垫面，其平均辐射温度低于铺装等硬质下垫面区域。

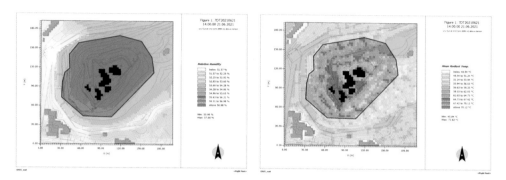

图 9-26　东望洋地块相对湿度模拟（左）与平均辐射温度模拟（右）
（图片来源：研究团队成员自绘（郝妍，2021））

东望洋地块各项评价结果见表 9-13 和表 9-14。

表 9-13　东望洋地块多维度评价结果

热环境舒适度	指标	空气温度		相对湿度		水平平均风速		平均辐射温度
	数值	31.15 ℃		56.92%		1.01 m/s		61.79 ℃
	赋分	3		5		5		3
风环境舒适度	指标	水平平均风速		强风区面积比		静风区面积比		风速离散度
	数值	1.01 m/s		0		32.29%		0.09
	赋分	5		5		3		5
空间尺度与密度	指标	建筑高度		建筑密度		容积率		人行道宽度
	数值	8.40 m		3.23%		0.27		/
	赋分	5		2		5		3
空间界面与景观	指标	街道面宽比	贴线率	天空开阔度	街道高宽比	绿地率	街道坡度	街区风貌协调性
	数值	/	/	0.97	1.19	34.3%	14.15%	协调
	赋分	3	3	5	4	4	2	4
设施与空间使用性	指标	休憩空间间隔距离				座椅设施数量		公共卫生间间隔距离
	数值	50~100 m				比较充足		小于 400 m
	赋分	5				5		5

资料来源：研究团队成员自绘（郝妍，2021）。

表 9-14　东望洋地块空间舒适度综合评价结果

空间舒适度	微气候环境		空间环境品质		
	热环境舒适度	风环境舒适度	空间尺度与密度	空间界面与景观	设施与空间使用性
要素层分值	4.331	4.335	3.1567	3.8184	4.2108
准则层分值	4.332424		3.79443019		
目标层分值	4.15628483				

资料来源：研究团队成员自绘（郝妍，2021）。

（8）大三巴地块

该地块位于澳门历史城区核心区北部大炮台山，面积 2.92 ha，包含纪念物、多处具有建筑艺术价值的纪念物、楼宇及建筑群，如大炮台、大三巴牌坊、耶稣会纪念广场等。公共空间主要由广场空间组成（图 9-27）。

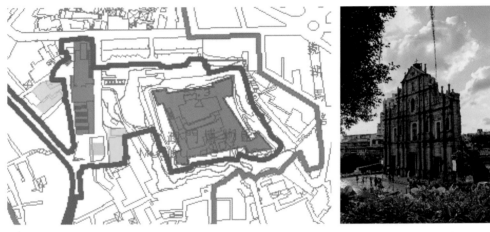

图 9-27　大三巴地块平面图及重点空间实景图
（图片来源：根据《"澳门历史城区"保护及管理计划》改绘）

水平平均风速模拟结果分析显示，大炮台区域风速最大，其次为大三巴区域，大炮台北侧区域风速最小。该地块水平平均风速为 1.36 m/s，静风区面积比为 16.58%。空气温度模拟结果分析显示，大炮台及其山体区域气温最低，其次为山体周围区域，大三巴附近气温最高（图 9-28）。其原因为大炮台山海拔较高，温度最低区域是大炮台遮挡所致；大三巴附近较为开阔，故其温度较高。

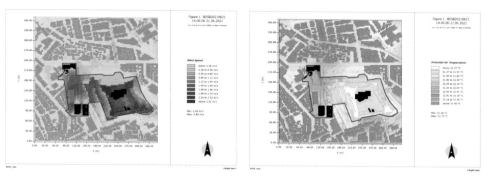

图 9-28　大三巴地块水平平均风速模拟（左）与空气温度模拟（右）

（图片来源：研究团队成员自绘（郝妍，2021））

　　相对湿度模拟结果分析显示，大炮台区域相对湿度较大，且随海拔上升相对湿度随之增大，大三巴区域相对湿度较小。该地块相对湿度为 54.25%。平均辐射温度模拟结果分析显示，该地块平均辐射温度普遍较高，大炮台范围内树木种植较为丰富，区域平均辐射温度较低，由此可见，树木等绿化种植对降低平均辐射温度具有一定的作用（图 9-29）。

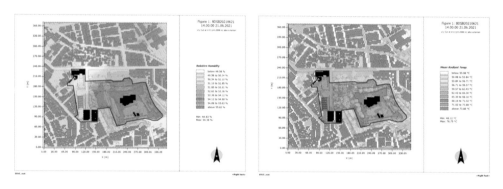

图 9-29　大三巴地块相对湿度模拟（左）与平均辐射温度模拟（右）

（图片来源：研究团队成员自绘（郝妍，2021））

大三巴地块各项评价结果见表9-15和表9-16。

表9-15　大三巴地块多维度评价结果

热环境 舒适度	指标	空气温度		相对湿度		水平平均风速		平均辐射温度
	数值	31.98 ℃		54.25%		1.36 m/s		68.69 ℃
	赋分	3		5		5		2
风环境 舒适度	指标	水平平均风速		强风区面积比		静风区面积比		风速离散度
	数值	1.36 m/s		0		16.58%		0.04
	赋分	5		5		4		5
空间尺度 与密度	指标	建筑高度		建筑密度		容积率		人行道宽度
	数值	10.45 m		13.82%		0.96		/
	赋分	5		3		5		3
空间界面 与景观	指标	街道 面宽比	贴线率	天空 开阔度	街道 高宽比	绿地率	街道坡度	街区风貌协调性
	数值	/	/	0.91	1.03	38.32%	17.69%	协调
	赋分	3	3	5	4	4	2	4
设施与空 间使用性	指标	休憩空间间隔距离				座椅设施数量		公共卫生间间隔 距离
	数值	50~100 m				充足		小于 400 m
	赋分	5				4		5

资料来源：研究团队成员自绘（郝妍，2021）。

表9-16　大三巴地块空间舒适度评价结果

空间舒适度	微气候环境		空间环境品质		
	热环境舒适度	风环境舒适度	空间尺度与密度	空间界面与景观	设施与空间使用性
要素层分值	4.1808	4.6675	3.5626	3.8184	4.6054
准则层分值	4.3540652		4.10982408		
目标层分值	4.27410066				

资料来源：研究团队成员自绘（郝妍，2021）。

5. 空间舒适度综合评价结果

　　经过上述评价，得出八个地块的微气候环境评价结果、空间环境品质评价结果及空间舒适度综合评价结果（图9-30）。其中微气候环境评价结果各地块排序为8-大三巴地块、2-花王堂街地块、6-妈祖阁地块、7-东望洋地块、1-白鸽巢地块、3-市政署地块、4-圣若瑟地块、5-妈阁街地块；空间环境品质评价结果排序为3-市政署地块、8-大三巴地块、4-圣若瑟地块、6-妈祖阁地块、5-妈阁街地块、7-东望洋地块、1-白鸽巢地块、2-花王堂街地块；空间舒适度排序为8-大三巴地块、6-妈祖阁地块、7- 东望洋地块、1- 白鸽巢地块、3- 市政署地块、2- 花王堂街地块、4- 圣若瑟地块和 5- 妈阁街地块，即除 5- 妈阁街地块属于Ⅲ级（中）之外，其余地块等级均为Ⅱ级（良）。

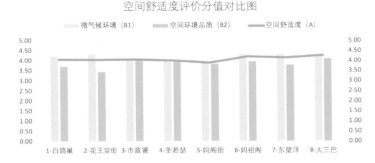

图 9-30　空间舒适度评价分值对比图

（图片来源：研究团队成员自绘（郝妍，2021））

6. 基于空间舒适度评价的现状问题总结

（1）微气候环境层面

综合分析各评价地块热环境舒适度指标层数据及分数（图 9-31）可以看出，在四项指标中，空气温度与平均辐射温度得分较低，即各地块空气温度与平均辐射温度较高。综合分析得出其原因，一方面澳门夏季高温多雨，太阳辐射强烈，蒸汽旺盛；另一方面建成街区树木等绿化种植较少，并缺少一定的遮阳设施，无法提供有效阴影区。故在今后的街区更新改造中，应适当增加绿化种植与遮阳设施设置，并建议新建建筑多采用骑楼形式，为街道等公共空间提供有效的阴影区，以降低太阳辐射，提高热环境舒适度。

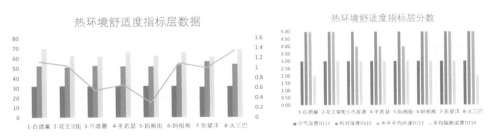

图 9-31　热环境舒适度指标层数据与分数统计图

（图片来源：研究团队成员自绘（郝妍，2021））

综合分析各评价地块风环境舒适度指标层数据及分数（图9-32）可以看出，在四项指标中，静风区面积比得分较低。风速过小不仅会使人感到闷热与不适，也不利于污染物的排放。综合分析得出其原因，澳门历史城区核心区建筑密度较大，容积率偏高，道路宽度较小，绿地等开敞空间缺失，致使部分区域风速较小，风环境较差。因此，在历史街区的更新改造中，应适当降低建筑密度，拓宽道路，增加绿地广场等开敞空间的面积及数量，尽可能地结合季风风向构建通风廊道，提高历史街区的风环境舒适度。

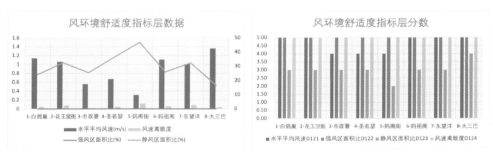

图9-32 风环境舒适度指标层数据与分数统计图
（图片来源：研究团队成员自绘（郝妍，2021））

（2）空间环境品质层面

综合分析各评价地块空间尺度与密度指标层数据及分数（图9-33）可以看出，在四项指标中，除建筑高度得分普遍较高外，其余三项指标均有较低得分项。在空间尺度与密度方面，澳门历史城区核心区存在建筑密度过高，容积率较大及人行道宽度较小等问题，在街区的更新改造中建议适当降低建筑密度与容积率，拓宽人行道，以提升街区空间舒适度。

综合分析各评价地块空间界面与景观指标层数据及分数（图9-34）可以看出，绿地率与街道面宽比得分较低，这表明在澳门历史城区核心区内，存在绿化较少与建筑面宽较大等问题。部分地块天空开阔度较低，一方面会使处于街区中的人感到压抑，另一方面会增加街区温度，降低街区空间舒适度。故在街区的更新改造中，应尽量增加街区的绿化种植，可采用屋顶花园、建筑立面绿化等多种手法，提高街区绿地率与绿视率；可通过增加建筑立面的韵律与变化，适当改变建筑面宽所造成的单一死板的街区氛围；在天空开阔度较低的区域可通过骑楼与绿化种植改善街区的热环境，提升街区空间舒适度。

综合分析各评价地块设施与空间使用性指标层数据及分数（图9-35）可以看出，休憩空间间隔距离与公共卫生间间隔距离得分较高，座椅设施数量得分较低。由此可以看出，在澳门历史城区核心区范围内，广场等可供行人休憩的空间较为充足，公共卫生间等基础设施也较为完善（图9-36），但座椅设施数量有所欠缺，现有的座椅数量不足以满足游客量较大时人们的休憩需求。故在历史城区更新改造中，建议适当增加座椅等休憩设施的数量，以提升空间舒适度。

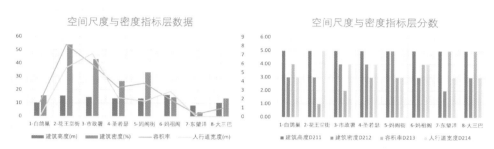

图9-33　空间尺度与密度指标层数据与分数统计图
（图片来源：研究团队成员自绘（郝妍，2021））

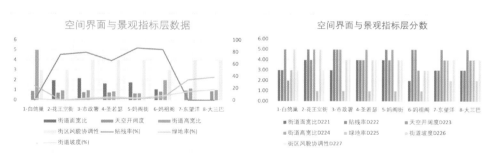

图9-34　空间界面与景观指标层数据与分数统计图
（图片来源：研究团队成员自绘（郝妍，2021））

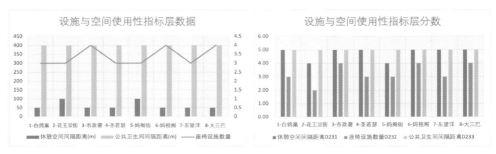

图 9-35　设施与空间使用性指标层数据与分数统计图
（图片来源：研究团队成员自绘（郝妍，2021））

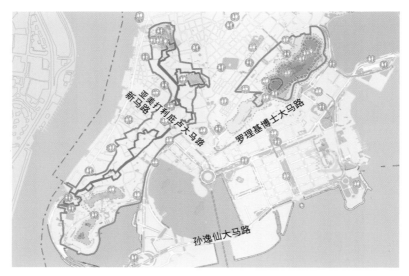

图 9-36　澳门半岛公共卫生间分布图
（图片来源：澳门特别行政区地图绘制暨地籍局）

9.1.2　澳门历史街区优化提升策略

1. 基于空间舒适度评价的历史街区优化提升策略

　　针对空间舒适度评价体系与澳门历史城区核心区评价结果分析，提出基于空间舒适度评价的历史街区优化提升策略（图9-37）。主要从微气候环境提升与空间环境品质提升两方面提出优化策略，其中，基于微气候环境提升的优化策略主要包含"捉影"——基于热环境舒适度提升的优化策略与"捕风"——基于风环境舒适度提升的优化策略两个方面；基于空间环境品质提升的优化策略主要包含控制街区开发强度与高度，优化空间界面与完善绿地景观体系，增加基础设施配置与提升空间使用性。

图 9-37　基于空间舒适度评价的历史街区优化提升策略

(图片来源：研究团队成员自绘（郝妍，2021））

2. 基于微气候环境提升的优化策略

（1）"捉影"——基于热环境舒适度提升的优化策略

由前文地块模拟及评价分析可以看出，以澳门为代表的亚热带滨海高密度城市，主要的热量来源为太阳辐射，有效的阴影面积在降低空气温度与平均辐射温度、提升热环境舒适度方面起着重要的作用。因此，在历史街区的更新过程中，对于高密度的既有建成街区，"捉影"成为提升街区热环境舒适度的重要策略之一。根据前文的模拟与分析，并结合相关文献研究，现提出以下几种增加街区阴影面积、提升热环境舒适度的策略。

方法一是增加绿化种植。绿化种植在降低空气温度与平均辐射温度、提升热环境舒适度方面具有较为显著的作用。多样化的植被种植种类和丰富的种植层次能提升热环境舒适度。树冠覆盖区域可以降低空气温度并阻挡太阳辐射，并以此来瞬时改善局部的热舒适环境，而且树木对街道热环境舒适度的提升效果也与冠幅、树高、形状和叶密度有一定联系；与树木相比，草地对热环境舒适度的瞬时调节效果略显逊色，但是草地可以缓解人在街道环境中的不舒适感。因此在历史街区街道空间应当尽量复合种植，充分利用竖向的空间，以此来节约历史街区较为狭窄的街道空间。例如在原有乔木层空间的下层补植灌木和地被，形成"乔＋灌＋地被""灌＋地被"及"单一地被"等多种模式化种植（图9-38）。

图 9-38　澳门绿化种植示意图
（图片来源：研究团队成员自摄）

建筑的垂直绿化具有多种生态效益（图9-39）。首先它可以缓解局部热岛效应。位于建筑表皮外部的植物通过物理屏障与光合作用对太阳辐射进行遮挡和吸收转换，从而降低建筑外墙的温度，同时减少了外墙向周围建筑辐射的热量。其次，建筑表面的垂直绿化还可以提高空气质量、降低噪声和调节室内微气候环境。在实际种植过程中应根据当地气候条件、阳台树池高度、朝向等影响因素综合选择合适的树种。

在历史城区用地紧张，存量更新的现状下，绿化的配置须考虑其特殊的空间结构。以澳门历史城区为例，在广场、口袋公园及违建市政设施移除后所产生的空地上，可种植较大的乔木，可依据现状采取单侧、交错双侧、点状种植等方式种植；在街道转角、建筑间空隙等微空间中，种植植物应考虑植物的高度，可选取较矮的观赏类乔灌木；建筑立面等垂直绿化可依据植物的习性进行具体种类的种植；乔木灌木等下层空间，可根据需要种植地被植物，以增大绿化种植密度。通过增加植物种植数量与丰富种植层次，加强蒸腾作用，增加阴影面积，提升街区热环境舒适度。

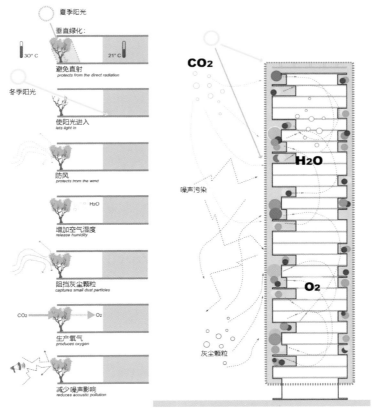

图 9-39　垂直绿化示意图

（图片来源：https://arquitecturaviva.com/articles/vertical-gardens）

　　方法二是增加构筑物。由于历史城区历史保护建筑较多且建设程度较为成熟，较难通过改变建筑本身形态来增加阴影区域，所以在历史街区的更新过程中，可通过增加廊架、外挑雨棚、膜结构等构筑物的方式增加阴影区域，应付建成空间缺少建筑阴影区域的问题，营造良好的遮阴环境，从而提升热环境舒适度（图 9-40）。构筑物应当设置在历史街区广场、街道等开敞空间的南部，以有效遮挡夏季阳光，减少太阳辐射量，提升街区热环境舒适度。

　　方法三是采用骑楼等建筑形式。在澳门等湿热地区，骑楼及底层架空是较为常用的建筑形式，该建筑形式可有效减少日晒，减少太阳辐射量，同时可以遮挡雨水，对提升街区空间舒适度具有较为重要的作用。鼓励在历史街区旧建筑更新改造时，适当采取骑楼或底层架空的建筑形式，以增加街区阴影面积，提高热环境舒适度（图9-41）。

方法四是增加水体景观。水体主要通过自身的蒸发与空气交换热量，从而降低水体周围空气温度。在历史街区内，可在广场等开敞空间增加喷泉、水池等水体景观，也可在街道两侧增加雾化等水体降温装置，从而提高空间热环境舒适度，并提升景观效果。

图9-40　澳门构筑物示意图
（图片来源：研究团队成员自摄）

图9-41　澳门骑楼示意图
（图片来源：研究团队成员自摄）

（2）"捕风"——基于风环境舒适度提升的优化策略

以澳门为代表的亚热带滨海高密度城市，在夏季良好的通风条件是提升风环境舒适度的重要条件。在历史街区的更新过程中，对于高密度的既有建成街区，"捕风"

成为优化策略的重要部分。

方法一是低层架空。香港作为同为亚热带气候区典型的高密度滨海城市，在风环境条件改善与优化上提出楼宇透风度的概念与措施，值得我们借鉴与学习。根据香港《可持续建筑设计指引》中的规定，可将建筑群按其平均建筑高度，从低到高依次分为低层区（0~20 m）、中层区（20~60 m）及高层区（60 m 以上），位于不同高度区的建筑透风度应满足表 9-17 的规定，其中总透风度应包括最少 2/3 的中空部分与最多 1/3 的透风设计构件（表 9-17 和图 9-42）。其中低层区为近地面层，其开敞与否对街区的通风影响极大，因此，应尽可能将其设计为局部开敞，或局部架空。该规定同时还要求位于迎风面的建筑立面间距 D_1 最小为 15 m，建筑侧立面与相邻街道中线距离 D_2 最小为 7.5 m。

表 9-17　楼宇透风度最小值要求

最高楼宇的高度 H	两个投影面的楼宇最小透风度 P		
	地盘面积 <2 ha 以及楼宇的连续投影立面长度 >60 m	地盘面积 >2 ha（任何楼宇长度）	
	投影面	投影面 1	投影面 2
$H \leqslant 60$ m	20%	20%	25%
$H > 60$ m	20%	20%	33.3%

资料来源：https://www.bd.gov.hk/doc/en/resources/codes-and-references/practice-notes-and-circular-letters/pnap/APP/APP152.pdf

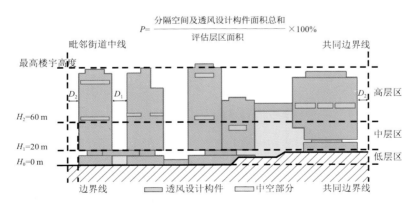

图 9-42　楼宇透风度计算示意图

（图片来源：根据 https://www.bd.gov.hk/doc/en/resources/codes-and-references/practice-notes-and-circular-letters/pnap/APP/APP152.pdf 整理）

方法二是建筑高度变化。首先，可以将街区的建筑群按高低错落的原则进行布局，利用高度变化所形成的气压差来引导气流运动，提高街区透风度，促进街区空气流通。其次，还可根据具体的建筑高度，将高度不同的各建筑沿夏季主导风向依次从低到高呈阶梯状布置，从而引导环境风进入两排建筑之间的空间及近地面处，以利于建筑群中的空气流通（图9-43）。应控制历史街区外围建筑高度与密度，避免外围建筑过高或密度过大增加对气流的阻碍，而导致历史街区内部形成热岛效应（图9-44）。

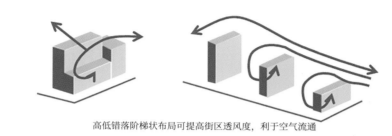

高低错落阶梯状布局可提高街区透风度，利于空气流通

图9-43 阶梯状布局与风的关系
（图片来源：研究团队成员自绘（郝妍，2021））

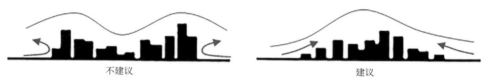

不建议　　　　　　　　　　　　　　　　建议

图9-44 建筑高度控制图
（图片来源：研究团队成员自绘（郝妍，2021））

方法三是设置通风廊道。在高密度的历史街区，很重要的一点就是强调城市的通风。城市道路、城市广场、城市绿地等开敞空间都可作为城市通风廊道的一部分，空气通过这些开敞空间进入主要由高层建筑占据的高密度城市中心区内部（图9-45）。设计时应该避免通风走廊和空气通道上的障碍，增强城市的渗透性。吴恩融教授提出理想的城市空间是主要街道、宽阔的主要大道或者通风走廊的排列以平行或最大30º角度对准主导风向，以便让主导风最大限度地进入城市内部。从建筑形态上讲，沿街板式高层建筑受风面积过大，导致来风接触到其表面后，很难直接通过，造成空气流通不畅，严重影响城市空气的交换。但是，由于此种建筑形态结构简单，又可以显著增加容积率，在城市空间中，板式高层经常在基地北侧和沿街处布置，对

整个城市环境都有不利的影响。为了保证城市整体空间良好的微气候，尽量避免板式高层的出现，可以利用多个点式高层代替，在建筑之间通过布置室内步行天桥来保证建筑的连通性。

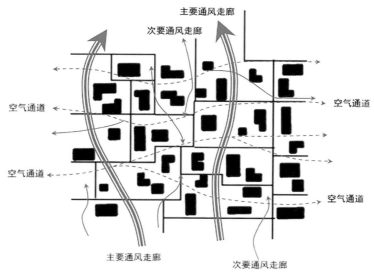

图 9-45　城市通风廊道分布
（图片来源：研究团队成员自绘（郝妍，2021））

　　方法四是控制建筑体量。随着城市功能的高度集聚，历史城区及其周围区域出现越来越多的大体量综合体建筑，虽然这些建筑高度较低，对城市天际线景观等纵向环境影响较小，但其过于庞大的体量往往会造成气流的突然减速，其周围会形成较大范围的静风区，严重影响了街区风环境的舒适度。在建筑肌理上，大体量建筑与历史街区传统小体量建筑的组合形式对街区形态产生了较大的冲击。因此，应对较大建筑体量的城市综合体适当进行空间优化（图 9-46），以利于街区通风，提升风环境舒适度。

　　方法五是选取围合式建筑组合形式。在建筑的组合形式上，建议采取围合式建筑。根据已有研究，围合式建筑在维护自身小空间气候、阻挡外界不利气候方面有着明显的优势。向南开放的 U 形建筑和城市地块形式是一种很有吸引力的设计方案。这种形式既向夏季的风开放，又能避免冬天的风，让建筑暴露在高度较低的冬季太阳下（图 9-47）。

图 9-46　建筑体量优化策略示意图

（图片来源：研究团队成员自绘（郝妍，2021））

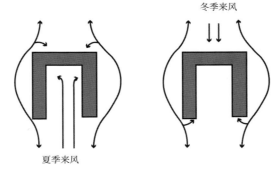

图 9-47　向南开放的U形建筑和城市地块形式对小气候的影响

（图片来源：研究团队成员自绘（郝妍，2021））

3. 基于空间环境品质提升的优化策略

（1）控制街区开发强度与高度

方法一是控制街区开发强度。建筑密度主要反映街区的空地率与建筑密集程度，容积率主要反映街区或地块建筑总容量。两者均是控制性详细规划对土地使用强度进行控制和约束的核心指标，直接影响街区使用者的空间感受，并在一定程度上对热环境与风环境等微气候环境产生影响。所以将建筑密度与容积率控制在合理的范围内，对提升空间舒适度具有重要作用。

根据前文的研究，建筑密度在空间环境层面对舒适度的影响主要体现在街区形态与街道空间的塑造上，过大的建筑密度会产生城市风貌失调、人们心理压抑等负面效应，过小的建筑密度会对连续界面和紧凑的空间尺度造成破坏，对街区肌理和历史建筑也产生一定的负面影响。建筑密度在微气候环境层面对舒适度的影响主要体现在遮阳条件、阴影分布与通风条件等方面。当建筑密度较大时，可使街区形成较多的阴影区域，以减少太阳辐射，进而提升街区热环境舒适度，但过大的建筑密度会使街区热量不易扩散，产生热岛效应，对热环境舒适度产生负面影响。在风环境方面，建筑密度越大，水平平均风速越小，越易产生较多静风区，对街区风环境舒适度产生负面影响。因此，将街区的建筑密度控制在合理的范围内，是提升街区空间舒适度的重要优化策略之一。

方法二是控制街区建筑高度。与建筑密度和容积率相同，建筑高度一方面对街区的空间塑造具有重要影响，另一方面对遮阳、通风等微气候环境产生较大影响。根据前面章节的研究，历史街区建筑高度较低，过高的建筑会使街区风貌失调，视觉景观紊乱，从而影响街区的美学效果，降低街区空间品质与舒适度。在微气候环境方面，建筑高度的增高虽然在一定程度上能增加遮阳面积，但澳门等亚热带地区城市的太阳角度较高，建筑阴影较小，过高的建筑高度对降低街区温度效果甚微。相反，建筑高度的增高使得天空开阔度减小，使街区内的热量难以散发，易形成热岛效应，降低热环境舒适度。因此，将建筑高度控制在合理的范围内，是有效组织城市景观，提升空间舒适度的重要优化策略之一。

根据前文评价及相关文献研究，沿街建筑高度在35~40 m较为合理，不会对行人产生较强的压迫感。当沿街建筑高度大于40 m时，应采取一定的建筑设计方法来削弱压迫感，营造近人尺度。建议采用以下三种方法。一是退台法。对高层建筑可采用逐层退台的方法，削弱对行人的压迫感，从而使高层建筑呈现近人尺度，其底层建筑界面亦可增强街道空间的围合感。二是裙房与塔楼相结合的方法。在高层建筑中，可通过裙房与塔楼相结合的体量处理方式，将多个高层建筑底层部分用近人空间连接，结合部分还能作为广场之用，此形式可以保证尺度的人性化特征与界面的完整性。三是单独对近人空间进行处理，通过树木与设施对近人空间内部进行二次划分及细致化处理，或在底部普遍形成各种近人尺度的挑檐和骑楼空间及店面划分，缓解沿街建筑高大体量的较强压迫感，对协调空间中近人尺度与建筑超人尺度起到了一定的积极作用。

（2）优化空间界面与完善绿地景观体系

方法一是优化空间界面。空间界面主要包括底层道路界面、垂直建筑界面和天空界面，其中底层道路界面的主要描述指标为道路坡度，垂直建筑界面的主要描述指标为街道面宽比、贴线率，天空界面的主要描述指标为天空开阔度与街道高宽比。

空间界面是影响空间舒适度的重要空间要素，其不仅影响街区整体空间氛围的营造，也切实影响行人的使用与使用感受，例如街道坡度过大会加大人们行走的阻力，街道安全性也随之降低；街道面宽比过大则街道空间易使人感觉过于统一而缺少变化，使街道空间单调死板；贴线率过低则街道空间围合感较差，整体性较差；街道高宽比过小或天空开阔度过小则街道等公共空间过于闭塞而使人产生压抑的心理感受，降低街道空间舒适度。因此，优化空间界面是提升街区空间舒适度的重要策略之一。

根据前文的评价研究及相关文献研究，提出以下几种优化空间界面的建议与策略。一是在道路坡度较大的人行道上增加扶手等辅助防护设施，以方便行人上坡时辅助使用或下坡时防护使用，并在合适的长度与位置增设台阶，以减缓坡度过大给行人行走带来的不舒适感。二是街道面宽比过大的街道，可通过优化建筑立面，使之富有韵律与变化，来打破面宽较大带来的街道行走体验单调感，增加街道空间的变化与趣味；贴线率较低的街道，可通过增加围栏等构筑物，提高建筑贴线率，塑造更为完整的街道空间；街道高宽比较小或天空开阔度较小的区域，可尽量通过优化底层界面，削弱过于狭小的天空可视空间给人造成的压迫感与不适感。总而言之，历史城区对于空间界面的优化具有一定的局限性，应尽可能通过增加构筑物与绿化种植、优化建筑立面等软性措施与微更新的方式，提升街区界面空间的连续性与完整性，并使其具有一定的韵律与变化，以塑造高品质的街区空间，提升街区空间舒适度。

方法二是完善绿地景观体系。与澳门历史城区类似，大部分历史街区都存在绿地率低的问题，主要是由于历史街区一般位于城市的老城区，建筑密度大，道路狭窄，开敞空间狭小且欠缺，大部分为硬质铺装而缺少绿化种植等自然下垫面，景观体系不完善。然而绿地等景观不仅可以美化街区，对微气候环境也有重要的调节作用。因此，建立完善的绿地景观体系对于提升空间品质与空间舒适度至关重要（图9-48）。

针对历史街区高密度及存量更新等特点，提出以下关于完善绿地景观体系的建议：一是适当增加沿街带状绿化。由于历史街区广场等开敞空间较少，土地资源紧缺，所以应积极利用沿街带状空间，增加绿化。连续的带状绿化空间，不仅能提升空间品质，也可以降低周围温度，增加阴影面积，提升热环境舒适度。二是增加广场等开敞空间的绿地建设。例如，在澳门历史城区核心区中，有较为完善的前地等开敞空间体系，但其大部分为硬质铺装景观布置，应尽可能在有条件的广场空间中增加集中绿化种植，形成小空间林地风，增加阴影面积，改善下垫面，以调节周边微气候，增强广场的绿化效果，提升广场空间舒适度。

由于历史街区土地利用率高，绿地空间不足，所以应充分发挥建筑立面与屋顶的绿化作用，以在立体空间中增加绿化种植。垂直绿化可以使建筑摆脱冰冷的混凝土立面与玻璃幕墙的固有印象，通过绿油油的植物外衣使植物景观空间与建筑完美结合，提升空间品质与舒适度。

 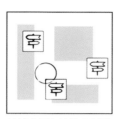 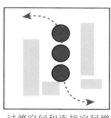 

组团间打造开放的绿地活动场地　　过渡空间和连接空间增加绿地景观　　过渡空间和连接空间增加绿地景观　　引导人行流线，增强景观性

图9-48　绿地景观布局示意图
（图片来源：研究团队成员自绘（郝妍，2021））

（3）增加基础设施配置与提升空间使用性

根据前文的评价研究，基础设施配置是否合理与充足，直接影响人们对空间使用感的评价。基础设施包含文化设施、公共服务设施、标识引导设施等，其中休憩空间与休憩设施、公共卫生间设施对空间使用者的影响较大，其设施的便捷度直接关系到使用者对空间舒适度的感知与评价。历史街区作为对公众广泛开放的公共空间，公共设施的配置应当充分考虑公众的使用需求，并尽力做到合理配置，数量充足，以保证空间使用的舒适度。人机工程学与行为心理学的研究表明，在街区环境中，多数公众的活动半径为400~500 m，因此，休憩空间与公共卫生间的设置距离最大不应超过400 m。对于设施数量，应根据历史街区的人流量进行配置与补充。同时，应在一定程度上考虑历史街区内的基础设施的审美与文化功能，在满足其基本使用功能的基础上寻求体现街区丰富的文化传统与内涵，力求在体现地域特色的街区文化的同时又能够不拘泥于固有形制而体现时代感，不断挖掘新的文化特性，并将传统文化与现代性的设计理念加以融合，形成符合街区风貌的独特的景观组成部分。

9.2 澳门声环境评估与优化提升策略

9.2.1 澳门街区声环境评价

1. 环境噪声水平评价

以《环境噪声监测技术规范 城市声环境常规监测》（HJ 640—2012）为噪声评价标准，将昼间与夜间城市区域环境噪声平均等效声级划分为 5 级，并分别对应评价"好""较好""一般""较差""差"，城市区域环境噪声水平（规范中称之为噪声总体水平）等级划分见表 9-18。

表 9-18　城市区域环境噪声水平等级　　　　　　　　　　（单位：dB（A））

等级	一级	二级	三级	四级	五级
昼间平均等效声级	≤ 50.0	50.1~55.0	55.1~60.0	60.1~65.0	> 65.0
夜间平均等效声级	≤ 40.0	40.1~45.0	45.1~50.0	50.1~55.0	> 55.0

注：城市区域环境噪声水平等级"一级"至"五级"分别对应评价为"好""较好""一般""较差""差"。
资料来源：《环境噪声监测技术规范 城市声环境常规监测》（HJ 640—2012）。

表 9-19 和表 9-20 为澳门昼间（08：00—20：00）与夜间（20：00—08：00）时段声环境质量网格统计，总体而言澳门声环境在五级所占比例最大，声环境水平质量差。昼间时段，澳门半岛、氹仔地区环境噪声在"差"级别所占比例最大，覆盖面积分别达 64% 和 57.7%，环境噪声水平在"较差"级别的区域面积与"一般"级别的区域面积相等。路环地区在"一般"级别占比最大，覆盖面积达 55.6%，其次为"较差"水平占比，覆盖区域面积达 25.9%，仅有 14.8% 的区域声环境质量为"较好"水平，无环境噪声水平为"好"级别的区域，而澳门半岛与氹仔地区声环境质量均没有评价级别为"好""较好"的地段。总体而言，澳门路环地区声环境质量优于本岛与氹仔地区。

夜间时段，澳门声环境质量整体堪忧，约有 68.2% 的区域噪声水平高于 55 dB，处于五级，即"差"水平。夜间声环境质量最高评价等级仅为三级，即"一般"水平，均在路环地区。澳门半岛、氹仔地区夜间环境噪声水平在"差"级别的区域面积分别约为 83% 和 76.9%，噪声污染十分严重，声环境质量水平最低等级仅为四级，即"较

差"水平，覆盖面积分别约为 17% 和 23.1%。路环地区声环境质量在"较差"级别
所占比例最大，覆盖面积约为 55.6%，澳门半岛、氹仔、路环地区均没有环境噪声
水平在"好"与"较好"级别的地段。

表 9-19　澳门环境噪声水平等级划分（昼间时段）

地区	统计项目	08：00—20：00 昼间时段环境噪声水平等级划分				
		一级	二级	三级	四级	五级
		≤ 50.0	50.1~55.0	55.1~60.0	60.1~65.0	> 65.0
澳门半岛	网格数	0	0	8	9	30
	网格面积 /km²	0	0	2	2.3	7.5
	占总网格面积的百分数	0	0	17	19	64
澳门氹仔	网格数	0	0	10	12	30
	网格面积 /km²	0	0	2.5	3	7.5
	占总网格面积的百分数	0	0	19.2	23.1	57.7
澳门路环	网格数	0	4	15	7	1
	网格面积 /km²	0	1	3.8	1.8	0.25
	占总网格面积的百分数	0	14.8	55.6	25.9	3.7
澳门全域	网格数	0	4	33	28	61
	网格面积 /km²	0	1	8.3	7	15.2
	占总网格面积的百分数	0	3.2	26.2	22.2	48.4

资料来源：研究团队成员自绘整理。

表 9-20　澳门环境噪声水平等级划分（夜间时段）

地区	统计项目	20：00—08：00夜间时段环境噪声水平等级划分				
		一级	二级	三级	四级	五级
		≤ 40.0	40.1~45.0	45.1~50.0	50.1~55.0	> 55.0
澳门半岛	网格数	0	0	0	8	39
	网格面积 /km²	0	0	0	2	9.8
	占总网格面积的百分数	0	0	0	17	83
澳门氹仔	网格数	0	0	0	12	40
	网格面积 /km²	0	0	0	3	10
	占总网格面积的百分数	0	0	0	23.1	76.9
澳门路环	网格数	0	0	5	15	7
	网格面积 /km²	0	0	1.25	3.75	1.75
	占总网格面积的百分数	0	0	18.5	55.6	25.9
澳门全域	网格数	0	0	5	35	86
	网格面积 /km²	0	0	1.25	8.75	21.5
	占总网格面积的百分数	0	0	4	27.8	68.2

资料来源：研究团队成员自绘整理。

本研究除了以《环境噪声监测技术规范 城市声环境常规监测》（HJ 640—2012）为噪声评价标准外，还以澳门特区政府1994年11月14日颁布的第 54/94/M 号法令（表9-21）为标准对澳门各区环境噪声水平进行评价，评价结果见表9-22和表9-23。昼间时段澳门半岛与氹仔地区噪声污染严重，分别有55.3%和71.2%的区域超过了环境噪声标准，而路环地区昼间时段环境噪声水平状况良好，约74.1%的区域昼间噪声平均等效声级小于等于60 dB。夜间时段澳门整体声环境水平状况差，其中澳门氹仔地区噪声污染最为严重，约有86.5%的区域超过了噪声限值。

表 9-21　澳门各区环境噪声标准

地区	环境噪声标准 / dB	
	昼间	夜间
澳门半岛	65	55
澳门氹仔	60	50
澳门路环	60	50

资料来源：研究团队成员自绘整理。

表 9-22　澳门昼间环境噪声评价表

地区	昼间时段环境噪声标准 / dB	统计项目		
		网格数	网格面积 /km²	占总网格面积的百分数/（%）
澳门半岛	≤ 65	21	5.25	44.7
	＞ 65	26	6.5	55.3
澳门氹仔	≤ 60	15	3.75	28.8
	＞ 60	37	9.25	71.2
澳门路环	≤ 60	20	5	74.1
	＞ 60	7	1.75	25.9

资料来源：研究团队成员自绘整理。

表 9-23　澳门夜间环境噪声评价

地区	夜间时段环境噪声标准 / dB	统计项目		
		网格数	网格面积 /km²	占总网格面积的百分数 /（%）
澳门半岛	≤ 55	9	2.25	19.1
	＞ 55	38	9.5	80.9
澳门氹仔	≤ 50	7	1.75	13.5
	＞ 50	45	11.25	86.5
澳门路环	≤ 50	14	3.5	51.9
	＞ 50	13	3.25	48.1

资料来源：研究团队成员自绘整理。

表 9-24 和表 9-25 为 2008—2010 年环境噪声评价结果，从表中可看出昼间时段噪声污染严重程度依次为澳门半岛、氹仔、路环，且超过昼间噪声限值的区域面积依次为 83.6%、77.6%、60%。通常认为路环地区声环境质量良好，但事实堪忧，仅 40% 的区域环境噪声水平未超标。夜间时段澳门整体声环境质量差，澳门半岛、氹仔及路环地区均有超 80% 的区域噪声污染。

城市功能活动所产生的声音构成了城市声环境主体，澳门半岛、氹仔、路环地区城市建成状况有很大不同，环境噪声未达标区域面积也不尽相同。随着时间的推移，人们的环保意识不断提高并逐渐意识到噪声污染问题的严重性，澳门特区政府近几年加大了噪声问题整治力度并出台多项减噪措施，虽有初步成效，但由于城市建设的发展，人口数量、机动车数量的增多，噪声污染防治措施所产生的作用微乎其微，声环境质量未达标区域面积无明显变化，噪声污染状况仍十分严重。

表 9-24　2008—2010 年澳门昼间环境噪声评价表

地区	昼间时段环境噪声标准 / dB	统计项目		
		网格数	网格面积 /km²	占总网格面积的百分数/（%）
澳门半岛	≤ 65	18	1.1	16.4
	> 65	92	5.6	83.6
澳门氹仔	≤ 60	17	1.1	22.4
	> 60	61	3.8	77.6
澳门路环	≤ 60	19	1.2	40
	> 60	29	1.8	60

资料来源：研究团队成员自绘整理。

表 9-25　2008—2010 年澳门夜间环境噪声评价表

地区	夜间时段环境噪声标准 / dB	统计项目		
		网格数	网格面积 /km²	占总网格面积的百分数/（%）
澳门半岛	≤ 55	5	0.3	4.3
	> 55	105	6.6	95.7
澳门氹仔	≤ 50	3	0.2	4.1
	> 50	75	4.7	95.9
澳门路环	≤ 50	8	0.5	16.7
	> 50	40	2.5	83.3

资料来源：研究团队成员自绘整理。

2. 环境噪声水平下的住宅数量统计

图 9-49 为暴露于不同时段环境噪声水平的住宅分布，表 9-26 和表 9-27 为澳门环境噪声水平下的住宅数量统计。昼间时段，澳门半岛有 3416 栋住宅处于噪声超标区域，氹仔与路环分别达 458 栋和 49 栋，分别约占每个区域住宅总数的 71.5%、99.8%、65.3%。夜间时段，氹仔与路环地区位于环境噪声超标区域的住宅虽较昼间住宅数量减少但受污染状况仍十分严重，澳门半岛区域有 4231 栋住宅位于环境噪声超标区域，较昼间约增长了 23.9%。

噪声污染是影响城市居民生活质量的一个重要问题，长期处于声环境质量水平较差地区的居民的睡眠质量会受到影响，心理健康、幸福感指数及工作效率等也会受到影响，严重时患心血管疾病的风险还会增加。澳门昼间与夜间时段位于环境噪声超标区域的住宅数量多，噪声污染已严重影响澳门居民的心理健康与身体健康，阻碍了澳门构建宜居城市的进程。

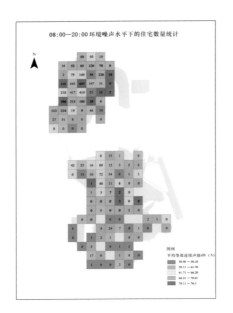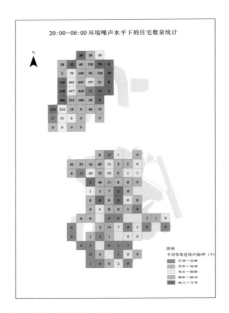

图 9-49　暴露于不同时段环境噪声水平的住宅分布
（图片来源：研究团队成员自绘）

表 9-26 昼间噪声水平下的住宅数量统计

地区	昼间时段环境噪声标准 / dB	环境噪声水平下的住宅数量统计 / 栋
澳门半岛	≤ 65	1360
	> 65	3416
澳门氹仔	≤ 60	1
	> 60	458
澳门路环	≤ 60	26
	> 60	49

资料来源：研究团队成员自绘整理。

表 9-27 夜间噪声水平下的住宅数量统计

地区	夜间时段环境噪声标准 / dB	环境噪声水平下的住宅数量统计 / 栋
澳门半岛	≤ 65	545
	> 65	4231
澳门氹仔	≤ 60	52
	> 60	407
澳门路环	≤ 60	58
	> 60	21

资料来源：研究团队成员自绘整理。

3. 澳门噪声影响因子空间分布特征

按照现行国标声环境评价标准及澳门当地声质量评价标准进行澳门声环境质量评价，结果显示总体上澳门有超过二分之一的地区噪声值长期处于 65 dB 以上，噪声污染状况十分严重。有多项研究证实城市形态因子对城市声环境有影响，不同的城市形态因子的空间分布也不相同（图 9-50）。绿视率高值主要分布于澳门半岛中部、氹仔北部及路环岛绝大部分地区。街道围合度高值主要分布于澳门半岛中西部地区并呈现向东部与南部区域逐渐递减的空间分布特征；氹仔地区街道围合度呈现出北部边缘向中部、南部区域逐渐递增的空间特征；路环大部分地区街道围合度低，偶有高值分布于东部边缘。天空开阔度与街道围合度呈现出近似互为相反的空间分布特征。建筑密度高值分布于澳门半岛中部地区，并逐步向边缘递减；氹仔地区建筑密度呈现出北部与中部高、四周低的特征；路环大多数地区建筑密度低，偶有高值分布于西部边缘。澳门半岛绝大多数地区路网密度高，其高值主要分布于本岛中部地区；氹仔中北部与南部地区路网密度高；路环地区绝大部分地区路网密度低。半岛地区植被覆盖度低且高度分散，已开发的建设用地几乎覆盖澳门半岛全部地区；氹仔地区北部边缘与西南部地区植被覆盖度高；路环大部分地区植被覆盖度高，已开发的建设用地主要分布于西部与东部边缘处。不同功能设施分布特征与建设用地分布特征近似。

将不同时段噪声空间分布特征与建成环境要素空间分布特征进行对比，可发现噪声高值区的天空开阔度低、街道围合度高、植被覆盖度低，而噪声低值区往往具有建筑密度低、功能设施数量少、植被覆盖度高、路网稀疏、交叉口个数少的特征。虽噪声平均等效声级大小与建成环境特征分布有一定联系，但其相关性还需要进一步探讨。

建筑密度形态因子空间分布

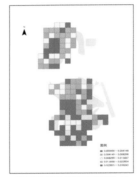
路网密度形态因子空间分布

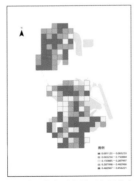
街道围合度形态因子空间分布

绿视率形态因子空间分布

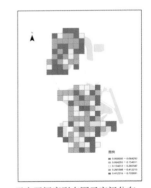
天空开阔度形态因子空间分布

图 9-50　城市形态因子空间分布
（图片来源：研究团队成员自绘）

9.2.2　澳门街区声环境优化策略

1. 空间形态优化

由前可知，城市形态会影响城市噪声。街道绿化可以缓解城市热岛效应、噪声污染等不良影响，绿视率是衡量城市立体绿化的计量指标，可以对二维层面绿化率、绿地覆盖率进行补充，所以本研究首次将绿视率作为影响城市声环境的特殊类城市形态因子进行回归分析。回归分析结果显示，噪声的平均等效声级随街道绿视率的提高而降低，城市街道植被在降低噪声的平均等效声级中起着重要作用。前人的研究也证实道路附近的树木可以拦截声音。植被本身的叶片、树枝、树干等可以对声波进行反射及散射；植被可将由声波引起的机械振动转化为热能进而吸收声波；种植植被的多孔隙土壤也是影响噪声衰减的主要因素。天空开阔度、街道围合度指标反映了城市的街道空间几何结构形式。研究结果表明，街道围合度越高、天空开阔度越低，对噪声的影响越大，这与吴鹊鹏、Pyoung-Jik Lee 等的研究结果一致。高密度城市的街道空间较封闭，例如澳门、香港等，街道空间呈峡谷状，峡谷状空间的声环境不仅受到噪声源的直接影响，也受到不透水地面、街道两侧建筑外立面反射声的影响，有研究显示道路材料、建筑结构、建筑材料在声传播、反射中具有重要作用，使狭窄的街道空间噪声平均等效声级增大。

景观格局指数是反映景观结构组成和空间布局特征的定量指标，通过选取植被斑块级别的 PLAND 与 DIVISION 指标，探究其对澳门城市声环境的影响。目前已有研究表明空间景观格局影响噪声传播，此次研究结果也已证实景观格局指数可以影响城市噪声水平。回归分析结果表明，植被覆盖度越高、面积越大，噪声平均等效声级越小，城市环境越安静，这与前人研究结果一致。增加植被面积、优化植被空间布局模式，是降低噪声污染的有效方式。植物具有消声作用，噪声衰减水平随植被叶面积密度的增大而增高；土壤也是影响植被、降低噪声水平的重要因素，有研究显示土壤孔隙度大小影响声学特性，高渗透性土壤吸声系数高，低渗透性土壤吸声系数低，植被通过影响土壤含水量与孔隙度来影响土壤吸声系数。景观格局指数反映城市开发的建设强度，噪声水平随着植被破碎度的增高而增高，澳门城市开发建设强度大，植被破碎化程度高，人类在城市中的开发建设活动会提高噪声污染水平。澳门植被破碎化程度高，也反映出澳门城市不透水表面面积比例大，声波可以在不透水表面多次反射并放大它们的大小，所以植被越紧凑布局越利于噪声水平的降低，也证实增加绿色基础设施是降低噪声污染水平的有效手段。

本研究发现无法用常规类指标中的建筑密度与路网密度解释建筑密度与路网密度对澳门噪声的影响，与前人研究结果不一致。此外，在多人研究中发现建筑密度与路网密度对噪声的影响会因为城市整体形态特征的不同而不同，例如 Ryu 研究中所选取的城市韩国清州市，城市空间形态以高层建筑为主，随建筑密度与路网密度的增大，噪声污染水平也会增高，而在 Salomons 的研究中发现，噪声水平随着路网密度与建筑密度的增大而降低，其选择的城市为阿姆斯特丹，该城市以低层建筑为主且郊区化严重。因此，建筑密度与路网密度会因为城市形态的不同而对噪声的影响水平不同，这也从侧面表明建筑密度、路网密度不适用于所有城市用来探究影响噪声的潜在空间形态因子。

2. 城市声景营造

声景（soundscape）是指研究人、听觉、声环境与社会之间的相互关系，与传统的噪声控制不同，声景重视感知，而非仅物理量，其目的为从听觉方面辅助营造空间氛围，丰富户外空间中的场所体验。葛坚、卜菁华（2003）以日本佐贺市为例，分析了城市公园声景（观）的构成要素与设计要素，并提出了营造城市公园声景（观）的设计方法；沈中建、曾坚（2020）以济南市典型的室外活动空间为研究对象，通过调查问卷与实地测量的方式找出影响户外活动空间声环境质量的环境因素，构建户外活动空间声环境评价模型，提出了优化户外活动空间的环境要素，进而营造优良的声环境；蒿奕颖（2014）等人通过听音测试和声环境质量仿真的方法，找寻声景中声掩蔽产生明显效果的物理环境因素，经过研究发现可以通过调整绿地周长、临街建筑与道路间距离等因素加强声掩蔽效果，通过规划设计的方法提升声环境质量。

3.声环境分级管控

在时间维度上，澳门昼间与夜间的噪声平均等效声级高于凌晨时段的噪声平均等效声级，这与人群的行为活动特征有很大关系。白天时段人口活力强、人群聚集度高、车流量大，且因该时段为各项功能类设施的经营时段，噪声源多。在空间维度上，受空间关联机制的影响，澳门不同时段的噪声平均等效声级的高值空间分布主要聚集在澳门半岛的黑沙环及佑汉区、黑沙环新填海区、望厦及水塘区、沙梨头及大三巴区、中环、下环区，澳门冰仔及路冰填海区，在后续澳门声环境整治中应优先对这些片区进行优化。

9.3 澳门街区健康性评价与优化提升策略

9.3.1 澳门街区健康性评价

1. 澳门群体公共健康评价

本书选取的澳门高密度街区集中在澳门半岛区域，澳门半岛在整体空间与人口的分布上达到了高密度街区的标准（图9-51）。

根据前文评价体系，群体公共健康是城市健康程度评价的重要方面。本研究通过参考国内外相关文献，整理出常见的群体公共健康评价指标及其出现频数，最终选择出现频数最高的10项指标作为评价群体公共健康的基础指标（表9-28）。

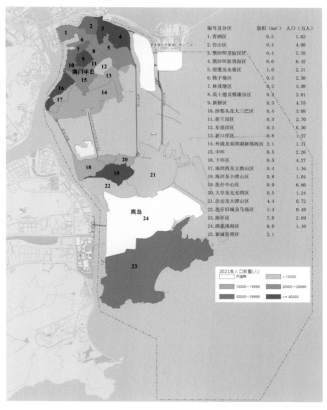

图9-51　澳门半岛分区及各区域人口
（图片来源：澳门特别行政区地图绘制暨地籍局）

表 9-28　澳门群体公共健康评价指标统计

指标	全国指标参考	澳门数据	数据层级	数据来源
5 岁以下儿童死亡率	7.50‰	5.1‰	澳门全域	澳门统计年鉴 2020
平均预期寿命	77.3	83.8 岁	澳门全域	澳门特别行政区卫生局网站
死亡率前十死亡原因	恶性肿瘤、心脏病、呼吸系统疾病等	恶性肿瘤、高血压、心脏病、肺炎、脑血管病、蓄意自我伤害、肾病类、糖尿病、呼吸道疾病、意外伤害	澳门全域	澳门特别行政区卫生局网站
死亡人数（死亡率）	7.14‰	3.3‰	澳门全域	澳门特别行政区卫生局网站
患病率及发病率	—	—	—	—
意外伤害死亡	—	26 人	澳门全域	澳门特别行政区政府网站
出生人数（出生率）	10.48‰	8.1‰	澳门全域	澳门特别行政区政府网站
健康期望寿命	68.7 岁	—	—	—
婴儿死亡率	3.5‰	2.2‰	澳门全域	澳门特别行政区政府网站
幼儿死亡率	2.1‰	1.4‰	澳门全域	澳门特别行政区政府网站

资料来源：研究团队成员自绘（卢韵竹，2022）。

其中关于疾病的具体数据见图 9-52。

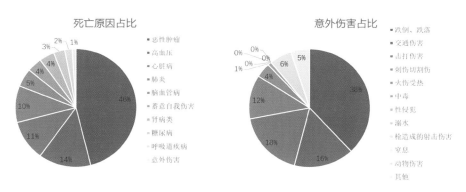

图 9-52　死亡率前十死亡原因和意外伤害事故类别统计图
（图片来源：研究团队成员自绘（卢韵竹，2022））

在分析区域健康数据时将其分为两类：数值型指标和列举类指标。对于数值型指标，其评价得分及结果分析见表9-29。

表 9-29　澳门群体公共健康评价分析

指标	澳门数据	发展指数	结果简述
5岁以下儿童死亡率	5.1‰	68	结果小于100，区域5岁以下儿童死亡率指标优于全国水平。5岁以下儿童生命健康状况相对较好
平均预期寿命	83.8岁	108	结果略大于100，区域平均预期寿命指标略优于全国水平。人群寿命期望较高，反映健康状态较好
死亡人数（死亡率）	3.3‰	47	结果远远小于100，区域死亡人数指标明显优于全国平均水平。人群死亡率很低，从侧面反映疾病患病率较低，以及治愈率水平较高
出生人数（出生率）	8.1‰	77	结果小于100，区域出生人数指标比全国水平低，人口增长情况略逊于全国平均水平
婴儿死亡率	2.2‰	63	结果小于100，区域婴儿死亡率指标优于全国水平。从侧面反映婴儿成活率高，健康发展状况较好
幼儿死亡率	1.4‰	67	结果小于100，区域幼儿死亡率指标优于全国水平。幼儿存活率较高，生命发展状况较好

单项指标发展指数 = [1 ± （特定时间内指标实际值－同时间内指标基准值）/ 该指标基准值] ×100，其中指标基准值为宏观区域指标平均值，指标的原始分值为100

表格来源：研究团队成员自绘（卢韵竹，2022）。

疾病排行数据也是评价体系中重要的一环，其反映了当今影响澳门公共健康的主要疾病。根据对官方统计数据的对比分析，对澳门公共健康影响最为严重的四种疾病为恶性肿瘤、高血压、心脏病与肺炎。总体来看，澳门的整体健康水平高于全国平均水平。在疾病类数据中，对澳门影响较大、致死率或患病人数较高的疾病基本属于常见病范畴。因此，群体公共健康评价结果可作为区域公共健康水平的有效参考。

2. 澳门高密度街区健康性评价

澳门半岛原生街区道路间距小，区域建筑密集是半岛老街区的主要问题，同时因其人口容量巨大，澳门半岛新规划区域建筑层数偏高，容积率也相对较高。在初步筛选后，12个街区将作为公共健康导向的高密度街区评价的评价案例，目前符合条件的案例为：A-01、A-02、A-03、A-04、A-05、A-06、A-07、B-01、B-02、B-03、B-04、B-05（图9-53）。评价将从空气污染、极端气候应对、环境噪声、交通布局、公共服务、市政设施、开敞空间与生态7个方面进行。

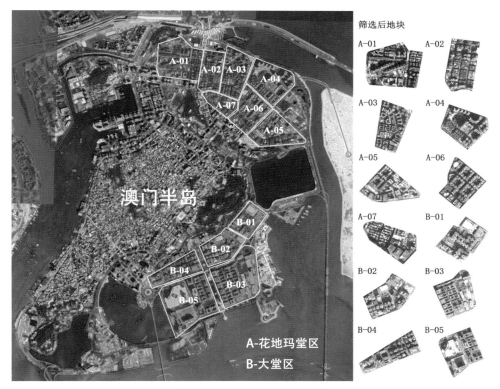

筛选后地块

A-01   A-02

A-03   A-04

A-05   A-06

A-07   B-01

B-02   B-03

B-04   B-05

澳门半岛

A-01
A-02 A-03
A-04
A-07 A-06
A-05

B-01
B-02
B-04
B-03
B-05

A-花地玛堂区
B-大堂区

图 9-53 筛选后的高密度街区

（图片来源：卫星图来源于天地图，审图号：GS（2024）0568号。分析元素为研究团队绘制）

（1）街区空气污染评价

澳门高密度街区空气污染评价包括三个部分，分别为空气质量指数、吸烟区及污染防护措施与街区主要禁烟区警报功能。根据2020年全年监测数据统计，监测点全年空气质量均处于良好及普通水平，不构成对公共健康的威胁。在2021年上半年，地块A街区与地块B街区，空气质量指数不达标天数的比例分别为5%与8.75%。总体来看，澳门高密度街区地块空气质量在大部分情况下处于达标状态（图9-54~图9-58）。

澳门高密度街区的空气污染问题总体情况较好，但部分时间依然存在空气污染现象。2021年上半年澳门高密度街区的主要空气污染物为PM10，它可能在短期内对居民健康造成一定影响。澳门多层及高层高密度街区总体空气质量与其建筑密度及人口密度无直接关系。

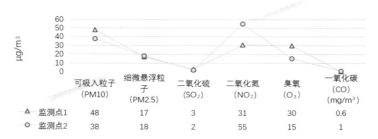

图 9-54　街区空气质量监测数据

（图片来源：研究团队成员自绘（卢韵竹，2022））

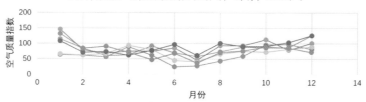

图 9-55　澳门 2018—2020 年监测点空气质量趋势

（图片来源：研究团队成员自绘（卢韵竹，2022））

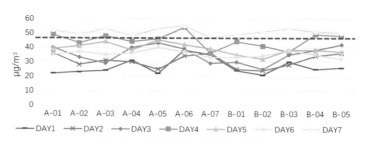

图 9-56　街区 PM2.5 测量数据统计

（图片来源：研究团队成员自绘（卢韵竹，2022））

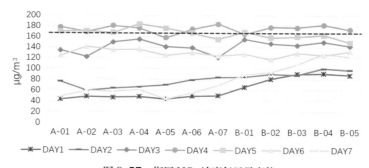

图 9-57　街区 NO$_2$ 浓度每日最高值

（图片来源：研究团队成员自绘（卢韵竹，2022））

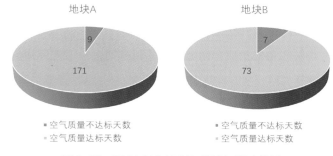

图 9-58　2021 年空气质量不达标天数及比例
（图片来源：研究团队成员自绘（卢韵竹，2022））

（2）街区极端气候应对评价

澳门地处亚热带且三面临海，在夏季常处于高温及高湿天气环境中，同时也易受热带风暴与台风困扰。澳门的高密度街区极端气候应对评价主要针对其热带风暴与台风暴雨天气的应对措施进行。

在街区层面，为了应对极端气候采取预警与灾害应急救灾的方式进行极端气候防护。应对的措施有利用大型公共场所进行人员集散（图 9-59），以及利用内港防洪挡潮工程防洪挡潮（图 9-60）。根据极端气候紧急避险场所示意，在所选取的高密度街区当中，街区 A-01、A-06 和 B-02 中有相关避险场所，其余街区内部缺失相关避难地。且街区 A-07 和 B-04 有雨水积水风险。因此在半岛所选高密度街区中，多数街区应对极端天气设施不足，在极端天气时可能对居民有健康伤害。在 12 个高密度街区中街区 A-07 和 B-04 的相关健康风险最大，计 0 分，街区 A-01、A-06 和 B-02 街区风险等级较低，居民健康风险较小，计 1 分，其余街区计 0.5 分。

（3）街区环境噪声评价

关于街区降噪，在所选取的 12 个街区中，在建筑材料防噪方面，居住建筑没有特别的防噪措施，大型商业休闲类建筑（娱乐城、体育馆等）采用噪声阻隔材料进行建筑外墙的包装，减少了室内噪声的向外传播。基于植物对声音有阻隔作用，对 12 个街区的植被降噪措施的统计结果进行分析可得出，街区 A-03、A-04、B-03 三个街区植被基本覆盖街区道路，对街道噪声有一定阻隔作用；街区 A-01、A-02、A-06、B-02 四个街区植被约覆盖一半街区道路，对街道噪声有一定阻隔作用；而街区 A-05、A-07、B-01、B-04、B-05 五个街区基本没有植被覆盖街区道路（表 9-30）。

①澳门工会联合总会工人体育场　　■雨水浸水区域
②中葡职中体育馆
③海星中学

①内港防洪挡潮工程
②内港防洪挡潮工程2

图9-59　澳门部分街区雨洪疏散集中场地
（图片来源：卫星图来源于天地图，审图号：
GS（2024）0568号。分析元素为研究团队绘制）

图9-60　澳门内港防洪挡潮工程
（图片来源：卫星图来源于天地图，审图号：
GS（2024）0568号。分析元素为研究团队绘制）

表9-30 街区噪声阻隔植被分布

街区编号	道路两边噪声阻隔植被情况	降噪植被覆盖情况	街区编号	道路两边噪声阻隔植被情况	降噪植被覆盖情况
街区 A-01		约覆盖一半 计分 0.5	街区 A-07		较少 计分 0
街区 A-02		约覆盖一半 计分 0.5	街区 B-01		较少 计分 0
街区 A-03		基本覆盖 计分 1	街区 B-02		约覆盖一半 计分 0.5
街区 A-04		基本覆盖 计分 1	街区 B-03		基本覆盖 计分 1
街区 A-05		较少 计分 0	街区 B-04		较少 计分 0
街区 A-06		约覆盖一半 计分 0.5	街区 B-05		较少 计分 0

（表格来源和图片来源：研究团队成员自绘整理（卢韵竹，2022））

街区噪声监测站可服务的街区为 A-03 与 B-05，噪声测量数据在网站上进行实时公示（图 9-61）。据澳门特别行政区环境保护局 2020 年的环境噪声监测报告，在监测日内，所选取的澳门半岛街区内，处于噪声合理范围内的地块部分存在于街区 A-07、B-01、B-03，而街区 A-05 与 B-05 噪声分贝较大，属于严重噪声污染街区（图 9-62）。

图 9-61 噪声监测站分布
（图片来源：卫星图来源于天地图，审图号：
GS（2024）0568 号。分析元素为研究团队绘制）

图 9-62 噪声监测反馈
（图片来源：卫星图来源于天地图，审图号：
GS（2024）0568 号。分析元素为研究团队绘制）

（4）街区交通布局评价

澳门半岛街区交通布局可以按建设时期分类。地块 A 以老式居民社区为主，道路布局多呈方格网形式，道路宽度较小，密度偏大，整体呈现窄路密网的形式。地块 B 多为新建片区，单位街区尺度较大，道路较为宽阔（图 9-63）。对公共交通站点可达性进行评价，在 12 个街区中，只有街区 B-02 及其周边没有公共交通站点（图 9-64）。

通过对街区慢行系统建设程度进行评价发现，在城市管理上，公共交通与行人拥有优先路权。在街区慢行系统的建设上，地块 A 覆盖较少，地块 B 覆盖较广（图 9-65）。

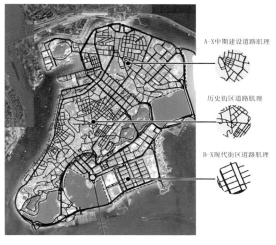

图 9-63　澳门半岛交通肌理
（图片来源：卫星图来源于天地图，审图号：
GS（2024）0568 号。分析元素为研究团队绘制）

图 9-64　评价街区公共交通站点分布
（图片来源：卫星图来源于天地图，审图号：
GS（2024）0568 号。分析元素为研究团队绘制）

图 9-65　空间慢行系统建设
（图片来源：卫星图来源于天地图，审图号：GS（2024）0568 号。
分析元素为研究团队绘制）

由此可知，澳门高密度街区以窄路密网的空间肌理为主，且道路布局较为整齐。在交通方式的安排上，澳门全域以公共交通、人行交通为主的出行政策减少了污染物的排放。鉴于半岛用地的紧张和集中，交通运输部门也采取了相应的管理措施，例如监督机动车礼让行人等。因此，澳门高密度街区的交通布局整体较为合理，在绿色出行方面措施得当。

（5）街区公共服务评价

澳门公共服务体系相对较为完善，其街区内对公共健康影响较大的两个指标因素为医疗卫生站点的可达性与适老适残设施的普及率。澳门公立医院和卫生中心均可在步行 15~20 分钟内到达，但其在两个地块中总体上都较少（图 9-66）。

澳门高密度街区虽然在街区的适老适残设施服务上相对不足，但其较为完善的社会管理服务系统也可以提供充分的适老服务。

澳门公立医院和卫生中心等公立性质的医疗机构在所选取的高密度街区内部分布较少，私营的综合性门诊也较少。在街区应对老龄化方面，澳门特区政府及部分社团构建老龄化服务网络，进行上门服务、预防宣传等，在社会行为上对设施不足进行了补充（图 9-67）。

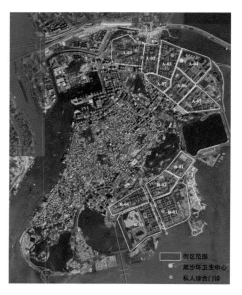

图 9-66　高密度街区医疗机构分布

（图片来源：卫星图来源于天地图，审图号：GS（2024）0568 号。分析元素为研究团队绘制）

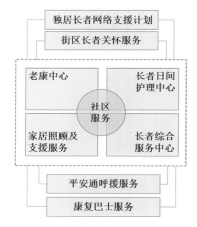

图 9-67　澳门老龄化服务网络

（图片来源：研究团队成员自绘（卢韵竹，2022））

（6）街区市政设施评价

在街区市政设施评价中，对澳门高密度街区的公共健康较为重要的方面是生活用水水质、街区排水系统和垃圾收集转运系统三部分。澳门特别行政区政府统计暨普查局公布的"2020 年环境统计"数据显示，在 2020 年澳门特区政府对生活用水共进行两次水质监测，对澳门半岛供水的方式有管网供水与水站供水两种方式，在管网供水方面，澳门半岛监测的水质合格率达 100%；在水站供水方面主要由青洲水厂供应，其监测的水质合格率为 100%。综上所述，澳门半岛整体的生活用水水质基本可以达标。

在进行极端气候应对分析时，分析了街区易出现内涝的部分，街区 A-07 和 B-04 两部分有出现城市内涝的风险（图 9-59）。其他街区风险较低。

除街区 A-04 外，其余街区均有相关垃圾收集设施（图 9-68）。

在与健康情况相关的市政设施方面，澳门高密度街区设施较为完善，基本可以满足居民日常生活需求，也有一定的抗灾害能力。除了早期的安排布置外，在使用期间的定时监测与维护也是市政设施发挥作用的重要一环。

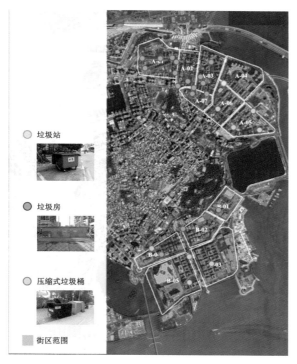

图 9-68　澳门垃圾收集点

（图片来源：卫星图来源于天地图，审图号：GS（2024）0568 号。分析元素为研究团队绘制）

（7）街区开敞空间与生态评价

街区开敞空间与生态评价包含自然生态场地可达性、公园绿地面积及开敞空间的位置与面积。

在所选取的高密度街区中，街区 A-04、A-05 的公园绿地可达性较低，但街区内部带状绿地可提供街区的生态服务及满足活动需求。所选取街区均符合街区绿地可达的标准。街区 A-04、A-05 和 B-03 内绿地公园分布较少，可达性低。地块 A 远远无法满足街区内公园绿地面积需求。在地块 B 中，街区人均拥有绿地面积约为 12 m²，人均绿地公园面积符合指标要求（10 m²/ 人）。综上分析，在地块 A 中，街区人均公园绿地面积不满足公共健康指标要求，在地块 B 中，街区基本满足公园绿地面积的要求（图 9-69 和图 9-70）。

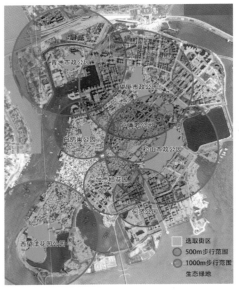 

图 9-69　公园绿地服务范围

（图片来源：卫星图来源于天地图，审图号：GS（2024）0568 号。分析元素为研究团队绘制）

图 9-70　街区绿地分布

（图片来源：卫星图来源于天地图，审图号：GS（2024）0568 号。分析元素为研究团队绘制）

由各街区开敞空间面积统计数据可知，在 12 个测评街区中，开敞空间面积总和达到 1ha 的街区有 A-03、A-04、B-01、B-02、B-03 和 B-05（图 9-71）。综上分析，澳门半岛高密度街区中，地块 A 老街区内部开敞空间总体容量水平较低，开敞空间

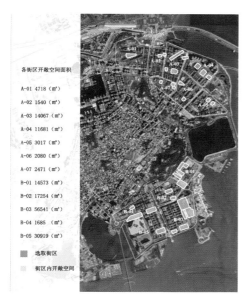

各街区开敞空间面积

A-01 4718 (m²)
A-02 1540 (m²)
A-03 14067 (m²)
A-04 11681 (m²)
A-05 3017 (m²)
A-06 2080 (m²)
A-07 2471 (m²)
B-01 14573 (m²)
B-02 17254 (m²)
B-03 56541 (m²)
B-04 1685 (m²)
B-05 30919 (m²)

■ 选取街区
□ 街区内开敞空间

图 9-71   开敞空间位置及面积
（图片来源：卫星图来源于天地图，审图号：
GS（2024）0568 号。分析元素为研究团队绘制）

的分布及面积不能满足街区内使用指标要求。地块 B 的新建高密度街区在整体上开敞空间分布较多，对街区的环境以及居民集散都能起到优化作用。

综合上述分析，澳门半岛高密度街区在整体生态绿化构建上较为适宜，绿地和公园空间能覆盖大部分的街区居民，半岛整体的生态环境服务可以基本满足区域需求。但在高密度街区内部的开敞空间或绿地空间的分布上，地块 A 属于较为老旧的高密度街区，整体缺乏开敞空间或绿地，因此这部分街区产生环境污染、影响公共健康的可能性较大。地块 B 属于新建的高密度街区，虽然建筑密度较大，但开敞空间的分布也较为广泛，在生态建设和人群集散上可以满足街区内的居民使用需求，对街区居民的公共健康也产生积极作用。

4. 综合评价

根据第四章总结的澳门高密度街区健康性评价指标，各街区的公共健康未达到全部符合的标准（表 4-11）。街区主要未达标项集中在街区噪声和生态开敞空间部分，且对比地块 A 与地块 B 发现，地块 B 的街区健康性整体优于地块 A。在 12 个所选取的高密度街区中，街区总体健康性较好的有 A-03、B-01、B-02、B-03 与 B-05。健康状况良好的街区在地块 B-X 中分布较多，而街区 A-04、A-05、A-07 的健康状况较差，均在街区总分及格标准（10.2 分）以下。结合上文的评价指标分级，在澳门高密度街区的特定条件下，空气污染、极端气候应对和环境噪声等几类指标（一级指标）对人居公共健康水平的影响较大（表 9-31）。

表 9-31　街区健康水平情况得分汇总

街区	指标项	分数	街区	指标项	分数	街区	指标项	分数
A-01	空气污染	2	A-05	空气污染	2	B-02	空气污染	3
	极端气候应对	1		极端气候应对	0.5		极端气候应对	1
	环境噪声	0.5		环境噪声	0		环境噪声	0.5
	交通布局	2		交通布局	2		交通布局	1
	公共服务	1.5		公共服务	1		公共服务	1
	市政设施	3		市政设施	3		市政设施	3
	开敞空间与生态	1		开敞空间与生态	1.5		开敞空间与生态	3
	总分	11		总分	10		总分	12.5
A-02	空气污染	2	A-06	空气污染	2	B-03	空气污染	3
	极端气候应对	0.5		极端气候应对	1		极端气候应对	0.5
	环境噪声	0.5		环境噪声	0.5		环境噪声	0.5
	交通布局	2		交通布局	2		交通布局	2
	公共服务	1.5		公共服务	1		公共服务	1.5
	市政设施	3		市政设施	3		市政设施	3
	开敞空间与生态	1		开敞空间与生态	1		开敞空间与生态	2.5
	总分	10.5		总分	10.5		总分	13
A-03	空气污染	2	A-07	空气污染	2	B-04	空气污染	3
	极端气候应对	0.5		极端气候应对	0		极端气候应对	0.5
	环境噪声	2		环境噪声	0		环境噪声	0
	交通布局	2		交通布局	1		交通布局	2
	公共服务	1.5		公共服务	1		公共服务	1
	市政设施	3		市政设施	2		市政设施	2
	开敞空间与生态	1.5		开敞空间与生态	1.5		开敞空间与生态	2.5
	总分	12.5		总分	7.5		总分	11
A-04	空气污染	2	B-01	空气污染	3	B-05	空气污染	3
	极端气候应对	0.5		极端气候应对	0.5		极端气候应对	0.5
	环境噪声	1		环境噪声	0		环境噪声	1
	交通布局	1.5		交通布局	2		交通布局	2
	公共服务	2		公共服务	1		公共服务	1
	市政设施	2		市政设施	3		市政设施	3
	开敞空间与生态	0.5		开敞空间与生态	3		开敞空间与生态	3
	总分	9.5		总分	12.5		总分	13.5

表格来源：研究团队成员自绘（卢韵竹，2022）。

9.3.2 澳门街区公共健康空间优化提升策略

1. 公共健康导向的澳门高密度街区健康性评价结论

根据得分以及对所选取街区的分项评价可知，澳门的高密度街区在健康性建设上整体表现尚可。高密度建设影响了街区空间的利用、街区污染物的消散，高密度的人口集聚可能造成街区资源分配不均，这些方面在所选取的高密度街区中体现不明显。街区整体较为严重的问题是街区噪声。

由评价街区对比分析可知，澳门半岛高密度街区健康程度因其空间布局的不同有所差异，同时，高密度的街区营造方式也对街区健康水平产生某些影响，比如活动空间较少、污染物不易消散等。针对以上结论，在高密度街区的建设上需要进行相应的改进优化，以提升街区公共健康水平。

在空间布局上，由评价结果可知，在建筑指标的统计上，地块A街区的容积率虽整体略低于地块B街区，但在建筑密度上地块A街区整体较高（表9-32）。由此可见，在高密度街区中，地块的容积率对街区的健康水平影响较小，而所测评街区的建筑密度与街区健康水平可能有正相关关系。

表 9-32 街区的建筑密度与容积率对比

地块A街区	地块A街区容积率	地块A街区建筑密度	地块B街区	地块B街区容积率	地块B街区建筑密度
A-01	3.3	0.41	B-01	5.6	0.37
A-02	3.8	0.53	B-02	3.4	0.31
A-03	4.3	0.38	B-03	4.6	0.34
A-04	4.2	0.28	B-04	5.2	0.39
A-05	4.2	0.47	B-05	5.2	0.44
A-06	4.8	0.41			
A-07	2.3	0.39			
平均值	3.84	0.41	平均值	4.8	0.37

表格来源：研究团队成员自绘（卢韵竹，2022）。

街区的建筑密度与容积率在空间上反映了一定的建筑模式。在本次所测评的街区中，地块A街区建筑密度较高、容积率偏低的空间形态反映了街区建筑占地面积大、开敞空间少、以中高层居多的特点。其建筑组团形式以围合式建筑群落为主，部分建筑呈点群式或行列式布局。在开敞空间肌理上，街道宽度较窄且与住宅紧密连接，集中的开敞空间、生态空间较少。地块 B 街区在空间形态上建筑更为集中，建筑层数偏高但占地面积略小。在建筑组团上，公共建筑多为大体量多层建筑，且其街道较为宽阔，与生活类建筑有一定距离，街区中开敞空间分布也较多（图 9-72）。

图 9-72 建筑组团形式
（图片来源：卫星图来源于天地图，审图号：GS（2024）0568 号。分析元素为研究团队绘制）

地块 A 街区中的建筑多采用围合式布局，且空间距离较近。研究表明，围合式布局不利于街区的通风，妨碍了街区内污染物的扩散，而半围合布局和点群式布局对街区内通风有积极作用。因此，围合式布局与局促的开敞空间是造成地块 A 街区空气污染物易滞留、街区健康性降低的重要因素之一，且狭窄的街道空间与较为紧缺的街区内开敞空间不仅影响街区污染物的消散，也容易对交通产生影响，例如交通混乱导致的交通事故和交通噪声。在对两个不同区域进行分析后，地块 B 街区因其空间形态组合可能有更高的健康水平，对公共健康的损害较小。在空间布局上，高密度街区应尽可能采取点群式、半围合式或街道宽度较大、开敞空间较多的布局模式，将对街区健康性提升有积极作用。

在街区噪声的预防与治理上，街区的应对措施较为滞后。根据公众意见反馈，以及澳门本土噪声数据分析统计，噪声污染确实对居民生活产生了不良影响。在噪声的预防上，澳门噪声区域划分阈值较高，虽然基于实际情况考虑澳门半岛噪声产生可能较为频繁，但降低治理标准的方式不能从根本上解决噪声问题，居民的公共健康依然会受到影响。

在噪声的产生方面，通过城市治理进行相关法律条例的颁布以限制噪声产生是阻断噪声源头的有效方式，同时街区的噪声监测与实时公示可以更直观地反映噪声产生情况，便于噪声污染治理。在空间布局上，高密度街区对街道噪声的防治可以采用适当减小路网密度、适当提高建筑层数的方式。

根据澳门高密度街区噪声监测反馈，街区设置单一绿化进行阻隔的方式对于街区噪声污染的治理作用并不明显。因此，街区可以采取复合措施进行噪声治理，例如给临街建筑底层墙体使用建筑隔音材料，如采用双层玻璃等；在街区内限制室外声音音量，并通过相关监测及监督公示设施进行街区噪声的管理。目前，澳门半岛的街区噪声监测及监督公示设施仅有两处，不足以提供全面的街区噪声污染监督及警示。虽然在噪声治理上，澳门特区政府也搭建了公民噪声举报反馈系统，但其数据反映，实际对居民生活产生影响的噪声并没有减少。因此，在城市管理方面，还需要增加噪声实时监测及公示设施。

2. 公共健康导向的高密度街区健康水平提升建议

综合世界统计数据与科研分析可知，虽然高密度且集中的人口与建设将会产生更多的环境污染物及更加拥挤的空间，但是人口并非与环境和健康问题呈正相关。街区的建筑密度与人口密度并不是影响公共健康的重要原因，在高密度建设之下的空间布局方式、街区内部功能的分布、城市管理治理系统的搭建，以及资金投入的综合系统均影响着高密度街区的居民公共健康。由澳门的群体公共健康评价及健康导向的街区评价可知，澳门半岛高密度街区建设还存在一些不足，但其居民的整体公共健康水平处于全国乃至世界前列，在部分环境治理及健康措施上，也有一些较为先进的经验值得借鉴。在高密度集约的城市布局与集聚流动人口的双重影响下，其街区营造的经验与不足为其他高密度街区的建设或优化更新提供了一些参考。

（1）空间混合使用提升街区空间灵活性

在高密度建设的城市区域，用地空间趋于集中紧凑，部分空间需要采用立体空间使用的方式对空间进行更高效的利用，例如屋顶花园、多层停车场等都是集约使用空间的常用手段。同时，垂直城市的概念也在近几年被引入高密度的城市建设中。垂直城市摒弃了传统街区以平面、中心化的建筑布局模式为主的街区建设，转而强调空间的互动交流，以三维视角营造城市街区空间，其中垂直绿化或空中花园是其基本的表达方式之一（图 9-73）。

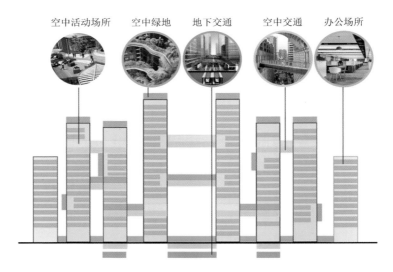

图 9-73　垂直城市的应用方式
（图片来源：研究团队成员自绘（卢韵竹，2022））

部分空间功能在结构上占地面积较大，同时立体使用也较为困难，如大型体育场、剧场等设施。此类设施在使用时具有一定的功能灵活性，除日常的活动功能外，在某些城市灾害发生时，也可以充当暂时的避难场所或提供救助服务的场所。在澳门发生台风及暴雨灾害时，此类大型场所也可以提供临时的弹性避险空间，减少灾害造成的人员伤亡。

（2）**系统化的城市治理维持街区品质**

对澳门高密度街区的健康性建设来说，城市治理、公众参与及资金投入成为提升居民健康水平的有效手段。

鉴于高密度的人口与建筑集聚可能带来的环境影响和健康危害，澳门特区政府将关注点放在城市治理与管控上。当然，在规划新街区时也会考虑自然生态因素，协调高密度人口和建筑容量带来的空间拥挤问题。而对于老式街区，其建筑空间格局已经形成，因此需要通过空间上的局部优化以及管理上的持续监督推进来优化街区环境，提升街区健康水平。

澳门提升居民公共健康水平的方式是多元的，在理念上利用健康城市与环境影响评估相结合的方式，在形式上采取政府牵头、社团协调相关部门、基层实施及监督反馈的健康治理模式（图 9-74）。健康城市委员会的成立促成了政府与相关机构的协调配合，由健康城市委员会进行城市各项健康建设的安排，再对各个机构的负

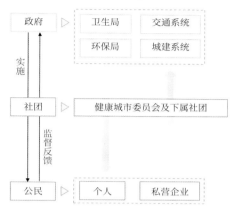

图 9-74　澳门城市健康治理模式
（图片来源：研究团队成员自绘（卢韵竹，2022））

责部分进行实施情况的监测、统计与评价反馈，以保证各项健康措施的有效实施。澳门通过政府机构与社会性的组织协同管理，应付高密度建设及人口集聚带来的环境问题与健康威胁。

根据澳门半岛的街区数据分析和澳门特区政府的健康统计数据可知，系统化的城市治理措施可以减少人口拥挤带来的影响。对城市健康运行状况的维护是城市可持续健康发展的高效手段。可以通过合理分配资源，以及社会组织对各个部分进行协调来平衡资源与空间。例如在适老设施问题的应付上，除了对街区适残适老设施进行改进完善（诸如加装电梯、增加适残步道等），也可成立社会组织，通过调查与上门服务的方式为可能有失智风险的群体提供健康服务；在针对肥胖问题的解决措施上，除了提供活动空间之外，也可通过城市健康活动的组织与宣传达到让居民参与体育活动的目的。由此，健康体系的建立、各部门与社团的有效协调、共同提供街区健康发展环境，是澳门地区公共健康保持良好状态并持续发展的有效保障。

高密度街区公共健康水平的提升并非单一方面的认定，由澳门的健康建设策略可知，城市健康的营造是一个系统化、多面化且持续化的过程。基于政府或技术精

英的城市健康建议与措施并不能完全符合健康预期，在公共健康的维护上，需要持续的城市管理及服务的跟进。城市的建设应该是持续性的，在规划实施或政策制定后，需要通过对城市的持续监督与管理进行规划成果的巩固。

城市治理也为空间的使用提供了新的思路。澳门城市高密度街区中现有交通安排不足以提供慢行系统需求的空间，可通过安排道路使用权的优先级别来保障行人与公共交通的利益。借助诸如通过对城市运行的管理来解决城市空间不足问题的方案，使城市规划与城市治理相互配合，以共同提高街区的健康水平。城市的治理是通过自上而下的政策制定与实施来优化街区人居环境，而城市治理的效果则需要通过实时监督与公示来监测。对城市健康数据（如噪声、空气质量）的监测与公示起到对城市环境措施实施效果的评估和对公众的提示等作用。基于澳门半岛相关监测数据，相关研究机构可以对其发展趋势、街区健康的优势与不足做出合理分析，为后续风险因子的规避与不足方面的优化提供方向。

通过澳门街区的健康维护可知，高密度街区的环境与居民健康水平的提升不仅依赖于城市空间、设施及物理环境的安排，还依赖于设施环境的持续维护，以及对公众的社会服务。规划人员在进行城市设计及街区空间与功能的安排时，还需要考虑协调其他部分的利益诉求，以及城市实际运行需求，将街区的建设与时间的发展密切结合。

当城市空间安排趋向紧张时，城市的管理手段也是协调城市空间使用的有效手段。通过城市交通权利优先级划分、城市环境污染排放限制等管理监察手段可以适当弥补由空间不足造成的环境破坏或健康影响。

诚然，目前来说，国内的城市规划无法实际参与到城市建设的监督与优化当中，因此成立相关的监督与协调小组，监督规划的实施，参与城市设施与环境的维护是城市设计的发展方向。对街区环境与建设的监督也可以反映规划中的实施问题，提供街区健康优化的特定方向。基层街区社区尺度的城市建设是与居民健康直接相关的部分，建立完善的基层公共健康服务体系也是城市管理中的重要部分。

（3）居民反馈与数据更新提供街区优化方向

在国内传统的规划设计中，城市设计工作者主要负责提供空间形态，以及安排功能设施，城市的建设来自上层规划布局及人群活动预期。而城市的实际运行还依赖于城市的管理及居民的参与意愿。城市物理空间与功能的使用方式是居民健康的直接影响因子。居民对街区工作生活环境的心理感知也成为影响公共健康的因素之一。提升居民的幸福感，纾解其心理及精神压力也成为提升居民健康水平的有效途径之一。通过对澳门半岛的居民调查发现，居民认为对健康影响较大的因素并非规划人员传统意义上关心的绿地、医疗设施可达性等因素，相对来说，居民更趋向于寻找更好的医疗条件、更有效的治疗措施达到健康目的，而非便捷可达的医疗站点。同时，在现代生活模式的影响下，中青年居民的日常活动方式也发生了变化。研究表明，中青年居民对活动休闲空间与绿化生态空间的关注度并不高。因此，在土地利用较为集约的街区中，居民也可以很好地适应缺少活动休憩空间的街区布局。高密度的建设环境、缺失的户外开敞空间并未在心理上对居民生活产生重大影响。

澳门健康城市委员会以年为单位将居民对街区环境的反馈进行统计与整理，并通过对反馈数据的整理与日常监测数据的统计进行对比分析，进而有针对性地进行街区环境的提升与优化。在建设时需要预留部分弹性空间，在后期环境与功能的调整上依据居民的反馈对街区进行优化与提升。

在笔者收集国内健康数据时发现，公共健康数据收集较多、数据较齐全的城市，居民公共健康水平普遍较高。居民健康数据及街区相关健康性指标数据的测量与公示是科学分析区域健康水平和预测街区健康优化方向的科学依据。澳门在进行居民健康水平分析时，对居民医疗、疾病、活动、生活环境等多个方面的数据进行收集与分析，并以年为单位根据健康分析报告进行有针对性的城市健康优化。科学分析街区健康优化的效率，也进一步巩固了群体公共健康的发展。

在提升群体健康水平上，科学的数据收集与分析需要与居民反馈结合应用。居民是街区使用的主体，规划与其他城市建设相关部门为居民提供空间与服务，但空间的使用效率与服务的适用性是基于公众意愿与主观选择的。居民反馈调查数据反映了居民的心理需求与预期，对居民需求的把握也是减少居民心理压力和提升居民生活幸福感的途径之一。居民选择与数据分析的协同，将为区域高密度街区的健康建设提供针对性依据。

（4）基层医疗系统投入的保障公共健康基本诉求

居民的健康程度很大一部分依赖于区域医疗条件与政府的医疗投入。世界卫生组织有关世界各国总体健康水平的研究报告指出，政府的医疗支出与区域健康水平呈正相关。例如在我国，东南沿海地区整体公共健康水平高于东北部和西北部地区。

澳门公立医院或医疗机构分布较少，医疗系统中私营占主体。为使医疗系统可以为居民提供更完善与便捷的服务，澳门半岛通过政府补贴的方式为居民就医提供援助，如此一来特殊群体，如老年人与儿童可享受部分免费的就医服务（图9-75）。政府对医疗系统的资金支持解决了城市居民

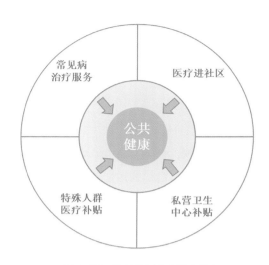

图9-76 澳门特区政府健康投入
（图片来源：研究团队成员自绘（卢韵竹，2022 ））

的部分疾病治疗问题，对提升居民健康水平、增加寿命有较大帮助。在医疗技术水平上，澳门由于各方面的限制，缺少较为先进的医疗科技，但其健康水平高居世界前列更多得益于基层医疗的普及。一系列对基层医疗及对特殊群体健康的资金支持减少了居民的健康风险。便捷高效的基础医疗资源和惠民健康政策都为城市居民高发多发疾病的预防与治疗提供了有益帮助。澳门特区政府通过医疗进社区的活动，将基础医疗服务与基层结合，减少了对空间的需求，同时医疗更加具有针对性和便捷性。

（5）空间的布局与利用

高密度的街区建设大概有两种模式：一种为窄路密网、建筑布局紧凑、建筑层数相对较低的模式，这类街区的布局特点为容积率低，建筑密度高；另一种模式，建筑布局较为开阔、道路密度较小、开敞空间较大，这类街区的布局特点为容积率高，但建筑密度相对较低。在澳门半岛高密度街区以上两种街区的布局形式的对比中，容积率高但建筑密度较低的空间布局健康性较强。因此在空间的布局方面，新建高密度街区可以通过适当提高层数、增加开敞空间面积比例的方式提升街区健康性。

在高密度街区布局中，立体空间是常见的空间利用手段，除此之外，空间的混

合利用也是高密度街区中有效的空间利用方式。特别是在突发灾害或流行病发生后，对部分大型公共空间进行临时改造，以方便特殊人群集散，也可以在一定程度上为突发的群体健康危险提供治疗或避险场地。因此，在规划制定、城市街区设计时，对空间形态集中与分散的灵活配置也是提升空间功能弹性，必要时抵御健康风险的有效手段。

总体来说，澳门半岛所筛选的高密度街区总体公共健康服务情况相对较好，而部分街区也存在不同的需要改进的方面。针对不同的街区，应有特定的优化方向，笔者针对街区存在的问题提出了相应的优化建议，具体见表9-33。

表9-33　街区优化建议

街区	现状主要问题	优化建议
A-01	街区开敞空间较小 生态环境不佳	改变街区布局、利用垂直空间增加街区绿化 增加绿化空间
A-02	街区绿地较少 有雨洪灾害风险	增加街区内部绿地公园 增加洪涝防护措施
A-03	整体情况较好	酌情增加噪声监测装置
A-04	生态可达性低 慢行系统较少	增加街区绿地以提供更便捷的生态服务 结合慢行系统布置打造适宜的步行空间
A-05	生态开敞空间较为缺乏 医疗站点不便捷可达	增加街区内部绿地公园 利用沿街店铺设置医疗服务站点
A-06	生态开敞空间较为缺乏 医疗站点不便捷可达	增加街区内部绿地公园 利用沿街店铺设置医疗服务站点
A-07	有雨洪灾害风险 慢行系统缺乏 噪声污染较为严重	增加洪涝防护措施 结合慢行系统布置打造适宜的步行空间 利用街边绿化等措施降低噪声污染
B-01	噪声污染较为严重 医疗站点不便捷可达	利用街边绿化等措施降低噪声污染， 利用沿街店铺设置医疗服务站点
B-02	噪声污染较为严重 慢行系统较少	利用街边绿化等措施，降低噪声污染 结合慢行系统布置打造适宜的步行空间
B-03	整体情况较好	酌情增加噪声监测装置
B-04	有噪声污染风险 医疗站点不便捷可达	增加噪声阻隔装置 利用沿街店铺设置医疗服务站点
B-05	整体情况较好	酌情增加噪声监测装置

表格来源：研究团队成员自绘（卢韵竹，2022）。

本章参考文献

[1] 郝妍 . 微气候视角下滨海高密度城市空间舒适度评价与优化研究——以澳门历史城区为例 [D]. 天津：天津大学，2021.

[2] 卢韵竹 . 公共健康导向下的高密度街区健康度评价——以澳门街区为例 [D]. 天津：天津大学，2022.

[3] 陈天 . 生态城市设计 [M]. 北京：中国建筑工业出版社，2021.

[4]Building Dept. of the Hong Kong Government. Practice Note for Authorized Persons, Registered Structural Engineers and Registered Geotechnical Engineers PNAP APP-152: Sustainable Building Design Guidelines （Chinese Version） [G]. Hong Kong: BD, 2011.

[5] 巩晨 . 微气候视角下高密度城市中心区空间优化研究——以大连市为例 [D]. 大连：大连理工大学，2016.

[6] 马尔温，杨俊宴，郑屹，等 . 关联·机制·治理：基于微气候评价的高密度城市步行适宜性环境营造研究 [J]. 国际城市规划，2019，34（5）：16-26.

[7] 董玉萍，刘合林，齐君 . 城市绿地与居民健康关系研究进展 [J]. 国际城市规划，2020，35（5）：70-79.

[8] OW L F, GHOSH S. Urban cities and road traffic noise: Reduction through vegetation[J]. Applied Acoustics, 2017（120）：15-20.

[9] 蒿奕颖 . 声景中声掩蔽效应导向的规划设计 [J]. 新建筑，2014（5）：36-39.

[10] LIU J, KANG J, BEHM H, et al. Landscape spatial pattern indices and soundscape perception in a multi-functional urban area, Germany[J]. Journal of Environmental Engineering and Landscape Management, 2014, 22（3）：208-218.

[11]SAKIEH Y, JAAFARI S, AHMADI M, et al. Green and calm: modeling the relationships between noise pollution propagation and spatial patterns of urban structures and green covers[J]. Urban Forestry & Urban Greening, 2017, 24: 195-211.

[12]VAN RENTERGHEM V, BOTTELDOOREN D, VERHEYEN K. Road traffic noise shielding by vegetation belts of limited depth[J]. Journal of Sound and Vibration, 2012, 331（10）：2404-2425.

[13] 吴鹄鹏 . 街道空间形态与界面对声环境的影响研究 [D]. 哈尔滨：哈尔滨工业大学，2018.

[14] LIU J, KANG J, LUO T, et al. Spatiotemporal variability of soundscapes in a multiple functional urban area[J]. Landscape and Urban Planning, 2013, 115: 1-9.

[15]LAM K-C, MA W C, CHAN P K, et al. Relationship between road traffic noisescape and urban form in Hong Kong[J]. Environmental Monitoring and Assessment, 2013, 185（12）: 9683-9695.

[16] 蔡菊珍, 何月, 樊高峰, 等. 基于风热环境评估的城市通风廊道设计研究——以绍兴市越城区为例 [J]. 科技通报, 2021, 37（3）: 104-112.

[17] 朱嘉, 吴晓, 王晓. 基于 GIS 技术的城市开敞空间适宜性布局 [J]. 风景园林, 2019, 26（7）: 90-95.

[18] 马锡海. 基于广义可达性的社区体育设施空间布局研究——以苏州市姑苏区为例 [D]. 苏州: 苏州科技大学, 2019.

[19] 赵秋晓. 我国医疗卫生投入对居民健康状况的影响——基于宏观健康生产函数的研究 [J]. 经济研究参考, 2018（25）: 74-80.

[20] 方智果. 基于近人空间尺度适宜性的城市设计研究 [D]. 天津: 天津大学, 2013.

[21] 蒋慎强, 张建新, 刘亚茹. 基于实测和 CFD 模拟的混合高层住区室外风环境研究 [J]. 城市建筑, 2021, 18（18）: 124-126.

[22] 王泰, 李培. 基于风环境的高层与周围低层、多层建筑的布局方式选择 [J]. 安徽建筑, 2020, 27（8）: 25-27.

[23] 骆东亮. 隔音隔振技术在建筑中的应用措施研究 [D]. 青岛: 青岛理工大学, 2018.

[24] 管永康. 高密度环境下垂直城市的共享空间形态研究 [J]. 艺术与设计（理论）, 2020, 2（8）: 50-52.

[25] 俞佳俐, 李健, 盛莹, 等. 城市绿地对居民身心健康福祉满意度影响研究 [J]. 中国园林, 2021, 37（7）: 95-100.

10

总结与展望

10.1 "双碳"目标响应

做好碳达峰、碳中和工作，力争 2030 年前我国二氧化碳排放达到峰值、2060 年前实现碳中和，这是 2020 年中央经济工作会议确定的八项重大任务之一。在 2020 年第七十五届联合国大会一般性辩论上，我国首次提出这一任务，向全世界宣示了我国为全球气候保护做出更大贡献和致力于共建人类命运共同体的决心和意志。随着气候变化问题日趋严峻，全球各国对气候变化问题也日益重视，作为一个负责任的发展中大国，中国也根据自身国情国力，在过去的十余年中持续不断地规划设计本国的低碳发展路径和战略目标。由于世界发展格局不断变化，中国从全球应对气候变化事业的积极参与者逐步转变为引领者和主导者，中国的低碳发展战略目标也随之发生变化。碳达峰、碳中和的提出为中国低碳发展战略确立了新目标、注入了新动力。

城市是我国能源消费的主战场和温室气体排放的主要来源，直接碳排放约占全国的 85%。因此，城市是我国实现碳达峰与碳中和目标的关键。建设低碳城市，需要加强顶层设计，构建低碳城市规划技术内容和方法工具体系。编制城市碳达峰规划，有助于城市把握碳达峰的关键要素，及早部署城市碳达峰行动，保障城市在经济平稳发展的基础上向低碳转型。本研究一方面提出了澳门空间规划设计方法与路径，另一方面也深刻响应了我国"双碳"发展目标。澳门作为我国的特别行政区，在我国具有重要地位，同时其向低碳社会转型的进程在国际上具有很高的关注度。目前澳门在经济发展水平较高的同时能源消费较低，但澳门城市发展速度快，城市用地需求不断增加，自然生态系统面积下降，固碳能力也受到较大挑战。澳门能源结构亦尚有完善的空间，实现低碳发展仍然是澳门需要面对的重要挑战。本研究对"双碳"目标的响应主要体现在以下几个方面，可为澳门部署"双碳"目标行动提供借鉴。

首先，关于澳门生态系统服务的研究对提升澳门城市碳汇水平具有重要指导意义。"碳中和"目标的实现需要统筹减排和增汇两个方面。从增汇的角度考虑，过去几十年中国陆地生态系统碳汇显著抵消了部分同期化石燃料燃烧和工业活动导致的碳排放，因此成为"碳中和"目标中各界共同关注的焦点。例如，中国政府提出"碳汇能力巩固提升行动"，在加强生态保护以巩固自然生态系统固碳作用的同时，实施生态工程措施以提升陆地生态系统碳汇能力。基于澳门能源结构和生态系统固碳能力的相关问题，本研究利用 InVEST 模型中的碳储存模型对澳门碳储存服务进行了综合评估，识别了澳门碳储存能力的时空变化及影响因子。同时，本研究对英国贝丁顿零碳社区的碳储存服务提升策略进行分析。结合澳门生态系统的碳储存现状，并借鉴国外优秀建设案例，本研究从理论与实践两个层面提出了澳门碳储存服务提升策略，助力澳门"双碳"目标实现。

其次，全球气候变化对自然生态系统和人类社会的影响正在增大，冰层融化、海平面上升、极端天气等气候风险持续增加，成为当今国际社会共同面临的重大挑战，也显著影响着各国社会经济发展和国家安全。加强气候风险管理，适应气候变化、保障气候安全已成为世界各国的共识。近年来我国适应气候风险特别是应对极端灾害的能力得到明显提升，在生产力布局、基础设施建设、重大项目规划中均考虑了气候风险，努力提高农业、林业、水资源等重点领域和沿海、生态脆弱地区适应气候变化和气候风险的能力。但目前仍有很大的提升空间，尤其在碳达峰、碳中和背景下，建立气候风险评估机制，完善气候风险防范机制，与世界各国携手建立应对气候风险的长效机制，是保障国家经济社会发展和人民生活稳定的必然选择，也是推进可持续发展，助力实现碳达峰、碳中和的必经之路。本研究基于澳门地理与气候特征，重点对洪涝与风灾两类气候灾害进行研究，识别灾害脆弱区与影响机制，并从空间规划与管理机制等层面提出澳门防灾韧性提升策略，对于提升澳门气候风险应对能力，实现碳达峰目标具有重要借鉴意义。

最后，城市热岛效应的形成与城市区域的温室气体排放情况有密切关系，是实现"碳达峰、碳中和"目标的重要研究议题。根据预测，在人口增长、城市化和全球气温上升等因素共同形成的乘数效应下，2050 年全球用于人工降温措施的能源需求将是 2016 年的 3 倍，这将带来沉重的设备投资运营经济负担和温室气体排放的显著增加，形成"为了人工降温导致全球更暖"的不良循环。在建筑设备和空调制冷行业，率先提出了可持续降温（sustainable cooling）的概念。但在这种相对狭窄领域的探索实践过程中，研究者和业界逐步发现，仅从关键技术的研发和提升切入，会面临市场接受程度、效果评估方法及透明度、初始投资增加、各系统间优化匹配和监管引导政策措施碎片化等重重障碍；片面追求单一领域目标表现的提升，未必对准全面可持续发展目标的方向。例如，某些类型的低温室气体作为高效制冷剂，同时具有较高的可燃性风险，引入此类空调系统会带来消防系统的投入增加。类似地，在机动交通绿色化领域，如果单纯追求新能源汽车的保有量而加大补贴，可能会造成低水平新能源车充斥市场，带来更大的资源浪费和提升道路拥堵率。因此，应从全面而综合的视角探索减缓城市热岛效应的方法，通过优化城市空间形态改善城市热环境是有效的策略之一。本研究以澳门城市典型高密度街区为例，利用 ENVI-met 微气候模拟平台对空间微气候舒适性进行定性分析和量化分析，识别澳门微气候特征，研判城市街区空间形态与澳门微气候的耦合机制，从而提出微气候与热环境优化视角下的澳门城市街区空间优化策略。对于澳门这类炎热地区的经济发达城市而言，进行微气候与热环境优化，采用低碳节能的新模式，使得城市清凉起来，不仅可解决热岛和热浪带来的多种挑战，还可以成为城市实现碳达峰、碳中和目标的重要有效手段。

10.2 大湾区协同发展

当前世界各国之间的空间竞争已经由单个城市的比拼转变为以城市群为主体形态的竞争。粤港澳大湾区是我国最大的湾区，也是国内三大世界级城市群之一，是珠三角地区经济发展的最大动力引擎，对于推动区域协调发展和培育新增长极具有十分重要的意义。2017 年 3 月粤港澳大湾区建设首次被写入政府工作报告，报告提出"要推动内地与港澳深化合作，研究制定粤港澳大湾区城市群发展规划，发挥港澳独特优势，提升在国家经济发展和对外开放中的地位与功能"。2017 年 7 月 1 日，习近平总书记出席在香港举行的《深化粤港澳合作 推进大湾区建设框架协议》签署仪式，明确提出中央将大力支持把粤港澳大湾区打造成为国际一流湾区和世界级城市群。2019 年 2 月，中共中央、国务院正式印发了《粤港澳大湾区发展规划纲要》，标志着粤港澳大湾区发展战略作为国家战略正式实施。

共建粤港澳大湾区世界级城市群，是在国家特定发展条件下的时代任务，有着重要的战略意义。它既是粤港澳区域经济社会文化自身发展的内在需要，又是国家区域发展战略的重要构成与动力支撑点，承载着辐射带动泛珠三角区域合作发展的战略功能；同时，也是国家借助港澳国际窗口实施开放型经济新体制的重要探索，是建设"一带一路"倡议枢纽、构建"走出去""引进来"双向平台的重要区域支点；此外，还是提供港澳经济长远发展动力，成功实践"一国两制"、达致港澳长远繁荣稳定和凝聚港澳向心力的重要措施。要通过推进粤港澳大湾区建设，充分发挥粤港澳的综合优势，高水平参与国际合作，提升在国家经济发展和全方位开放中的引领作用。通过努力实现共同的目标——将粤港澳大湾区建设成为更具活力的经济区、宜居宜业宜游的优质生活圈，以及内地与港澳深度合作的示范区，携手打造国际一流湾区和世界级城市群，为港澳发展注入新动力。

《粤港澳大湾区发展规划纲要》提出，要在大湾区内构建"香港—深圳、广州—佛山、澳门—珠海"三大极点带动的空间发展格局，通过强强联合提升大湾区的整体实力和全球影响力，引领粤港澳大湾区深度参与国际合作。澳门作为"澳珠极点"中的城市之一，有"一国两制"和与葡语国家联系的独特优势。"澳珠极点"的建设将有助于澳门通过与珠海在产业、城市和民生领域联动，实现经济结构的进一步优化，也将有助于提升澳门在国家"双循环"发展格局中的"桥梁"作用。

2021年3月，《中华人民共和国国民经济和社会发展第十四个五年规划和2035年远景目标纲要》（下面简称"十四五"规划）发布，为澳门提供了新的发展机遇。"十四五"规划作为我国开启全面建设社会主义现代化国家新征程的重要文件，不仅将"保持香港、澳门长期繁荣稳定"列为专章，还为两个特别行政区未来的发展指明了方向，提供了机遇。一是为澳门进一步融入国家发展大局提供了机遇。"十四五"规划提出要推进粤港澳大湾区高质量建设，要加强内地与港澳各领域合作。澳门将有更多的机会从经济、民生、教育、科研等各个方面参与大湾区建设。二是为澳门新兴产业发展提供了机遇。"十四五"规划明确提出，支持澳门发展中医药研发制造、特色金融、高新技术和会展商贸等产业，特色产业的发展将为澳门经济注入新动力。三是为澳门科技创新发展提供了机遇。"十四五"规划将创新提到了全新高度，并强调构建以国家实验室、国家重点实验室、科研院所、企业科技力量等为主体的创新体系。澳门有 4 个国家重点实验室，是国家科技创新体系中的重要一环，国家对科技创新的大力支持也将有助于科技创新在重点领域取得突破。

在粤港澳大湾区协同发展的战略机遇背景下，澳门应积极融入大湾区发展体系，主动对接国家"十四五"规划，发挥开放的贸易与投资经济体优势，在"一国两制"下打造"双循环"战略支点，建设国家双向开放的重要桥梁。此外，澳门应秉承高质量发展目标，积极破解城市发展中的人地矛盾、生态环境危机、自然灾害威胁等发展壁垒，在可持续绿色低碳发展的基础上实现经济高速发展。

本章参考文献

[1] 张友国. 碳达峰、碳中和工作面临的形势与开局思路 [J]. 行政管理改革，2021（3）：77-85.

[2] 郭芳，王灿，张诗卉. 中国城市碳达峰趋势的聚类分析 [J]. 中国环境管理，2021，13（1）：40-48.

[3] 魏保军，李迅，张中秀. 城市碳达峰规划技术策略体系研究 [J]. 城市发展研究，2021，28（10）：1-9.

[4] 张祺骢. 基于 LEAP 模型的澳门特区碳排放情景分析及减排成本研究 [D]. 北京：清华大学，2017.

[5] 朴世龙，岳超，丁金枝，等. 试论陆地生态系统碳汇在"碳中和"目标中的作用 [J]. 中国科学：地球科学，2022，52（7）：1419-1426.

[6] 黄焕春，严思平. 城市热岛效应研究热点与前沿的可视化分析——基于 CiteSpace 聚类分析 [J]. 南京工业大学学报（社会科学版），2021，20（6）：94-110.

[7] 许翔，郭昊羽，黄鼎曦，等. 聚焦城市降温关键问题的可持续发展解决方案——世界银行与广州的"清凉城市"试点实践 [J]. 城市规划，2021，45（6）：52-62.

[8] 汪彬，杨露. 世界一流湾区经验与粤港澳大湾区协同发展 [J]. 理论视野，2020（5）：68-73.

[9] 蔡赤萌. 粤港澳大湾区城市群建设的战略意义和现实挑战 [J]. 广东社会科学，2017（4）：5-14.

[10] 张立真. 2020 年澳门经济形势分析及未来展望 [J]. 港澳研究，2021（2）：33-45.

附录　澳门拾影

高密度空间——"高"与"低"

澳门半岛老城区以小规模的街区与低矮建筑为主，而新填海区以方整硕大的街区与高层建筑为主。街网空间布局经历不同时期的增建而呈现出其独特的"拼贴"特征。

澳门半岛俯瞰
来源：侯鑫

澳门半岛俯瞰
来源：侯鑫

高密度空间——"新"与"旧"

20 世纪 60 年代，澳门经济因博彩旅游业快速发展，推动了填海进程。澳门回归祖国后，实施赌权开放和内地自由行等开放政策，促进了博彩旅游业大发展，大量现代高层酒店、娱乐场相继建成。

1. 澳门半岛新葡京酒店，来源：陈天
2. 路氹填海区新濠影汇，来源：高钰轩
3~4. 路氹填海区 Morpheus 酒店内景，来源：侯鑫澳门半岛老城区以小规模的改造为主，因而保留了最初小尺度的"里""巷"空间结构，老城区街道肌理和城市空间遵循欧洲中世纪的城市模式。

澳门半岛老城区夜景，来源：陈天

历史文化空间——"西"与"中"

1557 年澳门正式开通商埠，葡萄牙人获准在澳门定居，并集中居住于澳门半岛中西部，开始按照西方城建经验建设澳门葡人聚居区，形成澳门旧城的雏形和基本格局。

澳门半岛大三巴牌坊，来源：陈天

郑家大屋于 1869 年修建，是中国近代著名思想家郑观应的祖屋。其占地 4000 m²，有 60 多间房，是澳门现存的大型中式民居之一。

澳门半岛郑家大屋，来源：陈天

居住空间——"失落"与"烟火"

随着城市更新的加快，澳门旧城区也面临着新旧发展不平衡的问题，老旧的居住街区空间越来越难以满足现代生活、通行等需求。

澳门半岛老旧住区，来源：陈天

老街区的市集与夜市是澳门最有烟火气的场所。在这些充满澳门风味的市井人文里，保留了这座城市的隐秘与闲适。

澳门半岛街市风光，来源：高钰轩

澳门半岛路边摊，来源：侯鑫

街道空间——"窄"与"宽"

依形就势，高密度、狭窄的街巷空间形式是澳门半岛老城区重要的空间特色。

澳门半岛填海而成的新区，被划分为硕大均一的街区，以规则的大尺度商住混合街区为主，与老城狭窄、高密度的街巷形成了鲜明的对比。

澳门街道，来源：宋雨菲

澳门街道，来源：高钰轩

开放空间——"精巧"与"疏阔"

澳门除了被人熟知的娱乐城与老城，还有充满清新乡村气息的路环岛，以前澳门人都认为路环岛是乡下，如今它成为生活与野趣、历史与文化并存的活力片区。

路环岛老城区海滨路，来源：陈天

相对于澳门半岛及氹仔岛的喧嚣和繁华，路环岛仍然保持原有自然风光，黑沙滩到处鸟语花香，有海滩、步行道，成为人们理想的休闲和度假胜地。

路环岛黑沙滩，来源：王柳璎

岸域空间——"繁荣"与"多元"

澳门海岸带有丰富的滩涂资源，在博彩旅游业、高科技产业和加工业等产业的集聚下，形成了集湿地生态、城市形象、生活休闲于一体的岸域空间。

澳门半岛远眺，来源：侯鑫

澳门半岛及港口，来源：侯鑫

澳门海岸线类型多样，分为人工岸线与自然岸线两个主类别。自然岸线分为原生自然岸线和修复自然岸线，原生自然岸线包括砂质岸线和基岩岸线；修复自然岸线则包括自然恢复岸线和整治修复岸线。

人工岸线，来源：赵树明

砂质岸线，来源：赵树明

基岩岸线，来源：赵树明

自然恢复岸线，来源：赵树明

整治修复岸线，来源：赵树明

交通空间——"立体"与"高效"

为了在寸土寸金的澳门有更多的地面面积，公共交通采取"向上要空间"的策略，推进交通基础设施互联互通，形成了一体化的立体交通体系。

澳门轻轨，来源：陈天（上图）、高钰轩（下图）

澳门半岛与凼仔岛之间有四座跨海大桥，分别为 1974 年落成的澳凼大桥、1994 年落成的友谊大桥、2004 年落成的西湾大桥，以及 2024 年落成的澳门大桥，高效便捷的大桥如今已成为澳门整体交通体系的重要组成部分。

西湾大桥与澳门塔夜景（上图）、澳凼大桥夜景（下图），来源：陈天

城市夜景

半岛南湾傍晚鸟瞰全景，来源：陈天

半岛西侧海湾夜景全景，来源：陈天

澳门半岛酒店娱乐区夜景，来源：陈天